오투

진도책

초등과학

3·1

오투 구성과 특징

진도책

1 탐구로 시작하기

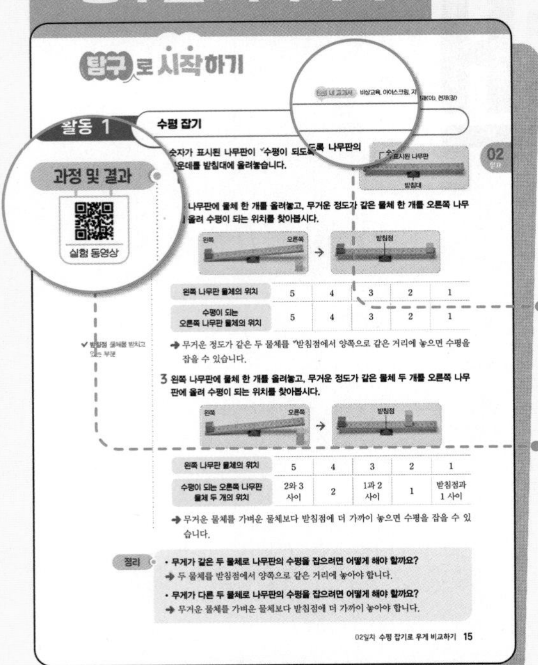

교과서 탐구의 과정, 결과, 정리의 흐름이 잘 드러나도록 구성하였습니다.

해당 탐구를 다루고 있는 교과서를 확인할 수 있어요.

QR 코드를 찍어 실험 및 도움 동영상을 보면 탐구 내용을 더 쉽게 이해할 수 있어요.

2 개념 이해하기

어려운 용어 뜻을 바로 확인할 수 있어요.

7종 교과서를 완벽하게 비교 분석하여 빠진 교과 개념이 없게 구성하였습니다.
한 번에 개념의 흐름을 잡을 수 있도록 깔끔하게 정리하였습니다.

빈칸을 채우면서 꼭 알아야 할 핵심 개념을 한 번 더 확인할 수 있어요.

진도책에서 단계적으로 학습하며 규칙적인 공부 습관을 기르고,
실전책에서 다양한 유형의 문제를 풀며 학교 시험에 대비해요.

3 문제로 완성하기

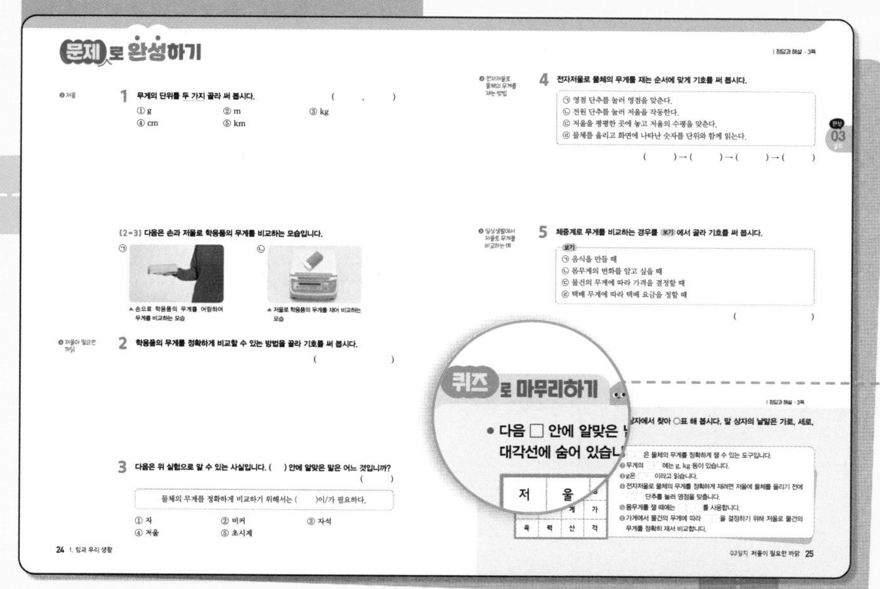
문제로 완성하기

1 무게의 단위를 두 가지 골라 써 봅시다. (,)
① g ② m ③ kg ④ cm ⑤ km

[2~3] 다음은 손과 저울로 학용품의 무게를 비교하는 모습입니다.

2 학용품의 무게를 정확하게 비교할 수 있는 방법을 골라 기호를 써 봅시다. ( )

3 다음은 위 실험으로 알 수 있는 사실입니다. ( ) 안에 알맞은 말은 어느 것입니까? ( )

물체의 무게를 정확하게 비교하기 위해서는 ( )이/가 필요하다.

① 자 ② 비커 ③ 자석 ④ 저울 ⑤ 초시계

4 전자저울로 물체의 무게를 재는 순서에 맞게 기호를 써 봅시다.

㉠ 영점 단추를 눌러 영점을 맞춘다.
㉡ 전원 단추를 눌러 저울을 작동한다.
㉢ 저울을 평평한 곳에 놓고 저울의 수평을 맞춘다.
㉣ 물체를 올리고 화면에 나타난 숫자를 단위와 함께 읽는다.

( ) → ( ) → ( ) → ( )

5 체중계로 무게를 비교하는 경우를 보기 에서 골라 기호를 써 봅시다.

㉠ 음식을 만들 때
㉡ 몸무게의 변화를 알고 싶을 때
㉢ 물건의 무게에 따라 가격을 결정할 때
㉣ 택배 무게에 따라 택배 요금을 정할 때

( )

퀴즈로 마무리하기

• 다음 □ 안에 알맞은 ... 대각선에 숨어 있습니...

다양한 유형의 퀴즈를 풀면서 재미있게 학습을 마무리할 수 있어요.

탐구와 개념 학습의 결과를 확인하기에 적합한 문제들로 구성하였습니다.

4 단원 마무리하기

06 생각 그물로 정리하기

단원 평가하기

단원에서 배운 내용을 생각 그물로 정리하고, 학교 단원 평가에 대비할 수 있는 실전 문제를 수록하였습니다.

실전책

단원의 개념을 한눈에 보이도록 정리하였고, 효과적으로 복습할 수 있도록 문제를 구성하였습니다.

단원 평가 대비

- 단원 정리
- 쪽지 시험
- 단원 평가
- 서술형 평가
- 수행 평가

오투 와 내 교과서 비교하기

일차	오투	비상교육	동아출판	미래엔	아이스크림 미디어	지학사	천재 교과서(이)	천재 교과서(정)
01일차	8~13	16~19	14~17	12~17	18~19	20~23	20~23	14~17
02일차	14~19	20~23	18~19	18~19	20~21	24~27	24~25	18~21
03일차	20~25	24~25	20~21	20~21	22~23	28~29	26~27	22~23
04일차	26~31	26~27	-	22~25	24~25	30~31	28~29	24~25
05일차	32~37	28~31	22~23	26~29	26~29	32~35	30~35	28~31
06일차	38~43	36~37	30~31	30~31	34~35	40~41	40~41	32~33
07일차	44~49	42~45	36~37	38~43	40~43	46~51	46~49	40~43
08일차	50~55	46~47	38~39	44~45	44~45	52~53	50~55	44~45
09일차	56~61	48~51	42~43	48~51	46~49	54~57	50~55	46~49
10일차	62~67	52~53	44~45	46~47	50~51	58~59	50~55	52~53
11일차	68~73	56~57	46~47	52~53	52~53	-	58~59	54~55
12일차	74~79	62~63	54~55	56~57	58~59	64~65	64~65	58~59

오투의 각 일차가 내 교과서의
몇 쪽에 해당하는지 확인할 수 있어요!
만약 **비상교육 16~19쪽**이면
오투 8~13쪽을 공부하면 돼요!

일차	오투	비상교육	동아출판	미래엔	아이스크림 미디어	지학사	천재 교과서(이)	천재 교과서(정)
13일차	**80~85**	68~71	60~61	64~69	64~65	70~73	70~73	66~69
14일차	**86~91**	72~73	62~63	70~71	66~67	74~75	74~79	70~71
15일차	**92~97**	74~77	64~65	74~77	68~69	76~77	74~81	72~75
16일차	**98~103**	78~79	66~67	72~73	70~71	78~81	74~81	76~78
17일차	**104~109**	82~83	68~69	78~79	76~77	84-87	82~83	80~81
18일차	**110~115**	88~89	76~77	82~83	82~83	90~91	90~91	84~85
19일차	**116~121**	96~101	82~85	90~97	88~93	96~101	96~99	92~101
20일차	**122~127**	106~111	86~87	102~103	100~101	102~103	100~101	102~105
21일차	**128~133**	102~103	88~89	98~99	96~97	104~105	102~103	106~107
22일차	**134~139**	104~105	90~91	100~101	98~99	106~107	104~107	108~109
23일차	**140~145**	106~113	92~96	104~107	102~107	108~113	108~111	110~115
24일차	**146~151**	116~117	100~101	108~109	110~111	116~117	116~117	116~117

오투 차례 + 공부 계획표

규칙적으로 공부하고, 공부한 내용을 확인하는 과정을 반복하면서 과학이 재미있어지고, 자신감이 쌓여갑니다.

3 식물의 생활

4 생물의 한살이

공부한 날 : 월 일

01 일차

힘과 관련된 현상

만화로 생각 열기

탐구로 시작하기

📖 내 교과서 비상교육, 동아, 미래엔, 지학사, 천재(이), 천재(정)

활동 1 힘을 주어 물체를 밀거나 당길 때 나타나는 현상 알아보기

과정 및 결과

1 그림에서 힘을 주어 물체를 미는 모습과 당기는 모습을 찾아봅시다.

물체를 미는 모습	물체를 당기는 모습
① 남자가 ✓유아차를 밀고 있습니다. ③ 아이가 공을 던지고 있습니다. ⑤ 아이가 점토를 누르고 있습니다.	② 여자가 카트를 당기고 있습니다. ④ 할아버지가 휴지를 뽑고 있습니다. ⑥ 아이가 용수철 장난감을 당기고 있습니다.

✔ **유아차** 어린아이를 태워서 밀고 다니는 수레

2 힘을 주어 물체를 밀거나 당길 때 나타나는 현상을 이야기해 봅시다.

물체를 밀 때 나타나는 현상	물체를 당길 때 나타나는 현상
① 유아차를 밀면 유아차가 움직입니다. ③ 공을 던지면 공이 날아갑니다. ⑤ 점토를 누르면 점토에 손 모양이 찍힙니다.	② 카트를 당기면 카트가 움직입니다. ④ 휴지를 뽑으면 휴지가 뽑힙니다. ⑥ 용수철 장난감을 당기면 용수철 장난감이 늘어납니다.

➔ 힘을 주어 물체를 밀거나 당기면 물체를 움직일 수 있습니다.

➔ 힘을 주어 물체를 밀거나 당기면 물체의 모양을 변하게 할 수 있습니다.

정지해 있는 물체는 스스로 움직이지 않아요.

3 힘을 주어 물체를 밀거나 당길 때 물체가 어떻게 움직이는지 이야기해 봅시다.

➔ 물체를 밀면 물체가 멀어지는 쪽으로 움직입니다.

➔ 물체를 당기면 물체가 가까워지는 쪽으로 움직입니다.

정리 힘을 주어 물체를 밀거나 당기면 어떻게 될까요?

➔ 물체의 움직임이나 모양을 변하게 할 수 있습니다.

내 교과서 비상교육, 동아, 미래엔, 아이스크림, 지학사, 천재(정)

활동 2 무거운 물체와 가벼운 물체를 밀거나 당길 때의 특징 관찰하기

과정 및 결과

실험 동영상

1 책상에 빈 바구니 두 개를 올려놓고, 바구니 하나에만 책을 가득 넣습니다.

2 두 바구니 가운데 어느 바구니가 더 무거운지 이야기해 봅시다.

➜ 책을 넣은 바구니가 책을 넣지 않은 바구니보다 무겁습니다. → 책을 많이 넣을수록 바구니가 무겁습니다.

3 책을 넣은 바구니와 책을 넣지 않은 바구니를 각각 밀어 움직일 때 느껴지는 힘의 크기를 비교해 봅시다.

책을 넣은 바구니를 밀어 움직일 때 (└ 무거운 물체)	책을 넣지 않은 바구니를 밀어 움직일 때 (└ 가벼운 물체)

책을 넣은 바구니를 밀어 움직일 때 더 큰 힘이 느껴집니다.	책을 넣지 않은 바구니를 밀어 움직일 때 더 작은 힘이 느껴집니다.

4 책을 넣은 바구니와 책을 넣지 않은 바구니를 각각 당겨 움직일 때 느껴지는 힘의 크기를 비교해 봅시다.

책을 넣은 바구니를 당겨 움직일 때	책을 넣지 않은 바구니를 당겨 움직일 때

책을 넣은 바구니를 당겨 움직일 때 더 큰 힘이 느껴집니다.	책을 넣지 않은 바구니를 당겨 움직일 때 더 작은 힘이 느껴집니다.

⊕ 또 다른 방법!

천재(이)

무게가 다른 물체를 밀거나 당겨 움직일 때 스펀지의 모양이 변한 정도나 용수철의 늘어난 길이로 힘의 크기를 비교할 수 있습니다. 스펀지의 모양과 용수철의 길이가 더 많이 변할수록 더 큰 힘이 든 것입니다.

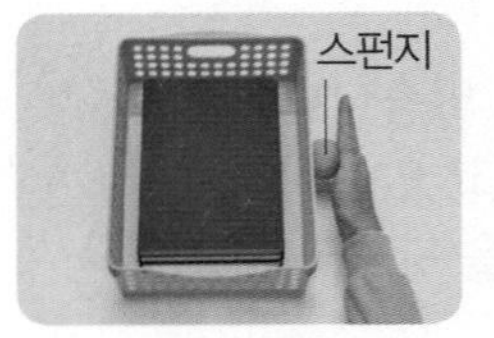

▲ 물체를 밀어 움직일 때 스펀지의 모양이 변한 모습

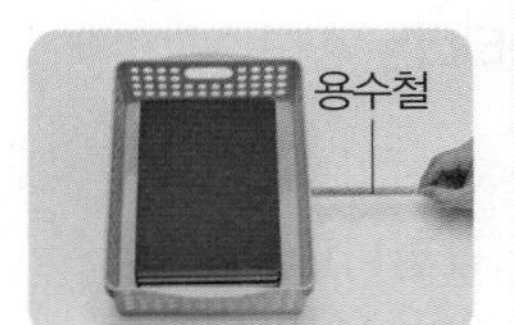

▲ 물체를 당겨 움직일 때 용수철의 길이가 변한 모습

정리 무거운 물체와 가벼운 물체를 밀거나 당겨 움직일 때 드는 힘의 크기를 비교해 볼까요?

➜ 무거운 물체를 밀거나 당겨 움직일 때 더 큰 힘이 듭니다.

➜ 가벼운 물체를 밀거나 당겨 움직일 때 더 작은 힘이 듭니다.

개념 이해하기

1 힘을 주어 물체를 밀거나 당길 때 나타나는 현상

① 힘을 주어 물체를 밀거나 당기면 물체를 움직일 수 있습니다. → 힘이 충분하지 않으면 물체가 움직이지 않습니다.

물체를 밀 때

▲ 카트를 밀면 카트가 움직입니다.

▲ 그네를 밀면 그네가 움직입니다.

물체를 당길 때

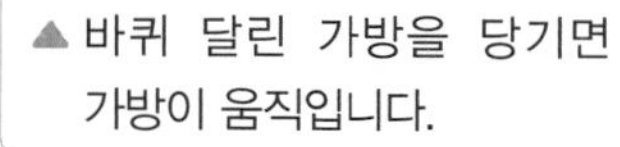

▲ 바퀴 달린 가방을 당기면 가방이 움직입니다.

▲ 문을 당기면 문이 열립니다.

② 힘을 주어 물체를 밀거나 당길 때 물체가 움직이는 방향: 물체를 밀면 물체가 멀어지고 물체를 당기면 물체가 가까워집니다. → 자판이나 버튼을 누르는 것은 물체가 멀어지므로 물체를 미는 것이고, 휴지나 콘센트를 뽑는 것은 물체가 가까워지므로 물체를 당기는 것입니다.

③ 힘을 주어 물체를 밀거나 당기면 물체의 모양을 변하게 할 수 있습니다.

▲ 페트병을 누르면 페트병이 찌그러집니다.

▲ 반죽을 누르면 반죽이 얇게 펴집니다.

▲ 나무판을 치면 나무판이 깨집니다.

▲ 용수철을 당기면 용수철이 길게 늘어납니다.

2 무거운 물체와 가벼운 물체를 밀거나 당길 때의 특징: 물체를 밀거나 당겨 움직일 때 무거운 물체일수록 움직이는 데 더 큰 힘이 듭니다.

무거운 물체
가벼운 물체

▲ 무거운 물체와 가벼운 물체를 밀어 움직일 때 드는 힘의 크기 비교

더 큰 힘이 드네.
힘이 별로 안 드네.

▲ 무거운 물체와 가벼운 물체를 당겨 움직일 때 드는 힘의 크기 비교

핵심 개념 확인하기

| 정답과 해설 • 2쪽

✔ **힘을 주어 물체를 밀거나 당길 때 나타나는 현상**: 힘을 주어 물체를 밀거나 당기면 물체의 ❶ ☐☐☐이나 ❷ ☐☐을 변하게 할 수 있습니다.

✔ **무거운 물체와 가벼운 물체를 밀거나 당길 때의 특징**: 무거운 물체일수록 움직이는 데 더 ❸ ☐ 힘이 듭니다.

문제로 완성하기

힘을 주어 물체를 밀거나 당길 때 나타나는 현상

1 **힘을 주어 물체를 당기는 모습을 두 가지 골라 써 봅시다.** (,)

①

② 

③ 

④ 

⑤ 

2 **다음은 힘을 주어 카트를 미는 모습입니다. 카트가 움직이는 방향을 골라 기호를 써 봅시다.**

( )

3 **힘을 주어 물체를 밀거나 당겨 물체의 모양을 변하게 한 사람의 이름을 써 봅시다.**

- 선재: 힘을 주어 문을 당겼더니 문이 열렸어.
- 지수: 힘을 주어 공을 던졌더니 공이 날아갔어.
- 현아: 힘을 주어 손바닥으로 점토를 눌렀더니 점토에 손 모양이 찍혔어.

( )

◉ 무거운 물체와 가벼운 물체를 밀거나 당길 때의 특징

4 **책을 다섯 권 넣은 상자와 책을 두 권 넣은 상자 중 어떤 상자가 가볍고 무거운지 선으로 연결해 봅시다.**

5 **물체를 밀거나 당겨 움직일 때 가장 큰 힘이 드는 물체를 보기 에서 골라 기호를 써 봅시다.**

보기
㉠ 책이 한 권 들어 있는 상자
㉡ 책이 다섯 권 들어 있는 상자
㉢ 책이 열 다섯 권 들어 있는 상자

( )

퀴즈로 마무리하기

| 정답과 해설 • 2쪽

• **힘을 주어 물체를 밀거나 당길 때 나타나는 현상이 옳게 적힌 징검돌만 밟아서 징검다리를 건너려고 합니다. 밟아야 하는 징검돌을 따라 선으로 연결해 봅시다.**

물체를 움직이려면 힘이 필요합니다.
무거운 물체일수록 움직이는 데 작은 힘이 듭니다.
물체를 밀면 물체가 멀어집니다.
물체를 밀면 물체가 항상 움직입니다.
물체를 당기면 물체의 모양을 변하게 할 수 있습니다.
도착

02 일차

수평 잡기로 무게 비교하기

만화로 생각 열기

탐구로 시작하기

내 교과서 비상교육, 아이스크림, 지학사, 천재(이), 천재(정)

활동 1 수평 잡기

과정 및 결과

✔ **수평** 어느 한쪽으로 기울지 않고 평평한 상태

✔ **받침점** 물체를 받치고 있는 부분

1 숫자가 표시된 나무판이 ✔수평이 되도록 나무판의 가운데를 받침대에 올려놓습니다.

2 왼쪽 나무판에 물체 한 개를 올려놓고, 무거운 정도가 같은 물체 한 개를 오른쪽 나무판에 올려 수평이 되는 위치를 찾아봅시다.

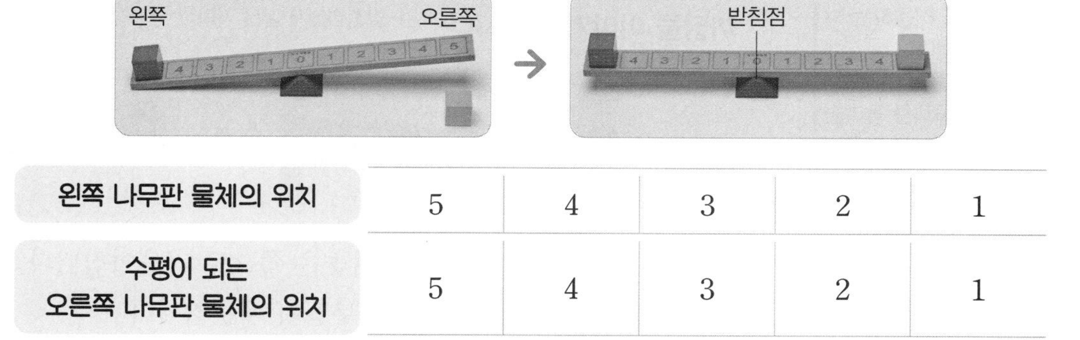

왼쪽 나무판 물체의 위치	5	4	3	2	1
수평이 되는 오른쪽 나무판 물체의 위치	5	4	3	2	1

➔ 무거운 정도가 같은 두 물체를 ✔받침점에서 양쪽으로 같은 거리에 놓으면 수평을 잡을 수 있습니다.

3 왼쪽 나무판에 물체 한 개를 올려놓고, 무거운 정도가 같은 물체 두 개를 오른쪽 나무판에 올려 수평이 되는 위치를 찾아봅시다.

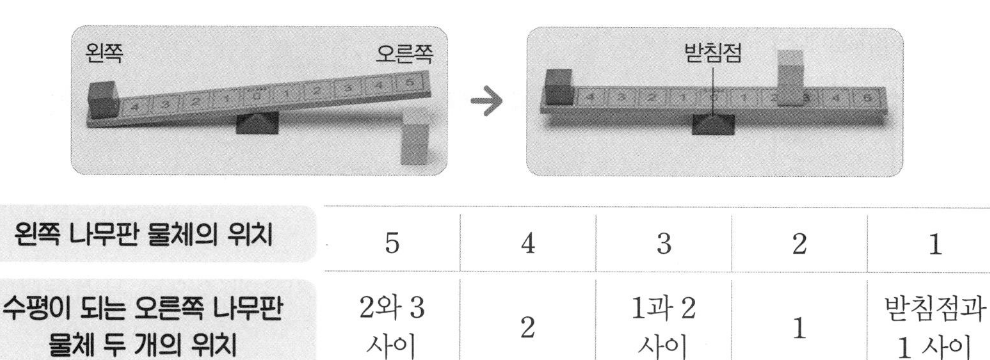

왼쪽 나무판 물체의 위치	5	4	3	2	1
수평이 되는 오른쪽 나무판 물체 두 개의 위치	2와 3 사이	2	1과 2 사이	1	받침점과 1 사이

➔ 무거운 물체를 가벼운 물체보다 받침점에 더 가까이 놓으면 수평을 잡을 수 있습니다.

정리

- **무게가 같은 두 물체로 나무판의 수평을 잡으려면 어떻게 해야 할까요?**
  ➔ 두 물체를 받침점에서 양쪽으로 같은 거리에 놓아야 합니다.
- **무게가 다른 두 물체로 나무판의 수평을 잡으려면 어떻게 해야 할까요?**
  ➔ 무거운 물체를 가벼운 물체보다 받침점에 더 가까이 놓아야 합니다.

내 교과서 비상교육, 동아, 미래엔, 아이스크림, 지학사, 천재(이)

활동 2 수평 잡기로 무게 비교하기

과정 및 결과

1 숫자가 표시된 나무판이 수평이 되도록 나무판의 가운데를 받침대에 올려놓습니다.

2 왼쪽 나무판에 물체 한 개를 올려놓고 무거운 정도가 같은 물체 두 개를 오른쪽 나무판의 같은 번호에 올려놓았을 때 나무판이 어느 쪽으로 기울어지는지 관찰하고, 그 까닭을 이야기해 봅시다.

같은 번호: 받침점에서 같은 거리

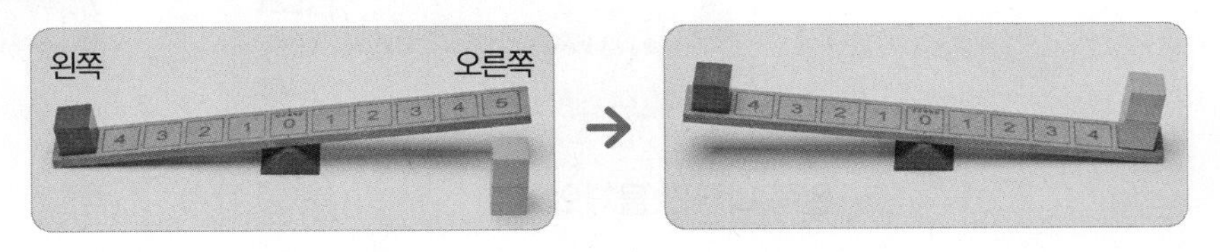

➜ 나무판이 물체 두 개를 올려놓은 쪽으로 기울어집니다.

➜ 그 까닭은 물체 두 개가 더 무겁기 때문입니다.

3 나무판의 왼쪽과 오른쪽 같은 번호에 여러 가지 학용품을 올려놓으면서 무게를 비교해 봅시다.

풀과 집게의 무게 비교	집게와 지우개의 무게 비교
	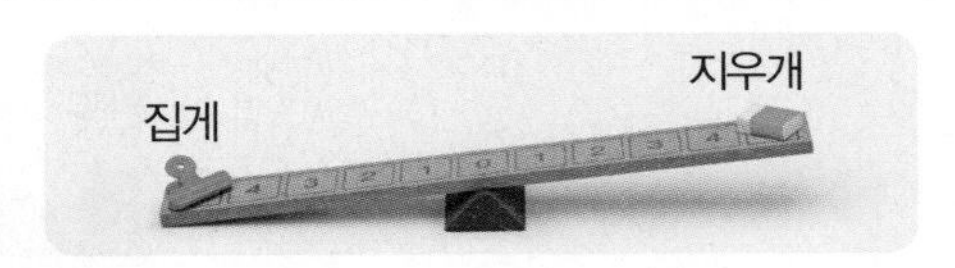
나무판이 풀 쪽으로 기울어진 것으로 보아 풀의 무게가 더 무겁습니다.	나무판이 집게 쪽으로 기울어진 것으로 보아 집게의 무게가 더 무겁습니다.

➜ 학용품의 무게는 풀, 집게, 지우개 순으로 무겁습니다.

또 다른 방법!

천재(정)

양팔저울을 이용하는 방법도 있습니다.

① 양팔저울의 양쪽 저울접시에 물체를 올려놓고 어느 쪽으로 기울어지는지 확인합니다.

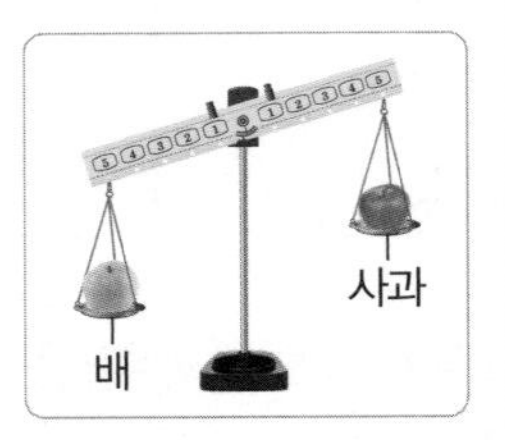

② 양팔저울의 한쪽 저울접시에 물체를 올려놓고 다른 쪽 저울접시에 클립을 하나씩 올려 수평을 이루는 데 필요한 클립의 개수를 비교합니다.

정리

- **수평 잡기로 물체의 무게를 비교하려면 어떻게 해야 할까요?**

➜ 받침점에서 양쪽으로 같은 거리에 물체를 각각 올려놓고 나무판이 어느 쪽으로 기울어지는지 관찰합니다.

- **수평 잡기로 물체의 무게를 비교할 때, 양쪽 물체의 무게를 비교한 결과를 어떻게 알 수 있나요?**

➜ 나무판이 수평을 이루면 양쪽 물체의 무게가 같습니다.

➜ 나무판이 기울어지면 기울어진 쪽의 물체가 더 무겁습니다.

개념 이해하기

1 수평: 어느 한쪽으로 기울지 않고 평평한 상태입니다.

2 무게: 물체가 가볍고 무거운 정도로, 지구가 물체를 당기는 힘의 크기입니다.

3 수평 잡기로 무게 비교하기

① 두 물체를 받침점에서 양쪽으로 같은 거리에 놓고 수평 확인하기

나무판이 무거운 쪽으로 기울어지는 까닭은 지구가 가벼운 물체보다 무거운 물체를 더 큰 힘으로 당기기 때문이에요.

나무판이 수평을 이루는 경우

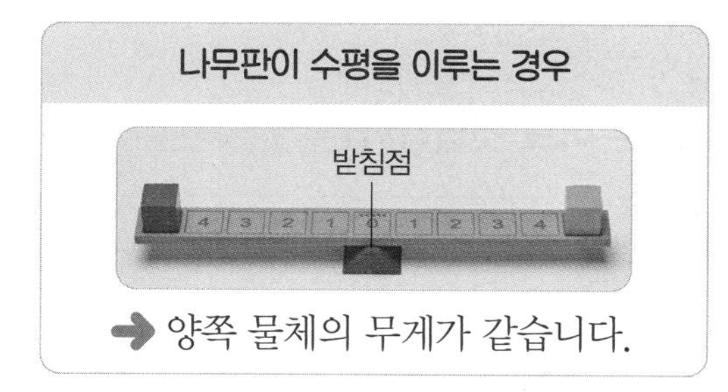

➜ 양쪽 물체의 무게가 같습니다.

나무판이 기울어지는 경우

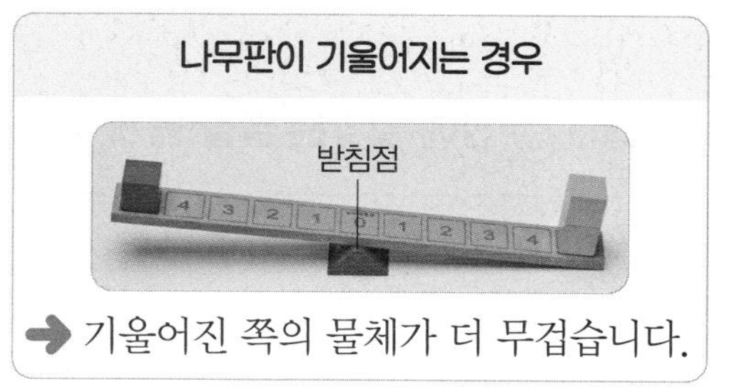

➜ 기울어진 쪽의 물체가 더 무겁습니다.

② 수평을 이룰 때 두 물체와 받침점 사이의 거리 확인하기

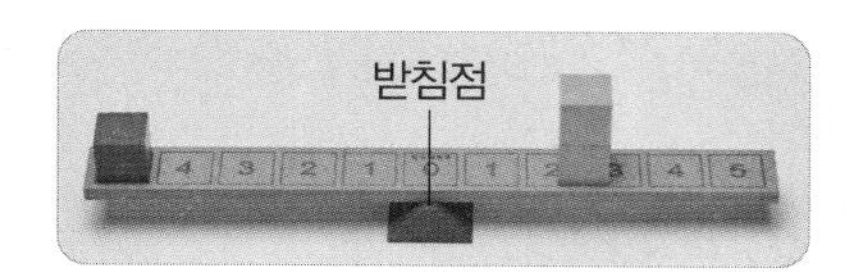

➜ 나무판이 수평을 이룰 때 받침점에 가까운 물체가 더 무겁습니다.

③ 양팔저울이 수평을 이루는 데 필요한 클립의 수 비교하기

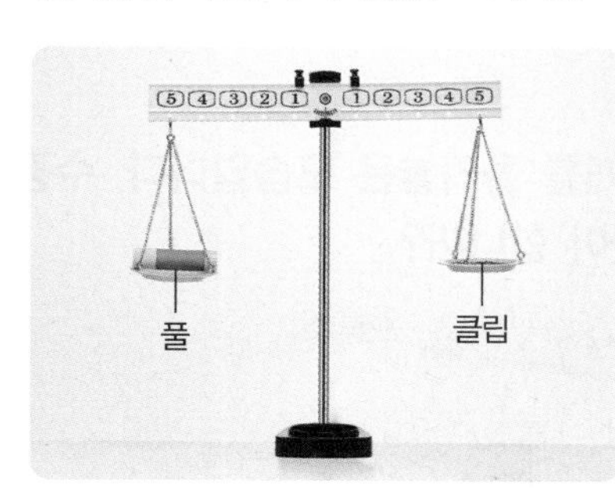

물체	풀	지우개
클립의 수(개)	69	58

➜ 양팔저울이 수평을 이루는 데 필요한 클립의 수가 더 많은 물체가 더 무겁습니다.
➜ 풀이 지우개보다 더 무겁습니다.

클립 대신 무게가 작고 일정한 물체인 동전, 장구 핀 등을 사용할 수도 있어요.

핵심 개념 확인하기

| 정답과 해설 • 2쪽

❶ ☐☐: 어느 한쪽으로 기울지 않고 평평한 상태입니다.

❷ ☐☐: 물체가 가볍고 무거운 정도로, 지구가 물체를 당기는 힘의 크기입니다.

수평 잡기로 무게 비교하기

두 물체를 받침점에서 양쪽으로 같은 거리에 놓고 수평 확인하기	수평을 이룰 때 두 물체와 받침점 사이의 거리 확인하기	양팔저울이 수평을 이루는 데 필요한 클립의 수 비교하기
나무판이 수평을 이루면 두 물체의 무게가 ❸ ☐☐, 나무판이 기울어지면 기울어진 쪽의 물체가 더 무겁습니다.	나무판이 수평을 이룰 때 받침점에 ❹ ☐☐☐ 물체가 더 무겁습니다.	양팔저울이 수평을 이루는 데 필요한 클립의 수가 더 ❺ ☐☐ 물체가 더 무겁습니다.

문제로 완성하기

수평

1 **다음 (   ) 안에 알맞은 말을 써 봅시다.**

어느 한쪽으로 기울지 않고 평평한 상태를 (   )(이)라고 한다.

(   )

무게

2 **다음 (   ) 안에 알맞은 말을 옳게 짝 지은 것은 어느 것입니까?** (   )

(㉠)은/는 물체가 가볍고 무거운 정도로, (㉡)이/가 물체를 당기는 힘의 크기이다.

	㉠	㉡		㉠	㉡
①	수평	물체	②	수평	지구
③	무게	물체	④	무게	지구
⑤	무게	사람			

수평 잡기

3 **다음은 숫자가 표시된 나무판의 왼쪽 4에 물체 한 개를 올려놓은 모습입니다. 수평을 잡으려면 무게가 같은 물체를 어느 위치에 올려놓아야 합니까?** (   )

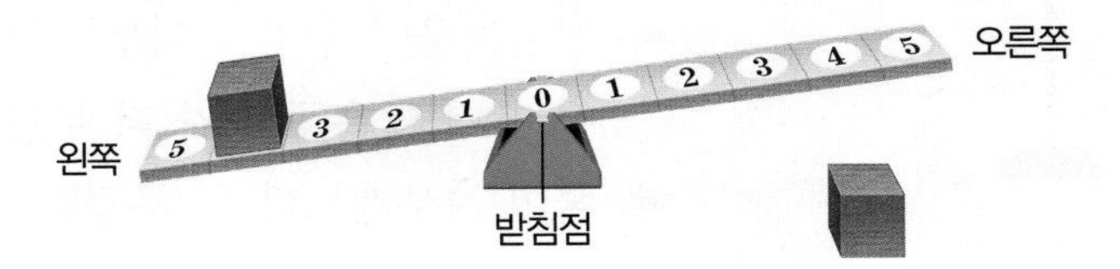

① 왼쪽 2　② 왼쪽 4　③ 오른쪽 3
④ 오른쪽 4　⑤ 오른쪽 5

수평 잡기로 무게 비교하기

4 **다음은 받침점에서 양쪽으로 같은 거리에 두 물체를 올려놓은 모습입니다. 더 무거운 물체를 골라 기호를 써 봅시다.**

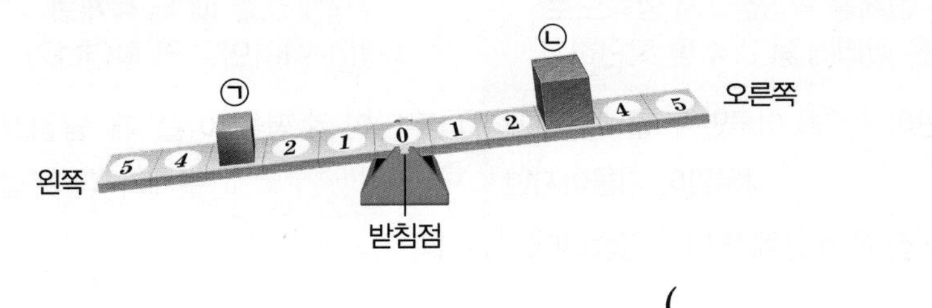

(   )

5 다음은 윤서가 준우보다 받침점에 가까이 앉았을 때 시소가 수평을 이룬 모습입니다. 더 무거운 사람의 이름을 써 봅시다.

( )

6 다음은 양팔저울의 한쪽 저울접시에 물체를 올려놓고 다른 쪽 저울접시에 클립을 하나씩 올려놓으면서 양팔저울이 수평을 이룰 때 저울접시에 있는 클립의 수를 나타낸 표입니다. 가장 무거운 물체의 이름을 써 봅시다.

물체	지우개	풀	집게
클립의 수(개)	37	69	58

( )

퀴즈로 마무리하기

| 정답과 해설 • 2쪽

• **수평 잡기로 물체의 무게를 비교하는 방법이 옳게 적힌 카드를 골라 카드에 적힌 숫자를 모두 더하면 비밀번호가 나온다고 합니다. 비밀번호를 써 봅시다.**

1 수평 잡기로는 물체의 무게를 비교할 수 없습니다.

2 두 물체를 받침점에서 양쪽으로 같은 거리에 올려놓았을 때 기울어진 쪽의 물체가 더 무겁습니다.

3 두 물체를 받침점에서 양쪽으로 같은 거리에 올려놓고 어느 쪽으로 기울어지는지 관찰하면 물체의 무게를 비교할 수 있습니다.

4 두 물체를 받침점에서 양쪽으로 같은 거리에 올려놓았을 때 수평을 이루면 두 물체의 무게는 다릅니다.

5 두 물체를 받침점에서 양쪽으로 다른 거리에 올려놓았을 때 수평을 이루면 받침점에 가까운 물체가 더 무겁습니다.

03 일차

저울이 필요한 까닭

만화로 생각 열기

탐구로 시작하기

내 교과서 비상교육, 동아, 미래엔, 아이스크림, 지학사, 천재(정)

활동 손과 저울을 이용하여 물체의 무게 비교하기

과정 및 결과

1 학용품 다섯 개를 골라 손으로 들어 본 다음, 무거운 순서를 예상하여 이야기해 봅시다.

① 물체를 한 손에 한 개씩 들어 비교하기

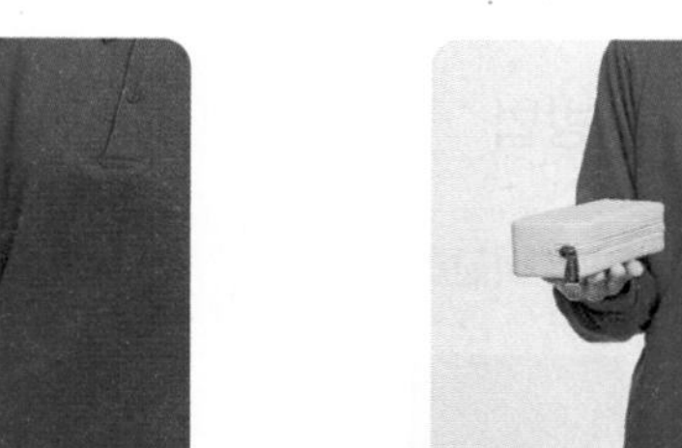

② 물체를 동시에 양손으로 들어 비교하기

➜ 필통, 가위, 풀, 지우개, 연필 순으로 무거울 것 같습니다.

2 전자저울로 학용품 다섯 개의 무게를 각각 재어 본 다음, 무거운 순서를 이야기해 봅시다.

① 전자저울을 평평한 곳에 놓은 뒤, 저울의 수평을 맞춥니다.
② 전원 단추를 눌러 전자저울을 작동합니다.
③ 영점 단추를 눌러 영점을 맞춥니다.
④ 전자저울 위에 학용품을 한 개씩 올리고 무게를 잰 후 비교해 봅니다.

학용품	가위	풀	연필	지우개	필통
무게(g)	26	15	8	18	35

➜ 필통, 가위, 지우개, 풀, 연필 순으로 무겁습니다.

3 과정 1과 과정 2의 결과를 비교해 보고, 결과가 다르다면 그 까닭이 무엇인지 이야기해 봅시다.

➜ 과정 **1**과 과정 **2**의 결과가 다릅니다. 손으로 들어 보는 것만으로는 물체의 무게를 정확하게 잴 수 없기 때문입니다.

⊕ 또 다른 방법!

미래엔

가정용저울을 사용해 무게를 비교하는 방법도 있습니다. 가정용저울을 평평한 곳에 놓고 영점 조절 나사를 돌려 바늘을 눈금 '0'에 맞춘 뒤 물체를 올리고 바늘이 움직이지 않을 때 바늘이 가리키는 눈금을 단위와 함께 읽어 무게를 비교합니다.

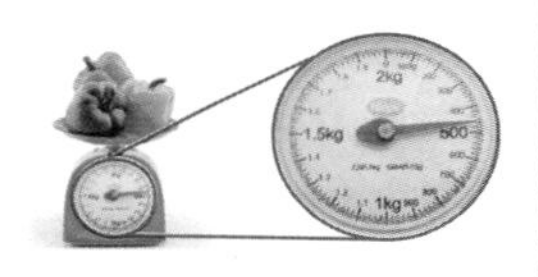

저울에 물체를 올려놓기 전에 저울로 잴 수 있는 무게의 범위를 확인해야 해요.

정리 **물체의 무게를 정확하게 비교하려면 무엇이 필요할까요?**

➜ 무게를 정확히 비교하려면 저울이 필요합니다.

1 저울

① 저울: 물체의 무게를 정확하게 잴 수 있는 도구입니다.

② 무게의 ✔단위

무게의 단위	g	kg
읽는 방법	그램	킬로그램

✔ **단위** 길이, 무게, 시간 등을 숫자로 나타낼 때 기초가 되는 일정한 기준

2 저울이 필요한 까닭

① 물체의 무게를 비교하는 방법

손으로 물체의 무게를 ✔어림하여 비교하기	저울로 물체의 무게를 재어 비교하기
	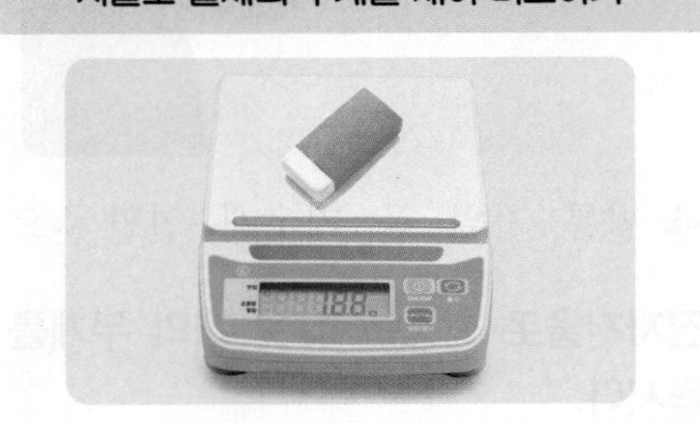
무게 차이가 큰 물체는 어느 것이 무거운지는 알 수 있으나 무게가 얼마나 차이 나는지 정확하게 알 수 없습니다.	무게가 얼마나 차이 나는지 정확하게 알 수 있습니다.

✔ **어림하다** 대강 짐작으로 헤아리는 것

② 저울이 필요한 까닭

- 사람마다 손으로 들었을 때 느끼는 물체의 무게가 다를 수 있기 때문입니다.
- 무게 차이가 큰 물체를 손으로 들어 보면 어떤 물체가 더 무거운지는 알 수 있으나, 무게 차이를 정확하게 알 수 없기 때문입니다.
- 저울을 사용하면 물체의 무게를 정확하게 비교할 수 있기 때문입니다.

저울에 물체를 올리기 전에 영점을 맞추어야 물체의 무게를 정확하게 잴 수 있어요.

3 전자저울로 물체의 무게를 재는 방법

❶ 전자저울을 평평한 곳에 놓고 저울의 수평을 맞춥니다.

→

❷ 전원 단추를 눌러 전자저울을 작동합니다.

→

❸ 영점 단추를 눌러 영점을 맞춥니다.

→

❹ 물체를 올리고 화면에 나타난 숫자를 단위와 함께 읽습니다.

4 일상생활에서 저울로 무게를 비교하는 예

음식을 만들 때

음식을 잘 만들기 위해 재료의 무게를 저울로 재서 비교합니다.

물건을 사거나 팔 때

물건의 무게에 따라 가격을 결정하기 위해 저울로 무게를 재서 비교합니다.

우편물이나 택배를 보낼 때

우편물이나 택배의 ✔요금을 정하기 위해 저울로 무게를 재서 비교합니다.

몸무게의 변화를 알고 싶을 때

몸무게의 변화를 알기 위해 체중계로 몸무게를 재서 비교합니다.

공항에서 가방의 무게를 비교할 때도 저울을 사용해요.

✔ **요금** 다른 사람의 힘을 빌리거나 사물을 사용한 대가로 치르는 돈

핵심 개념 확인하기

| 정답과 해설 • 3쪽

✔ 저울

- ❶ ☐☐: 물체의 무게를 정확하게 잴 수 있는 도구입니다.
- **무게의** ❷ ☐☐: g(그램), kg(킬로그램) 등이 있습니다.

✔ 저울이 필요한 까닭: 저울을 사용하면 물체의 ❸ ☐☐를 정확하게 비교할 수 있기 때문입니다.

✔ 전자저울로 물체의 무게를 재는 방법

전자저울을 평평한 곳에 놓고 저울의 수평 맞추기 → 전원 단추를 눌러 전자저울 작동하기 → 영점 단추를 눌러 ❹ ☐☐ 맞추기 → 물체를 저울에 올리고 화면에 나타난 숫자를 ❺ ☐☐와 함께 읽기

✔ 일상생활에서 저울로 무게를 비교하는 예: 음식을 만들 때, 물건을 사거나 팔 때, 우편물이나 택배를 보낼 때, 몸무게의 변화를 알고 싶을 때 저울로 무게를 비교합니다.

문제로 완성하기

❯ 저울

1 무게의 단위를 두 가지 골라 써 봅시다. (,)

① g ② m ③ kg
④ cm ⑤ km

[2~3] 다음은 손과 저울로 학용품의 무게를 비교하는 모습입니다.

㉠

▲ 손으로 학용품의 무게를 어림하여 무게를 비교하는 모습

㉡

▲ 저울로 학용품의 무게를 재어 비교하는 모습

❯ 저울이 필요한 까닭

2 학용품의 무게를 정확하게 비교할 수 있는 방법을 골라 기호를 써 봅시다.

( )

3 다음은 위 실험으로 알 수 있는 사실입니다. ( ) 안에 알맞은 말은 어느 것입니까? ( )

물체의 무게를 정확하게 비교하기 위해서는 ( )이/가 필요하다.

① 자 ② 비커 ③ 자석
④ 저울 ⑤ 초시계

➋ 전자저울로 물체의 무게를 재는 방법

4 전자저울로 물체의 무게를 재는 순서에 맞게 기호를 써 봅시다.

㉠ 영점 단추를 눌러 영점을 맞춘다.
㉡ 전원 단추를 눌러 저울을 작동한다.
㉢ 저울을 평평한 곳에 놓고 저울의 수평을 맞춘다.
㉣ 물체를 올리고 화면에 나타난 숫자를 단위와 함께 읽는다.

( ) → ( ) → ( ) → ( )

➋ 일상생활에서 저울로 무게를 비교하는 예

5 체중계로 무게를 비교하는 경우를 보기 에서 골라 기호를 써 봅시다.

보기
㉠ 음식을 만들 때
㉡ 몸무게의 변화를 알고 싶을 때
㉢ 물건의 무게에 따라 가격을 결정할 때
㉣ 택배 무게에 따라 택배 요금을 정할 때

( )

퀴즈로 마무리하기

| 정답과 해설 • 3쪽

• 다음 □ 안에 알맞은 낱말을 왼쪽 말 상자에서 찾아 ○표 해 봅시다. 말 상자의 낱말은 가로, 세로, 대각선에 숨어 있습니다.

저	울	줄	구
단	면	그	램
소	위	영	점
체	중	계	가
육	력	산	격

❶ □□은 물체의 무게를 정확하게 잴 수 있는 도구입니다.
❷ 무게의 □□에는 g, kg 등이 있습니다.
❸ g은 □□이라고 읽습니다.
❹ 전자저울로 물체의 무게를 정확하게 재려면 저울에 물체를 올리기 전에 □□ 단추를 눌러 영점을 맞춥니다.
❺ 몸무게를 잴 때에는 □□□를 사용합니다.
❻ 가게에서 물건의 무게에 따라 □□을 결정하기 위해 저울로 물건의 무게를 정확히 재서 비교합니다.

04 일차

용수철저울로 물체의 무게 비교하기

만화로 생각 열기

내 교과서 비상교육, 동아, 미래엔, 아이스크림, 천재(이)

활동 용수철저울로 물체의 무게 비교하기

과정 및 결과

도움 동영상

✔ **범위** 일정하게 한정된 영역

또 다른 방법!

천재(정)

용수철저울에 지퍼 백을 건 뒤 지퍼 백에 물체를 넣어 무게를 비교하는 방법도 있습니다.

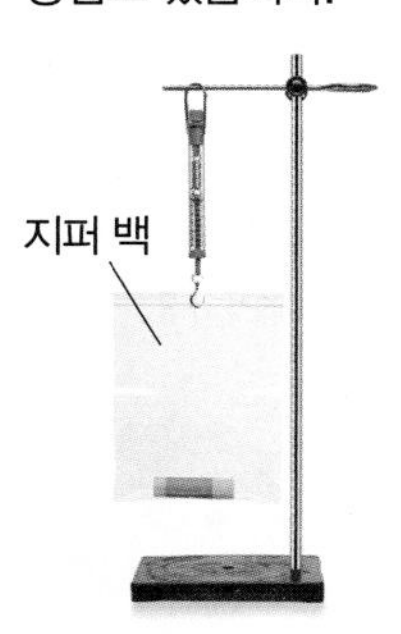

1 용수철저울 각 부분의 이름을 알아보고, 용수철저울로 잴 수 있는 무게 범위와 큰 눈금과 작은 눈금 한 칸이 나타내는 무게를 확인해 봅시다.

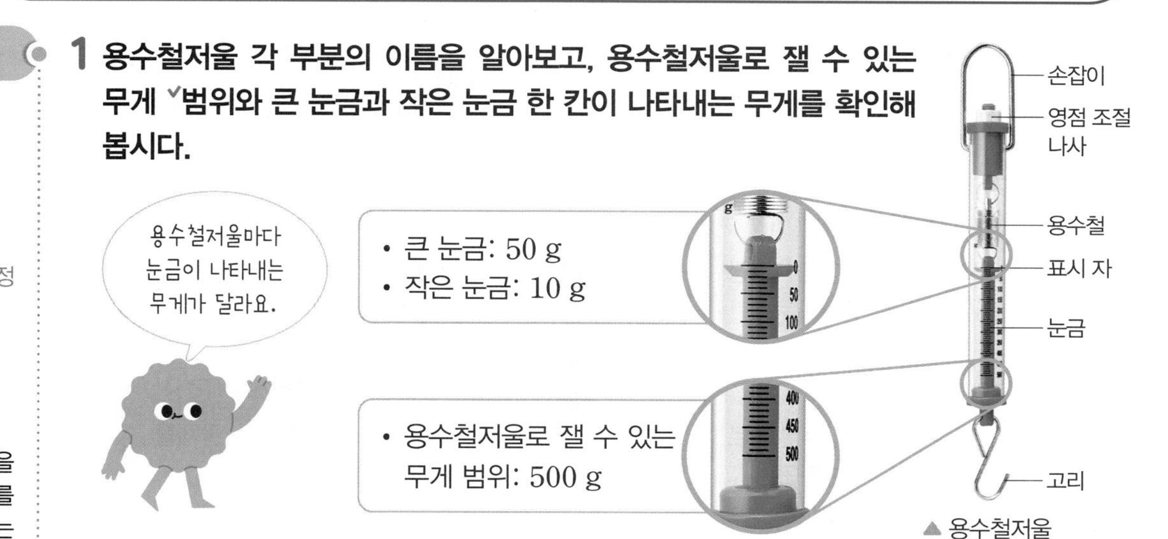

▲ 용수철저울

2 용수철저울 사용법을 알아봅시다.

① 스탠드를 평평한 곳에 놓고 용수철저울을 겁니다.
② 영점 조절 나사를 돌려 표시 자를 눈금 '0'에 맞춥니다.
③ 물체를 고리에 겁니다.
④ 표시 자가 움직이지 않을 때 표시 자가 가리키는 눈금을 단위와 함께 읽습니다.

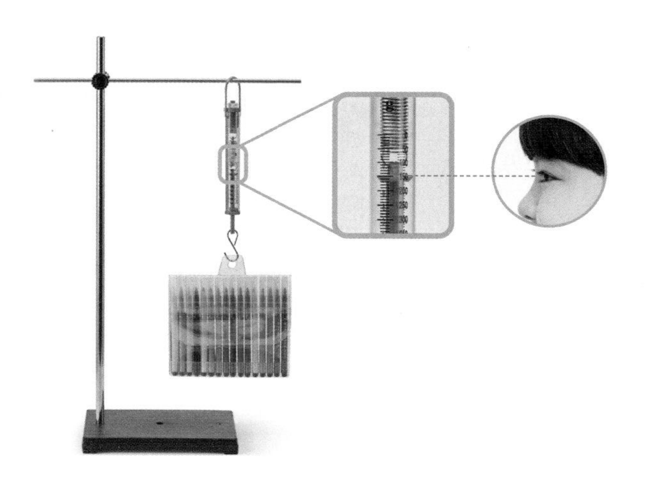

3 용수철저울로 여러 가지 물체의 무게를 재서 비교해 봅시다.

물체	필통	색연필	사인펜
무게(g)	100	150	125

➔ 가장 무거운 물체는 색연필이고, 가장 가벼운 물체는 필통입니다.
➔ 가장 무거운 색연필은 가장 가벼운 필통보다 50 g 더 무겁습니다.

정리 **용수철저울로 물체의 무게를 비교하는 방법은 무엇일까요?**

➔ 영점 조절 나사를 돌려 표시 자를 눈금 '0'에 맞춘 후, 고리에 물체를 걸고 표시 자가 가리키는 눈금을 단위와 함께 읽어 물체의 무게를 비교합니다.

개념 이해하기

1 용수철저울

① 용수철저울 각 부분의 이름과 역할

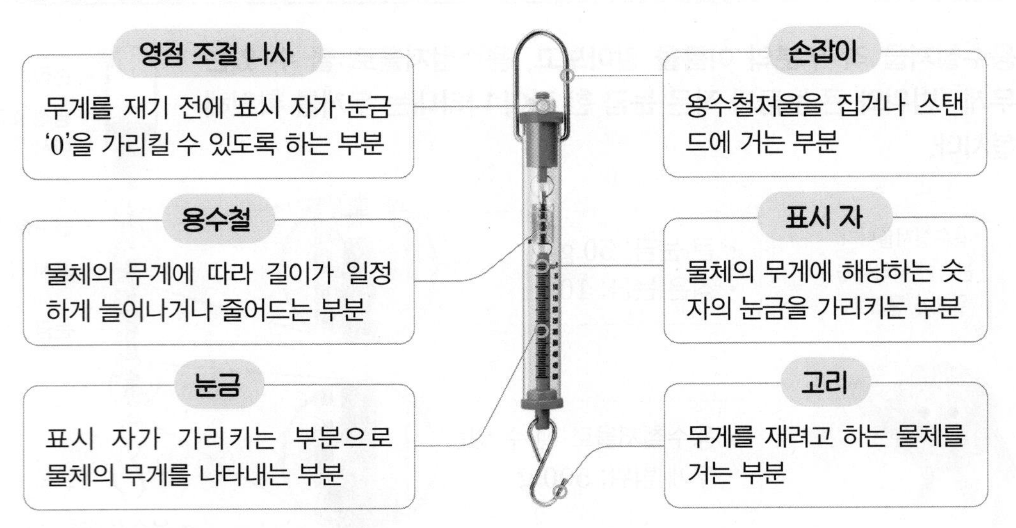

② 용수철저울의 큰 눈금과 작은 눈금 한 칸이 나타내는 무게

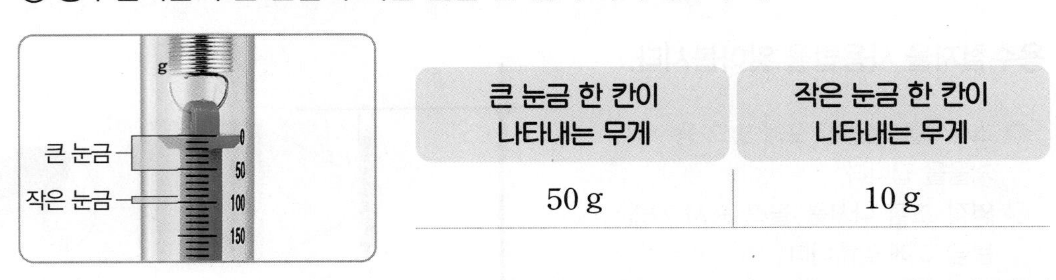

큰 눈금 한 칸이 나타내는 무게	작은 눈금 한 칸이 나타내는 무게
50 g	10 g

용수철이 많이 늘어날수록 표시 자가 아래로 내려가요.

③ 물체의 무게에 따른 용수철의 길이 변화: 용수철저울에 매다는 물체가 무거울수록 용수철이 많이 늘어납니다.

2 용수철저울로 물체의 무게를 재는 방법

① 용수철저울에 물체를 걸어 물체의 무게를 재는 방법

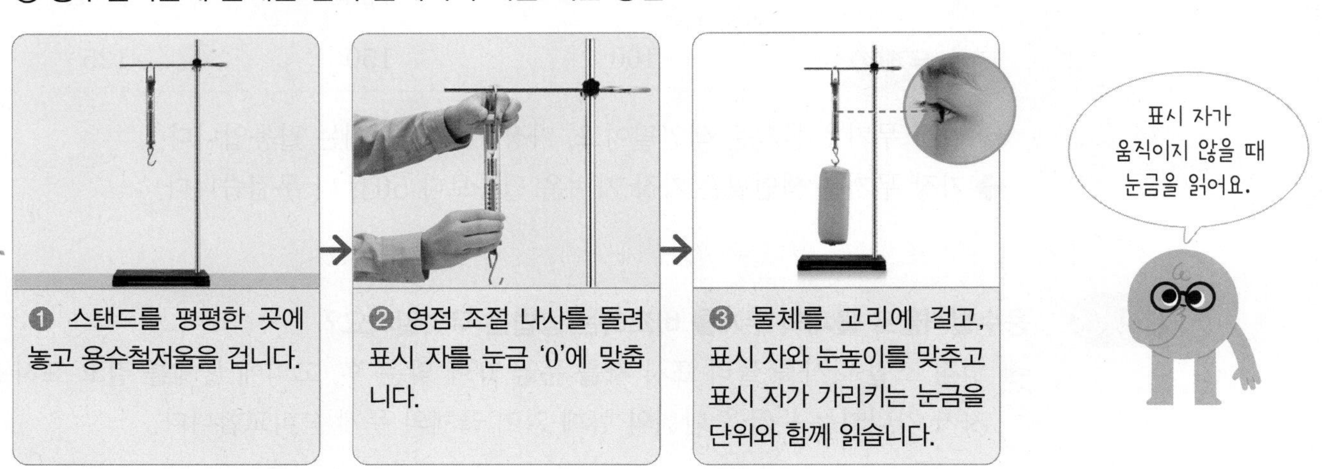

❶ 스탠드를 평평한 곳에 놓고 용수철저울을 겁니다.

❷ 영점 조절 나사를 돌려 표시 자를 눈금 '0'에 맞춥니다.

❸ 물체를 고리에 걸고, 표시 자와 눈높이를 맞추고 표시 자가 가리키는 눈금을 단위와 함께 읽습니다.

표시 자가 움직이지 않을 때 눈금을 읽어요.

② ✓지퍼 백을 이용하여 용수철저울의 고리에 걸 수 없는 물체의 무게를 재는 방법

❶ 고리에 지퍼 백을 겁니다.

❷ 영점 조절 나사를 돌려 표시 자를 눈금 '0'에 맞춥니다.

❸ 지퍼 백에 물체를 넣고, 표시 자가 움직이지 않을 때 표시 자와 눈높이를 맞추고 표시 자가 가리키는 눈금을 단위와 함께 읽습니다.

✔ **지퍼 백** 지퍼 장치가 되어 있는 비닐로 만든 포장 봉투

04 일차

핵심 개념 확인하기

| 정답과 해설 • 3쪽

용수철저울

• **용수철저울 각 부분의 이름과 역할**

이름	역할
영점 조절 나사	무게를 재기 전에 표시 자가 눈금 '❶ ☐'을 가리킬 수 있도록 하는 부분
손잡이	용수철저울을 집거나 스탠드에 거는 부분
❷ ☐☐☐	물체의 무게에 따라 길이가 일정하게 늘어나거나 줄어드는 부분
표시 자	물체의 무게에 해당하는 숫자의 ❸ ☐☐을 가리키는 부분
눈금	표시 자가 가리키는 부분으로 물체의 무게를 나타내는 부분
고리	무게를 재려고 하는 물체를 거는 부분

• **물체의 무게에 따른 용수철의 길이 변화:** 용수철저울에 매다는 물체가 무거울수록 용수철이 많이 늘어납니다.

용수철저울로 물체의 무게를 재는 방법

• **용수철저울에 물체를 걸어 물체의 무게를 재는 방법**

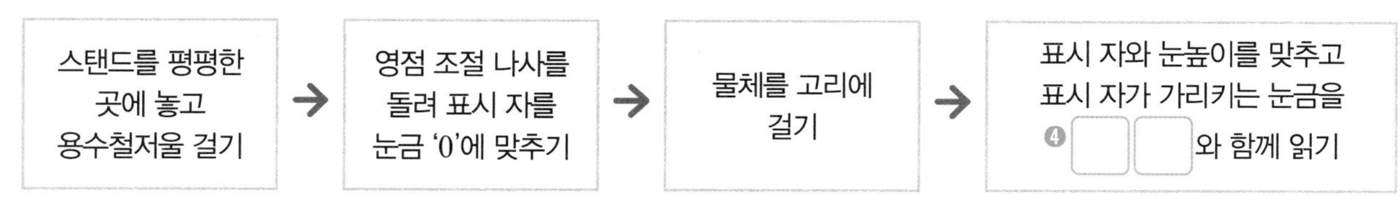
스탠드를 평평한 곳에 놓고 용수철저울 걸기
→
영점 조절 나사를 돌려 표시 자를 눈금 '0'에 맞추기
→
물체를 고리에 걸기
→
표시 자와 눈높이를 맞추고 표시 자가 가리키는 눈금을 ❹ ☐☐와 함께 읽기

• **지퍼 백을 이용하여 용수철저울의 고리에 걸 수 없는 물체의 무게를 재는 방법**

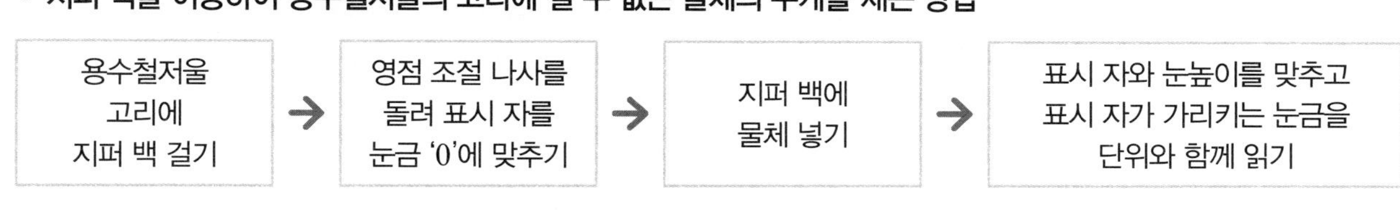
용수철저울 고리에 지퍼 백 걸기
→
영점 조절 나사를 돌려 표시 자를 눈금 '0'에 맞추기
→
지퍼 백에 물체 넣기
→
표시 자와 눈높이를 맞추고 표시 자가 가리키는 눈금을 단위와 함께 읽기

문제로 완성하기

[1~2] 다음은 용수철저울의 모습입니다.

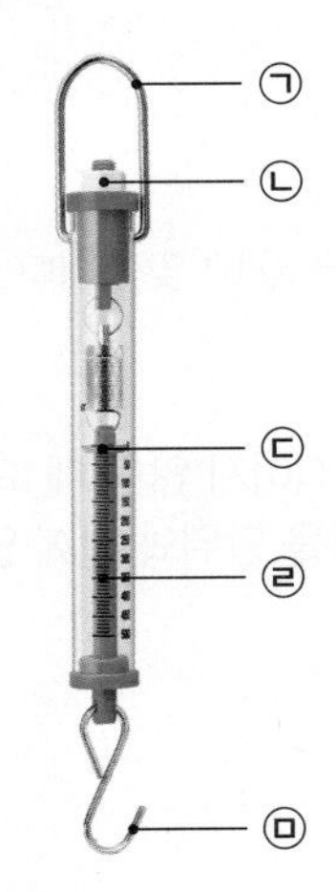

용수철저울

1 **위 용수철저울 각 부분과 이름을 옳게 짝 지은 것은 어느 것입니까?** (　　　)

① ㉠ – 눈금　② ㉡ – 영점 조절 나사　③ ㉢ – 고리
④ ㉣ – 표시 자　⑤ ㉤ – 손잡이

2 **위 용수철저울에서 다음과 같은 역할을 하는 부분을 골라 기호를 써 봅시다.**

용수철저울에 물체를 걸었을 때 물체의 무게에 해당하는 숫자의 눈금을 가리킨다.

(　　　　　)

용수철저울로 물체의 무게를 재는 방법

3 **용수철저울로 물체의 무게를 재는 순서에 맞게 기호를 써 봅시다.**

㉠ 고리에 물체를 건다.
㉡ 스탠드를 평평한 곳에 놓고 용수철저울을 건다.
㉢ 영점 조절 나사를 돌려 표시 자를 눈금 '0'에 맞춘다.
㉣ 표시 자가 움직이지 않을 때 표시 자와 눈높이를 맞추고 눈금을 단위와 함께 읽는다.

(　　　) → (　　　) → (　　　) → (　　　)

4 **용수철저울의 눈금을 읽을 때의 눈높이로 옳은 것을 골라 기호를 써 봅시다.**

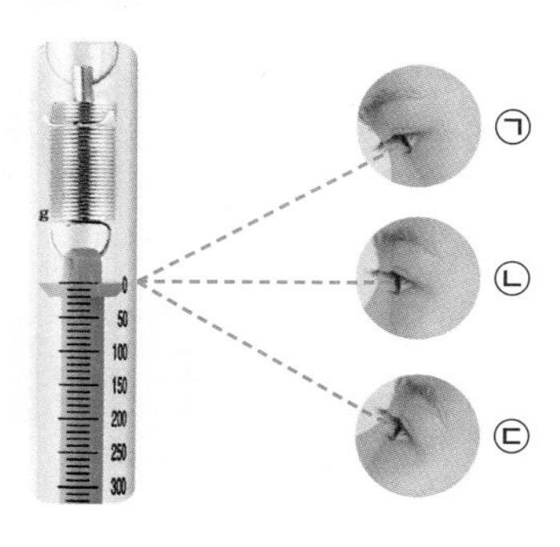

( )

5 **다음은 용수철저울을 사용해 필통과 사인펜의 무게를 비교하는 모습입니다. 물체의 무게가 더 무거운 경우를 골라 기호를 써 봅시다.**

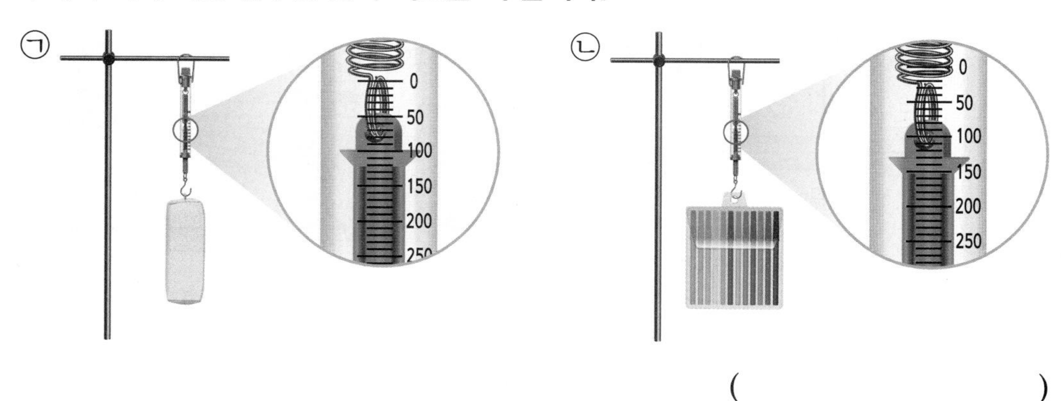

( )

퀴즈로 마무리하기

• **다음 십자말풀이를 해 봅시다.**

❶				❷
❸				
		❹		
❺❻				

가로

❶ 용수철저울에 물체를 매달면 □□□이 늘어납니다.
❸ 용수철저울의 □□는 물체를 거는 부분입니다.
❺ 용수철저울의 눈금을 읽을 때는 표시 자와 □□□를 맞추어 읽습니다.

세로

❷ 용수철저울에 물체를 걸기 전에 □□ □□ □□를 돌려 표시 자를 눈금 '0'에 맞춥니다.
❹ 용수철저울의 □□□를 스탠드에 걸어 사용합니다.
❻ □□은 표시 자가 가리키는 부분입니다.

05 일차

힘을 줄여 주는 지레와 빗면

만화로 생각 열기

탐구로 시작하기

내 교과서 비상교육, 동아, 미래엔, 아이스크림, 천재(정)

활동 1 지레를 이용해 물체를 들어 올릴 때 드는 힘의 크기 비교하기

05 일차

과정 및 결과

실험 동영상

1 물병이 든 상자를 직접 들어 올릴 때 드는 힘의 크기를 느껴 봅니다.

→ 물병이 든 상자의 묵직한 무게가 느껴집니다.
→ 상자에 물병을 많이 넣으면 무거워서 들어 올리기 힘듭니다.

2 책상의 가장자리에 물병이 든 상자를 놓고, 책상과 물병이 든 상자 사이에 긴 막대를 끼워 놓습니다.

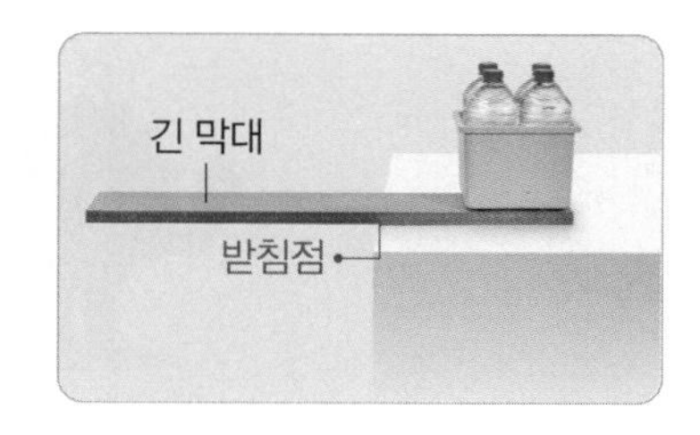

물병이 든 상자를 받침점에 가까이 놓아요.

3 긴 막대의 한쪽 끝을 눌러 물병이 든 상자를 들어 올릴 때 드는 힘의 크기를 느껴 봅니다.

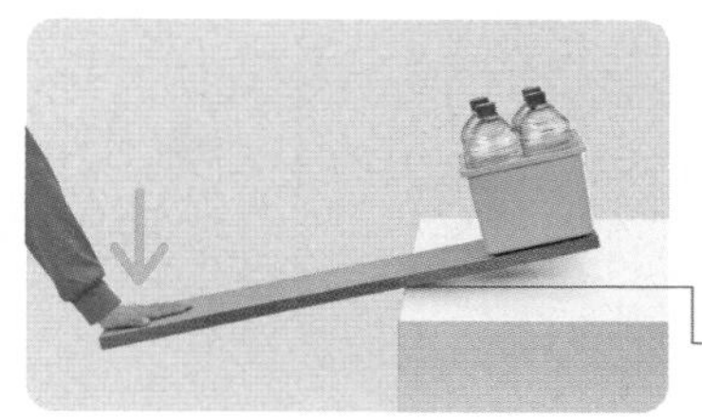

→ 작은 힘으로 물병이 든 상자를 들어 올릴 수 있습니다.

받침점이 물체에 가까울수록 더 작은 힘으로 물체를 들어 올릴 수 있습니다.

4 물병이 든 상자를 직접 들어 올릴 때와 지레와 같은 도구를 이용해 들어 올릴 때 느껴지는 힘의 크기가 어떻게 다른지 비교해 봅시다.

직접 들어 올릴 때	지레와 같은 도구를 이용해 들어 올릴 때
지레와 같은 도구를 이용해 들어 올릴 때보다 큰 힘이 듭니다.	직접 들어 올릴 때보다 작은 힘이 듭니다.

+ 또 다른 방법!

천재(이)

물체를 직접 들어 올릴 때와 지레를 이용해 들어 올릴 때 용수철의 늘어난 길이를 비교하는 방법도 있습니다. 지레를 이용해 물체를 들어 올릴 때 용수철이 더 조금 늘어납니다.

지학사

나무판에 박혀 있는 장구 핀을 손으로 직접 뽑을 때와 장도리를 이용해 뽑을 때 드는 힘의 크기를 비교하는 방법도 있습니다. 장도리를 이용해 뽑을 때 더 작은 힘이 듭니다.

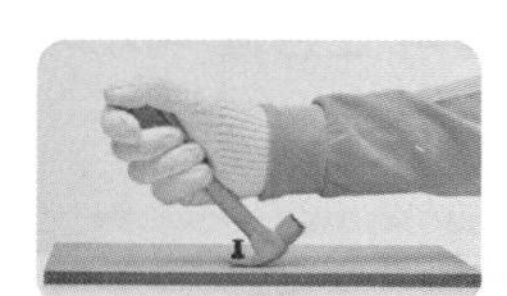

정리 **물체를 직접 들어 올릴 때 드는 힘의 크기와 지레와 같은 도구를 이용해 들어 올릴 때 드는 힘의 크기는 어떻게 다를까요?**

→ 지레와 같은 도구를 이용해 물체를 들어 올리면 직접 물체를 들어 올릴 때보다 작은 힘이 듭니다.

탐구로 시작하기

내 교과서 미래엔, 아이스크림, 지학사, 천재(이), 천재(정)

활동 2 빗면을 이용해 물체를 들어 올릴 때 드는 힘의 크기 비교하기

과정 및 결과

1 용수철저울의 고리에 필통을 걸고 직접 들어 올린 뒤 용수철저울의 눈금을 읽어 봅시다.

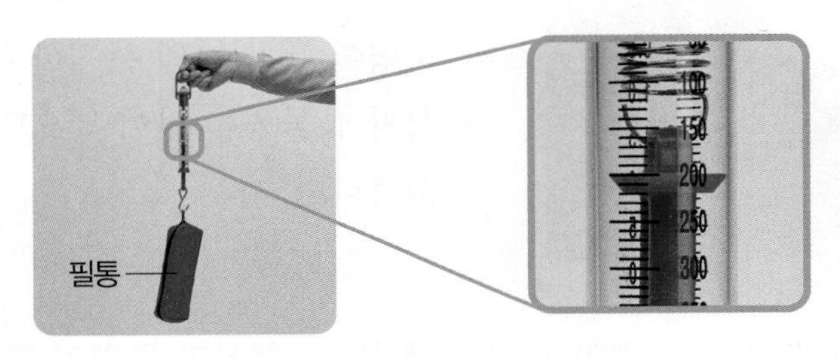

➜ 용수철저울의 눈금은 200 g 입니다.

2 나무판과 나무토막을 이용하여 빗면을 만듭니다.

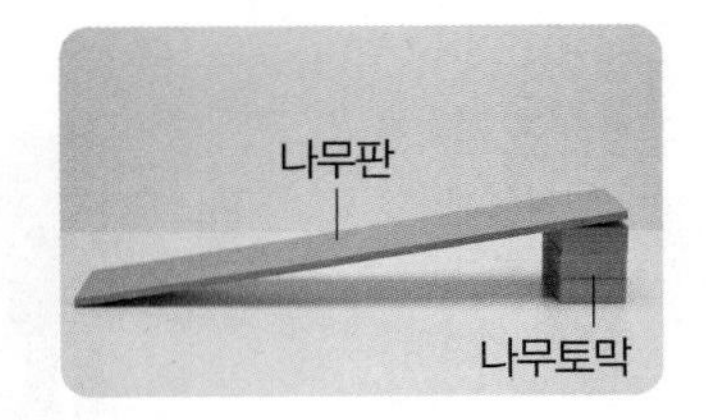

3 용수철저울에 필통을 걸고 빗면을 따라 서서히 들어 올리며 용수철저울의 눈금을 읽어 봅시다.

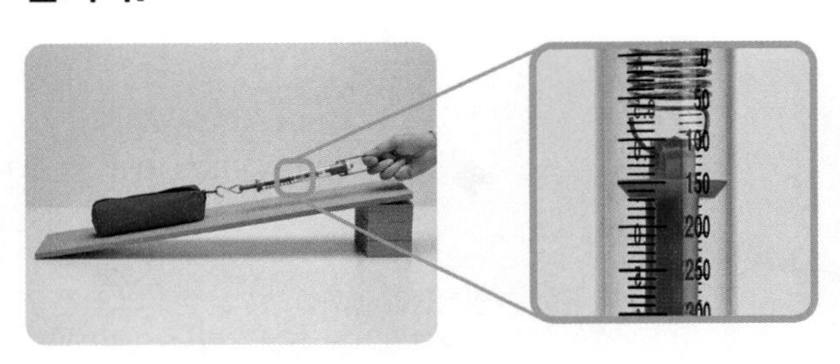

➜ 용수철저울의 눈금은 150 g 입니다.

4 필통을 직접 들어 올릴 때와 빗면을 이용해 들어 올릴 때 용수철저울의 눈금을 비교해 봅시다.

직접 들어 올릴 때 용수철저울의 눈금	빗면을 이용하여 들어 올릴 때 용수철저울의 눈금
200 g	150 g

또 다른 방법!

비상교육, 동아

물체를 직접 들어 올릴 때와 빗면을 이용해 들어 올릴 때 손에 느껴지는 힘의 크기를 비교하는 방법도 있습니다. 빗면을 이용해 들어 올릴 때 더 작은 힘이 느껴집니다.

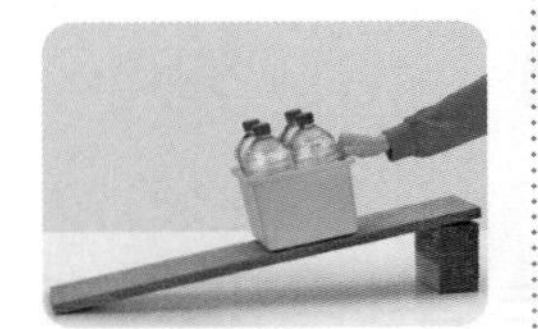

▲ 빗면을 이용해 물체를 들어 올리는 모습

용수철저울의 눈금은 물체를 들어 올리는 데 드는 힘의 크기와 관련 있어요.

정리 물체를 직접 들어 올릴 때 드는 힘의 크기와 빗면을 이용해 들어 올릴 때 드는 힘의 크기는 어떻게 다를까요?

➜ 빗면을 이용해 물체를 들어 올리면 직접 물체를 들어 올릴 때보다 작은 힘이 듭니다.

개념 이해하기

1 지레와 빗면

① 지레: 막대의 한 곳을 받치고 작은 힘으로 물체를 움직이게 하는 도구입니다.
② 빗면: 비스듬히 기울어진 면을 이용해 작은 힘으로 물체를 움직일 때 이용하는 도구입니다.
③ 지레나 빗면과 같은 도구를 이용하면 작은 힘으로도 쉽게 물체를 움직일 수 있어 편리합니다.

2 지레와 빗면의 이용

① 지레를 이용하는 예

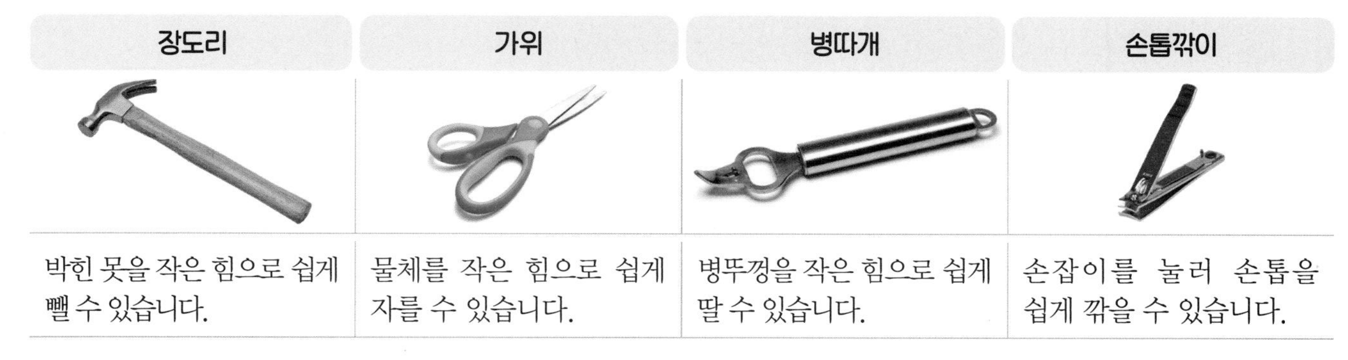

장도리	가위	병따개	손톱깎이
박힌 못을 작은 힘으로 쉽게 뺄 수 있습니다.	물체를 작은 힘으로 쉽게 자를 수 있습니다.	병뚜껑을 작은 힘으로 쉽게 딸 수 있습니다.	손잡이를 눌러 손톱을 쉽게 깎을 수 있습니다.

② 빗면을 이용하는 예

경사로	사다리차	구불구불한 산길	나사못
작은 힘으로 휠체어를 움직일 수 있습니다.	작은 힘으로 짐을 높은 곳까지 옮길 수 있습니다.	작은 힘으로 높은 산을 오를 수 있습니다.	작은 힘으로 못을 박을 수 있습니다.

핵심 개념 확인하기

| 정답과 해설 • 4쪽

지레와 빗면

❶ ☐☐	막대의 한 곳을 받치고 작은 힘으로 물체를 움직이게 하는 도구입니다.
❷ ☐☐	비스듬히 기울어진 면을 이용해 작은 힘으로 물체를 움직일 때 이용하는 도구입니다.

지레와 빗면의 이용: 지레와 빗면을 이용하면 ❸ ☐☐ 힘으로도 쉽게 물체를 움직일 수 있습니다.

- **지레를 이용하는 예**: 장도리, 가위, 병따개, 손톱깎이 등
- **빗면을 이용하는 예**: 경사로, 사다리차, 구불구불한 산길, 나사못 등

문제로 완성하기

[1~2] 다음은 물병이 든 상자를 직접 들어 올리는 모습과 긴 막대의 한쪽 끝을 눌러 들어 올리는 모습입니다.

㉠ 

▲ 직접 들어 올리는 모습

㉡ 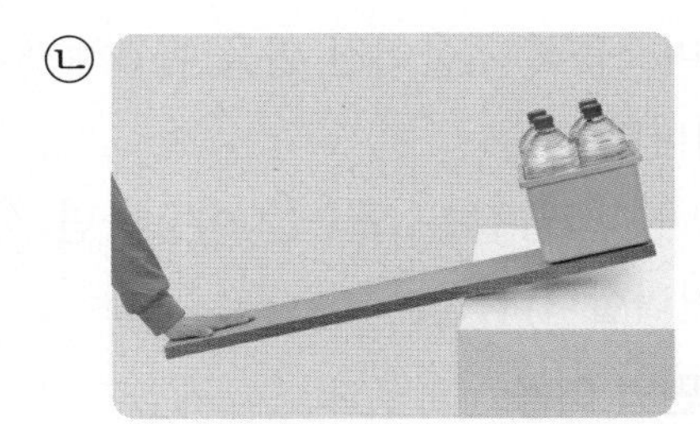

▲ 긴 막대의 한쪽 끝을 눌러 들어 올리는 모습

➋ 지레를 이용해 물체를 들어 올릴 때 드는 힘의 크기 비교하기

1 **위 실험에서 물병이 든 상자를 들어 올리는 데 더 작은 힘이 느껴지는 경우를 골라 기호를 써 봅시다.**

(　　　　　　　　)

2 **다음은 위 실험에 사용된 도구에 대한 설명입니다. (　　) 안에 알맞은 말은 어느 것입니까?** (　　　)

> 막대의 한 곳을 받치고 작은 힘으로 물체를 움직일 때 이용하는 도구를 (　　) (이)라고 한다.

① 자　　② 지레　　③ 빗면
④ 막대　　⑤ 도르래

➋ 빗면을 이용해 물체를 들어 올릴 때 드는 힘의 크기 비교하기

3 **오른쪽과 같이 비스듬히 기울어진 면을 이용해 작은 힘으로 물체를 움직일 때 이용하는 도구를 무엇이라고 하는지 써 봅시다.**

(　　　　　　　　)

| 정답과 해설 • 4쪽

4 **필통을 직접 들어 올릴 때와 빗면을 이용해 들어 올릴 때 용수철저울의 눈금을 찾아 선으로 연결해 봅시다.**

(1)  • 　　　　• ㉠ 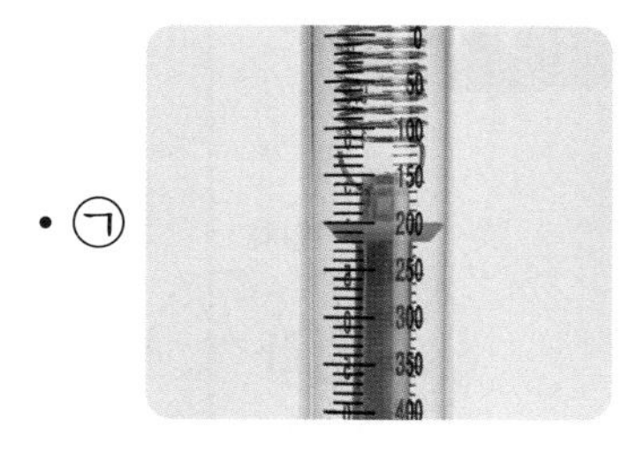

▲ 직접 들어 올릴 때

(2) 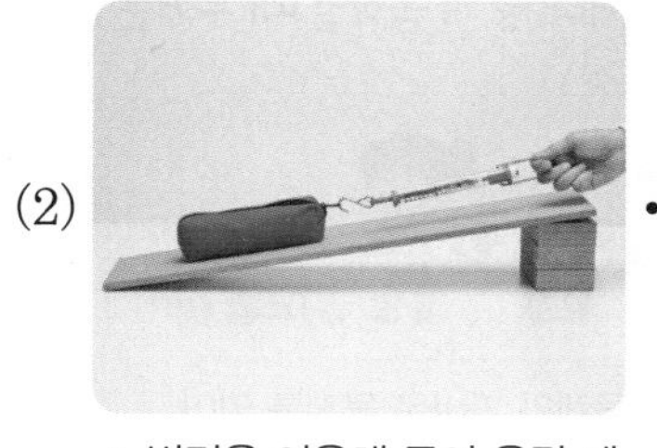 • 　　　　• ㉡ 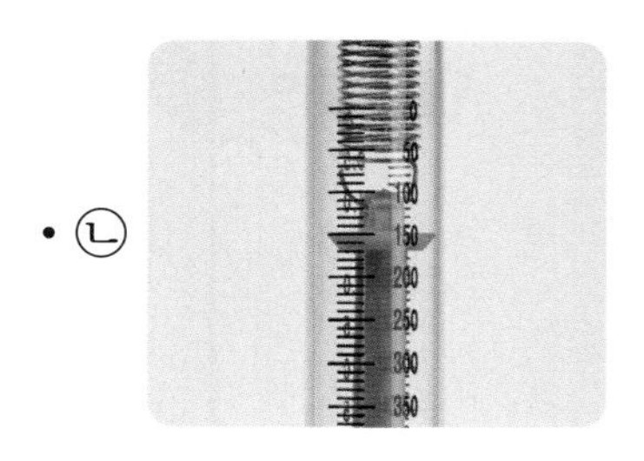

▲ 빗면을 이용해 들어 올릴 때

➋ 지레와 빗면의 이용

5 **빗면을 이용한 예는 어느 것입니까?** (　　　)

① 

▲ 장도리

② 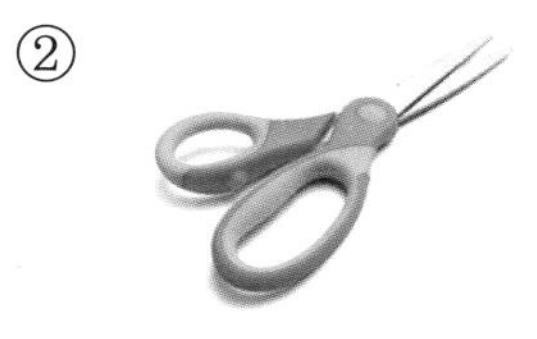

▲ 가위

③ 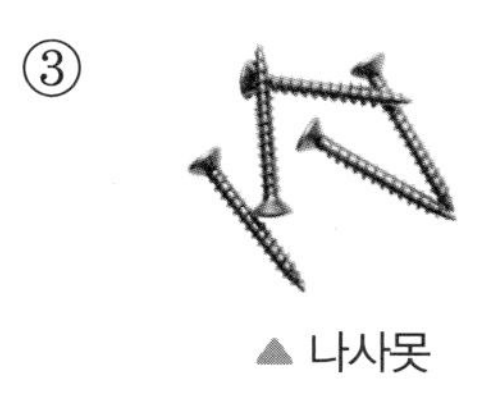

▲ 나사못

④ 

▲ 손톱깎이

| 정답과 해설 • 4쪽

• **다음은 병따개를 이용해 병뚜껑을 따는 모습입니다. 병따개는 어떤 도구를 이용한 것인지 다음 글자판에서 글자를 가로나 세로로 연결하여 ○표 해 봅시다.**

병	빗	그	음
뚜	면	지	료
껑	미	레	수
도	구	수	영

06 일차 생각 그물로 정리하기

● 다음 빈칸에 들어갈 내용을 써서 생각 그물을 완성해 보세요.

힘과 우리 생활

힘과 관련된 현상 (1일차)

힘을 주어 물체를 밀거나 당길 때 나타나는 현상

- ❶ [ ] 을 주어 물체를 밀거나 당기면 물체를 움직일 수 있습니다.
- 힘을 주어 물체를 밀거나 당기면 물체의 모양을 변하게 할 수 있습니다.

무거운 물체와 가벼운 물체를 밀거나 당길 때의 특징

물체를 밀거나 당겨 움직일 때 무거운 물체일수록 ❷ [ ] 힘이 듭니다.

▲ 무거운 물체와 가벼운 물체를 밀어 움직이는 모습

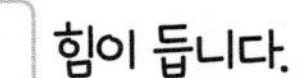

▲ 무거운 물체와 가벼운 물체를 당겨 움직이는 모습

수평 잡기로 무게 비교하기 (2일차)

수평 잡기

- 무게가 같은 두 물체로 수평 잡기: 두 물체를 받침점에서 양쪽으로 ❸ [ ][ ] 거리에 놓아야 합니다.

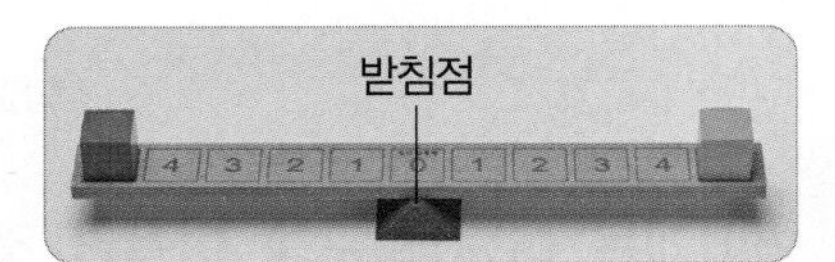

▲ 무게가 같은 두 물체로 수평을 잡은 모습

- 무게가 다른 두 물체로 수평 잡기: 무거운 물체를 가벼운 물체보다 받침점에 더 ❹ [ ][ ][ ] 놓아야 합니다.

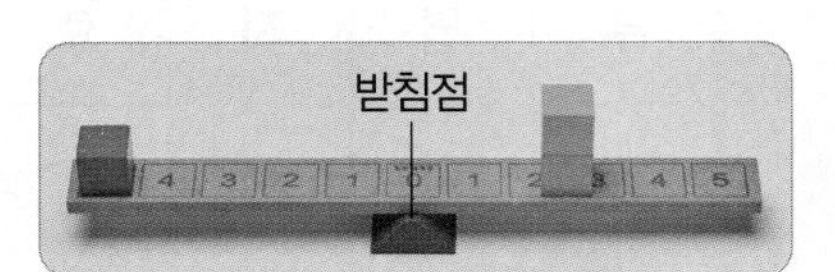

▲ 무게가 다른 두 물체로 수평을 잡은 모습

수평 잡기로 무게 비교하기

- 두 물체를 받침점에서 양쪽으로 같은 거리에 놓고 수평 확인하기

수평을 이루는 경우	기울어지는 경우
양쪽 물체의 무게가 ❺ [ ][ ][ ][ ].	기울어진 쪽의 물체가 더 ❻ [ ][ ][ ][ ][ ].

- 수평을 이룰 때 두 물체와 받침점 사이의 거리 확인하기: 받침점에 가까운 물체가 더 무겁습니다.

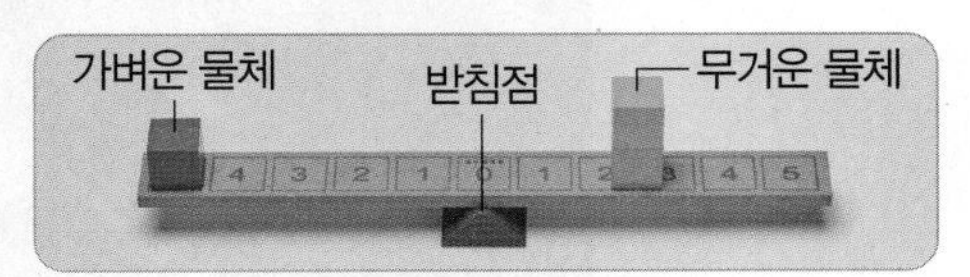

- 양팔저울이 수평을 이루는 데 필요한 클립의 수 비교하기: 수평을 이루는 데 필요한 클립의 수가 더 많은 물체가 더 무겁습니다.

| 정답과 해설 • 4쪽

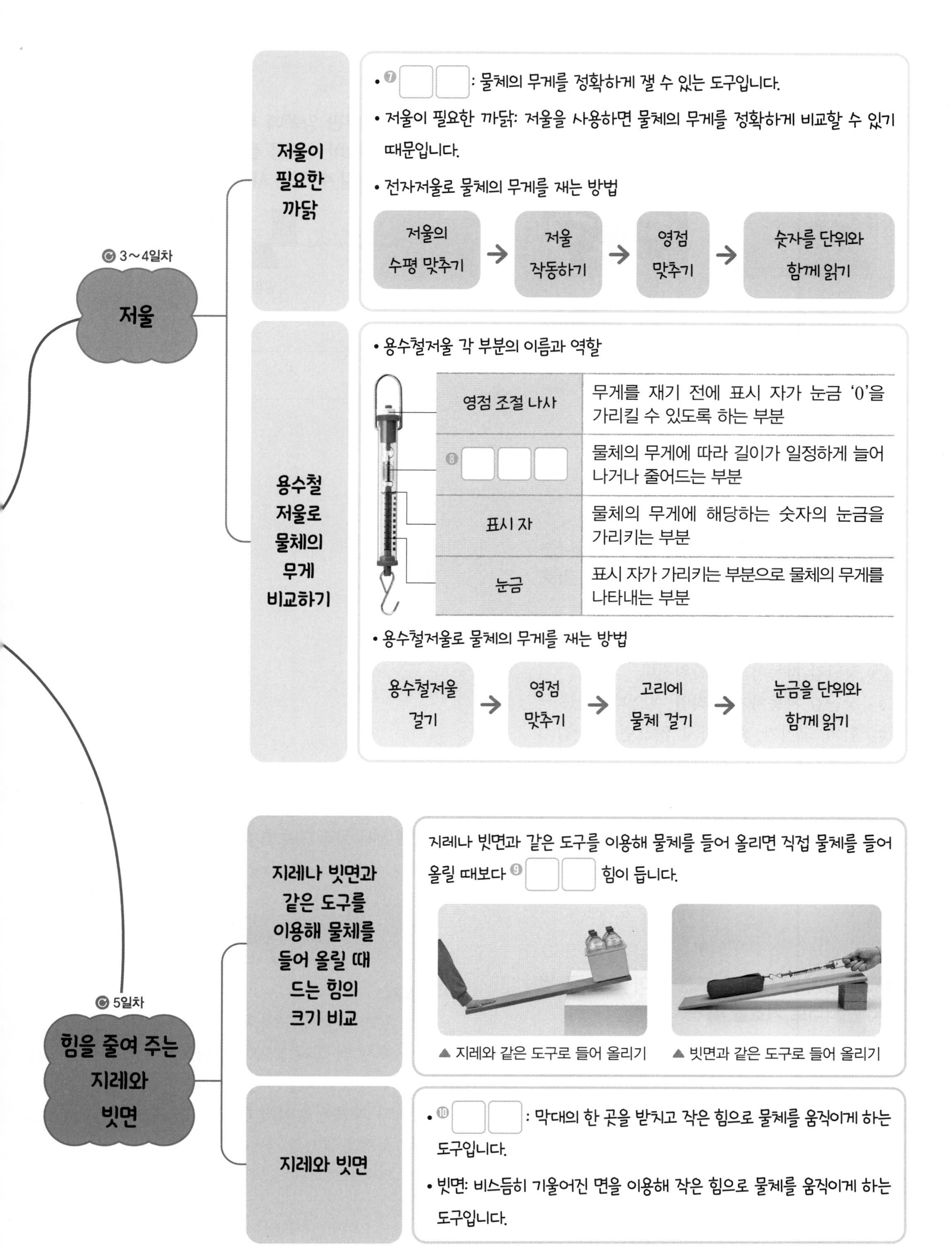

3~4일차

저울

저울이 필요한 까닭

- ❼ ☐☐: 물체의 무게를 정확하게 잴 수 있는 도구입니다.
- 저울이 필요한 까닭: 저울을 사용하면 물체의 무게를 정확하게 비교할 수 있기 때문입니다.
- 전자저울로 물체의 무게를 재는 방법

저울의 수평 맞추기 → 저울 작동하기 → 영점 맞추기 → 숫자를 단위와 함께 읽기

용수철저울로 물체의 무게 비교하기

- 용수철저울 각 부분의 이름과 역할

부분	역할
영점 조절 나사	무게를 재기 전에 표시 자가 눈금 '0'을 가리킬 수 있도록 하는 부분
❽ ☐☐☐	물체의 무게에 따라 길이가 일정하게 늘어나거나 줄어드는 부분
표시 자	물체의 무게에 해당하는 숫자의 눈금을 가리키는 부분
눈금	표시 자가 가리키는 부분으로 물체의 무게를 나타내는 부분

- 용수철저울로 물체의 무게를 재는 방법

용수철저울 걸기 → 영점 맞추기 → 고리에 물체 걸기 → 눈금을 단위와 함께 읽기

5일차

힘을 줄여 주는 지레와 빗면

지레나 빗면과 같은 도구를 이용해 물체를 들어 올릴 때 드는 힘의 크기 비교

지레나 빗면과 같은 도구를 이용해 물체를 들어 올리면 직접 물체를 들어 올릴 때보다 ❾ ☐☐ 힘이 듭니다.

▲ 지레와 같은 도구로 들어 올리기

▲ 빗면과 같은 도구로 들어 올리기

지레와 빗면

- ❿ ☐☐: 막대의 한 곳을 받치고 작은 힘으로 물체를 움직이게 하는 도구입니다.
- 빗면: 비스듬히 기울어진 면을 이용해 작은 힘으로 물체를 움직이게 하는 도구입니다.

단원 평가하기

(맞은 개수 개)

1 힘을 주어 물체를 미는 모습은 어느 것입니까? ( )

① 
② 
③ 
④ 

2 정지해 있는 장난감 자동차를 밀 때 나타나는 현상으로 옳지 않은 것을 보기 에서 골라 기호를 써 봅시다.

보기
㉠ 장난감 자동차가 가까워진다.
㉡ 장난감 자동차가 움직일 수 있다.
㉢ 힘의 크기가 충분하지 않으면 장난감 자동차가 움직이지 않는다.

( )

중요
3 물체를 당겨 움직일 때 드는 힘이 가장 큰 것부터 순서대로 기호를 써 봅시다.

▲ 책이 다섯 권 들어 있는 상자 ▲ 책이 두 권 들어 있는 상자 ▲ 책이 세 권 들어 있는 상자

( ) → ( ) → ( )

서술형
4 다음은 나무판 양쪽에 무게가 같은 두 물체를 각각 올려놓아 수평을 잡은 모습입니다. 이 실험을 통해 알 수 있는 사실을 써 봅시다.

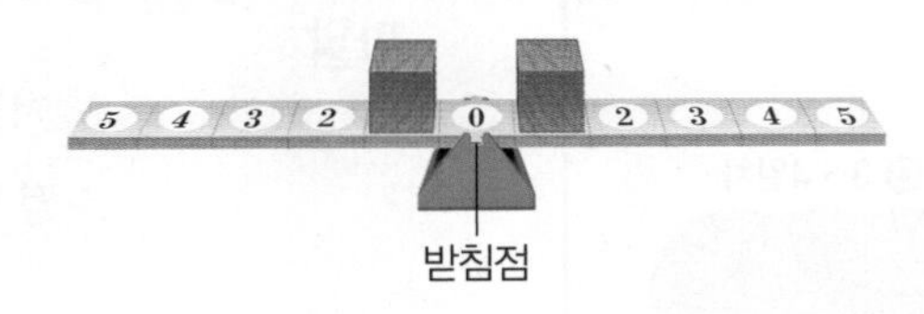

5 다음은 무게가 다른 물체로 수평을 잡은 모습입니다. 무게가 다른 물체로 수평을 잡는 방법을 보기 에서 골라 기호를 써 봅시다.

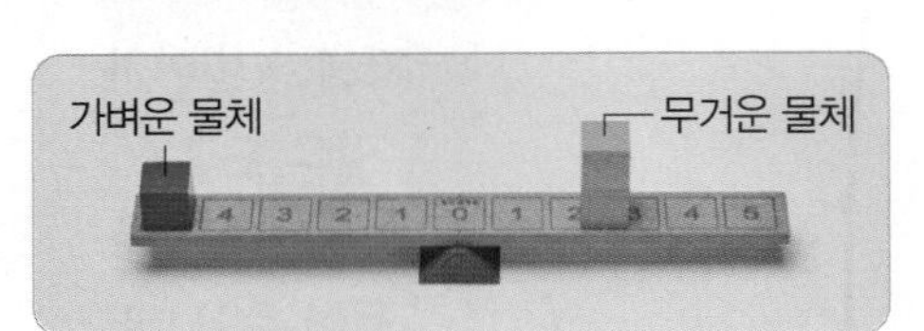

보기
㉠ 무거운 물체를 가벼운 물체보다 받침점에서 더 멀리 놓아야 한다.
㉡ 무거운 물체를 가벼운 물체보다 받침점에 더 가까이 놓아야 한다.
㉢ 무거운 물체와 가벼운 물체를 받침점에서 양쪽으로 같은 거리에 놓아야 한다.

( )

중요

6 **수평 잡기로 물체의 무게를 비교하는 방법에 대한 설명입니다. (　　) 안에 알맞은 말을 옳게 짝 지은 것은 어느 것입니까?** (　　　)

- 나무판의 받침점에서 양쪽으로 (㉠) 거리에 물체를 올려놓고 어느 쪽으로 기울어지는지 확인한다.
- 나무판이 수평을 이루면 양쪽 물체의 무게가 (㉡).
- 나무판이 기울어진 쪽에 있는 물체가 더 (㉢) 물체이다.

구분	㉠	㉡	㉢
①	같은	같다	큰
②	같은	같다	가벼운
③	같은	같다	무거운
④	다른	다르다	가벼운
⑤	다른	다르다	무거운

7 **다음은 수평 잡기로 물체의 무게를 비교하는 모습입니다. 이 실험으로 알 수 있는 사실은 어느 것입니까?** (　　　)

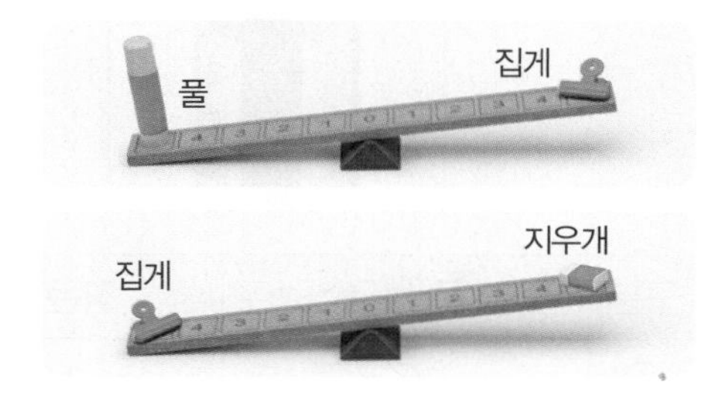

① 세 물체는 무게가 같다.
② 풀과 집게의 무게는 같다.
③ 가장 가벼운 물체는 풀이다.
④ 가장 무거운 물체는 집게이다.
⑤ 풀, 집게, 지우개 순으로 무겁다.

8 **다음은 양팔저울의 한쪽 저울접시에 물체를 올려놓고 다른 쪽 저울접시에 클립을 하나씩 올려 수평을 이룰 때 클립의 수를 나타낸 표입니다. 가장 무거운 물체와 가장 가벼운 물체의 이름을 각각 써 봅시다.**

물체	지우개	가위	풀
클립의 수(개)	27	41	46

(1) 가장 무거운 물체: (　　　　　　　　)

(2) 가장 가벼운 물체: (　　　　　　　　)

9 **다음은 친구들이 같은 물체들을 손으로 들어 무게를 비교한 후 무거운 것부터 순서대로 나열한 것입니다. 나열한 순서가 서로 다른 까닭으로 옳은 것은 어느 것입니까?** (　　　)

- 수민: 색연필, 공책, 지우개, 가위
- 아영: 색연필, 가위, 공책, 지우개
- 지호: 가위, 공책, 색연필, 지우개

① 물체의 길이가 다르기 때문이다.
② 물체마다 모양이 다르기 때문이다.
③ 물체를 만드는 재료가 다르기 때문이다.
④ 사람마다 손의 크기가 다르기 때문이다.
⑤ 사람마다 손으로 들었을 때 느끼는 물체의 무게가 다를 수 있기 때문이다.

10 **물체의 무게를 정확하게 비교할 때 사용하는 도구는 어느 것입니까?** (　　　)

① 자　　② 저울
③ 비커　　④ 계량컵
⑤ 온도계

단원 평가하기

중요

11 무게에 대한 설명으로 옳지 않은 것은 어느 것입니까? (　　)

① 물체가 가볍고 무거운 정도이다.
② 지구가 물체를 당기는 힘의 크기이다.
③ 무게의 단위인 g은 그램이라고 읽는다.
④ 무게를 정확하게 잴 수 있는 도구는 자이다.
⑤ 무게의 단위인 kg은 킬로그램이라고 읽는다.

12 다음은 전자저울로 물체의 무게를 잰 결과입니다. 물체가 더 무거운 경우를 골라 기호를 써 봅시다.

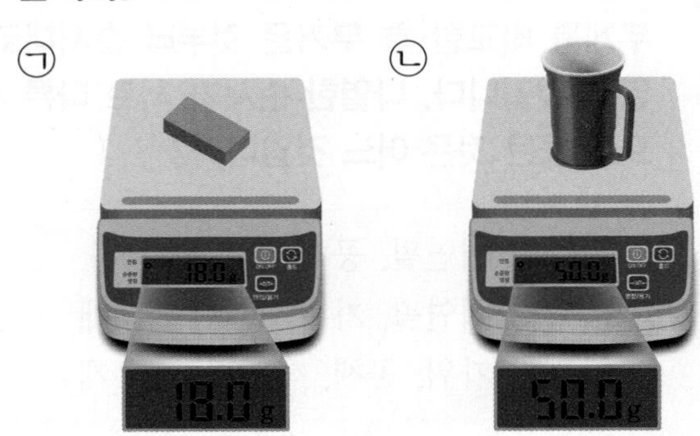

▲ 지우개의 무게를 잰 결과　　▲ 컵의 무게를 잰 결과

(　　　　)

13 일상생활에서 저울을 사용해 물체의 무게를 재는 경우를 보기 에서 두 가지 골라 기호를 써 봅시다.

보기
㉠ 몸무게의 변화를 알고 싶을 때
㉡ 학용품의 크기를 알고 싶을 때
㉢ 무게에 따라 택배의 요금을 정할 때
㉣ 음식의 차고 따뜻한 정도를 알고 싶을 때

(　　　　)

중요

14 물체의 무게를 측정하기 전에 표시 자가 눈금 '0'을 가리킬 수 있도록 조절하는 부분의 기호를 써 봅시다.

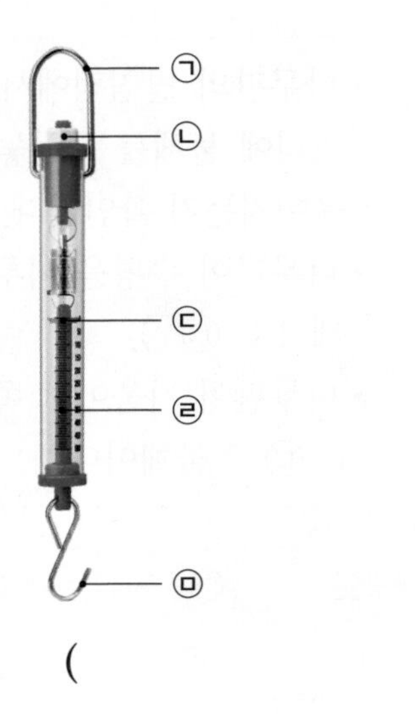

(　　　　)

15 다음은 용수철저울의 모습입니다. 용수철저울의 큰 눈금과 작은 눈금 한 칸이 나타내는 무게를 옳게 짝 지은 것은 어느 것입니까? (　　)

구분	큰 눈금	작은 눈금
①	50 g	10 g
②	50 g	20 g
③	100 g	10 g
④	100 g	20 g
⑤	200 g	20 g

서술형

16 다음과 같이 용수철저울에 물체를 걸기 전에 표시 자가 눈금 '0'을 가리키도록 조절하는 까닭을 써 봅시다.

____

____

중요

17 다음은 용수철저울에 서로 다른 물체를 걸었을 때 표시 자와 눈금의 모습입니다. 용수철저울에 건 물체의 무게가 가장 무거운 것과 가장 가벼운 것을 옳게 짝 지은 것은 어느 것입니까? (　　　)

㉠ 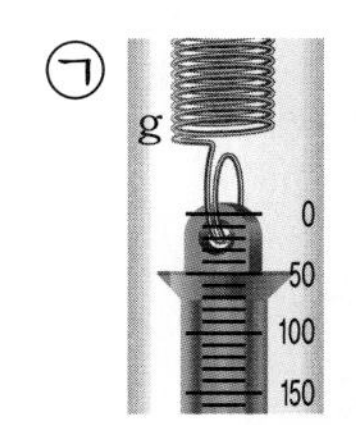

㉡ 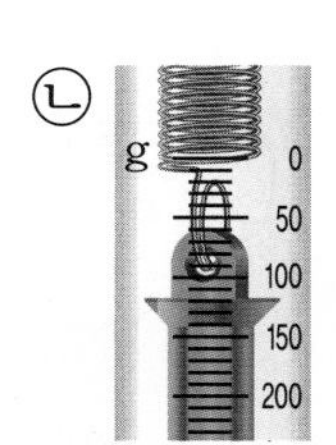

㉢ 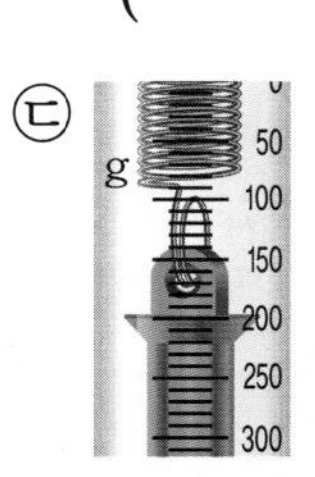

구분	가장 무거운 것	가장 가벼운 것
①	㉠	㉡
②	㉠	㉢
③	㉡	㉢
④	㉢	㉠
⑤	㉢	㉡

중요

18 지레를 이용하는 예를 보기 에서 골라 기호를 써 봅시다.

보기
㉠ 가위로 물체를 쉽게 자를 수 있다.
㉡ 나사못을 돌려 작은 힘으로 못을 박을 수 있다.
㉢ 사다리차를 이용해 작은 힘으로 짐을 높은 곳까지 옮길 수 있다.

(　　　　　　　　　　)

19 다음은 손톱깎이에 대한 설명입니다. (　　) 안에 알맞은 말은 어느 것입니까? (　　　)

손톱깎이는 (　　　)을/를 이용한 도구로, 손잡이를 눌러 손톱을 쉽게 깎을 수 있다.

① 무게　　② 수평
③ 저울　　④ 지레
⑤ 빗면

서술형

20 다음은 빗면을 이용한 구불구불한 산길의 모습입니다. 구불구불한 산길을 이용할 때 편리한 점을 써 봅시다.

____

____

07 일차

특징에 따른 동물 분류

만화로 생각 열기

탐구로 시작하기

내 교과서 7종 공통

활동 기기준을 정해 동물 분류하기

과정 및 결과

1 **다음 여러 가지 동물의 생김새를 관찰하고, 동물의 공통점과 차이점을 이야기해 봅시다.**

스마트 기기를 이용하여 동물의 사진과 동영상을 찍으며 관찰할 수 있어요.

➜ 개구리, 거미, 꿀벌, 나비, 참새, 토끼는 다리가 있지만, 금붕어, 뱀, 상어, 지렁이는 다리가 없습니다.

➜ 꿀벌, 나비, 참새는 날개가 있지만, 개구리, 거미, 금붕어, 뱀, 상어, 지렁이, 토끼는 날개가 없습니다.

✔ **분류** 종류에 따라서 가르는 것

2 **동물의 특징에 따라 분류 기준을 정하고, 정한 분류 기준이 알맞은지 이야기해 봅시다.**

분류 기준	분류 기준으로 알맞은가?
• 다리가 있는가? • 날개가 있는가?	분류 기준으로 알맞습니다. ➜ 누가 분류해도 같은 결과가 나오기 때문입니다.
• 귀여운가? • 몸집이 큰가?	분류 기준으로 알맞지 않습니다. ➜ 사람마다 분류 결과가 다를 수 있기 때문입니다.

3 **알맞은 분류 기준에 따라 동물을 분류해 봅시다.**

분류 기준: 다리가 있는가?

그렇다.	그렇지 않다.
개구리, 거미, 꿀벌, 나비, 참새, 토끼	금붕어, 뱀, 상어, 지렁이

정리 **동물을 특징에 따라 분류할 때 알맞은 분류 기준에는 무엇이 있을까요?**

➜ '다리가 있는가?', '날개가 있는가?', '더듬이가 있는가?' 등이 있습니다.

개념 이해하기

1 우리 주변에 사는 동물

집 주변	나무	연못	
 고양이	 참새	 개구리	 금붕어
• 몸이 털로 덮여 있습니다. • 두 쌍의 다리와 긴 꼬리가 있습니다.	• 몸이 깃털로 덮여 있고, 부리가 있습니다. • 한 쌍의 날개와 한 쌍의 다리가 있습니다. • 날개로 날아다닙니다.	• 두 쌍의 다리가 있고, 뒷다리가 앞다리보다 깁니다. • 땅에서는 뛰어다니고 물속에서는 헤엄쳐 다닙니다.	• 몸이 비늘로 덮여 있습니다. • 지느러미와 아가미가 있습니다. • 다리가 없고, 물속에서 헤엄쳐 다닙니다.

화단			
 개미	 공벌레	 나비	 달팽이
• 몸이 머리, 가슴, 배로 나뉘어 있습니다. • 몸이 검은색을 띱니다. • 한 쌍의 더듬이, 세 쌍의 다리가 있습니다.	• 몸에 여러 개의 마디가 있습니다. • 일곱 쌍의 다리가 있습니다. • 건드리면 몸을 공처럼 둥글게 만듭니다.	• 한 쌍의 더듬이가 있습니다. • 두 쌍의 날개와 세 쌍의 다리가 있습니다. • 날개로 날아다닙니다.	• 등에 딱딱한 껍데기가 있습니다. • 더듬이가 있습니다. • 다리가 없고, 배를 땅에 대고 기어서 움직입니다.

➔ 우리 주변에는 여러 가지 동물이 살고 있고, 동물마다 생김새와 생활 방식 등 특징이 다양합니다.

2 동물의 분류 기준

✔ **주관적** 나의 입장에서 사물을 보거나 생각하는 것

① 동물은 특징에 따라 분류 기준을 정해 분류할 수 있습니다.

② 분류 기준은 누가 분류해도 같은 결과가 나오는 것으로 정해야 합니다.

➔ '예쁜가?', '귀여운가?', '몸집이 큰가?', '내가 좋아하는 동물인가?' 등은 사람마다 분류 결과가 다를 수 있으므로 알맞은 분류 기준이 아닙니다.

③ 다양한 분류 기준

다리가 있는가?	날개가 있는가?	더듬이가 있는가?	지느러미가 있는가?	털이나 깃털이 있는가?

✔주관적인 표현은 분류 기준으로 알맞지 않아요.

3 특징에 따른 동물 분류

분류 기준: 날개가 있는가?

그렇다.	그렇지 않다.
꿀벌, 나비, 참새	개구리, 개미, 거미, 고양이, 공벌레, 금붕어, 달팽이, 뱀, 상어, 지렁이, 토끼

분류 기준: 더듬이가 있는가?

그렇다.	그렇지 않다.
개미, 공벌레, 꿀벌, 나비, 달팽이	개구리, 거미, 고양이, 금붕어, 뱀, 상어, 지렁이, 참새, 토끼

분류 기준: 지느러미가 있는가?

그렇다.	그렇지 않다.
금붕어, 상어	개구리, 개미, 거미, 고양이, 공벌레, 꿀벌, 나비, 달팽이, 뱀, 지렁이, 참새, 토끼

날개가 있는 동물은 날개의 개수에 따라 한 번 더 분류할 수 있어요.

➜ 동물을 특징에 따라 분류하면 동물을 이해하는 데 도움이 됩니다.

핵심 개념 확인하기

| 정답과 해설 • 5쪽

우리 주변에 사는 동물

동물	볼 수 있는 곳	특징
고양이	집 주변	몸이 ❶ □ 로 덮여 있고, 두 쌍의 다리가 있습니다.
참새	나무	몸이 ❷ □□ 로 덮여 있고, 한 쌍의 날개가 있습니다.
금붕어	연못	몸이 ❸ □□ 로 덮여 있고, 지느러미와 아가미가 있습니다.
공벌레	화단	몸에 여러 개의 ❹ □□ 가 있고, 일곱 쌍의 다리가 있습니다.

특징에 따른 동물 분류: 동물은 특징에 따라 ❺ □□ □□ 을 정해 분류할 수 있습니다.

개구리, 고양이, 공벌레, 금붕어, 나비, 뱀, 지렁이, 참새		
다리가 있는가?	그렇다.	개구리, 고양이, 공벌레, ❻ □□, 참새
	그렇지 않다.	금붕어, 뱀, 지렁이
날개가 있는가?	그렇다.	나비, 참새
	그렇지 않다.	❼ □□□, 고양이, 공벌레, 금붕어, 뱀, 지렁이

문제로 완성하기

우리 주변에 사는 동물

1 **오른쪽 개미를 관찰한 내용을 옳게 설명한 사람의 이름을 써 봅시다.**

- 한별: 다리가 두 쌍이 있어.
- 재형: 한 쌍의 더듬이가 있어.
- 승아: 건드리면 몸을 공처럼 둥글게 만들어.

( )

2 **다음과 같은 특징이 있는 동물은 어느 것입니까?** ( )

- 나무에서 볼 수 있다.
- 한 쌍의 날개가 있다.
- 몸이 깃털로 덮여 있다.

①

▲ 지렁이

②

▲ 참새

③

▲ 개구리

④

▲ 공벌레

⑤

▲ 고양이

동물의 분류 기준

3 **동물을 특징에 따라 분류할 때 분류 기준으로 옳지 않은 것은 어느 것입니까?** ( )

① 몸집이 큰가? ② 다리가 있는가? ③ 날개가 있는가?
④ 더듬이가 있는가? ⑤ 털이나 깃털이 있는가?

[4~5] 다음은 여러 가지 동물입니다.

➋ 특징에 따른 동물 분류

4 **위 동물을 다음과 같이 분류했을 때 분류 기준 (가)로 옳은 것은 어느 것입니까?**

( )

분류 기준: (가)

그렇다. — 나비, 거미, 토끼, 꿀벌

그렇지 않다. — 뱀, 상어, 달팽이, 금붕어

① 귀여운가? ② 날개가 있는가? ③ 다리가 있는가?
④ 더듬이가 있는가? ⑤ 지느러미가 있는가?

5 **위 동물을 날개가 있는 것과 날개가 없는 것으로 분류하여 동물의 이름을 써 봅시다.**

날개가 있는 것	날개가 없는 것
(1)	(2)

퀴즈로 마무리하기

| 정답과 해설 • 5쪽

• **동물을 분류할 수 있는 알맞은 분류 기준이 적힌 카드를 골라 카드에 적힌 숫자를 모두 더하면 비밀번호가 나온다고 합니다. 비밀번호를 써 봅시다.**

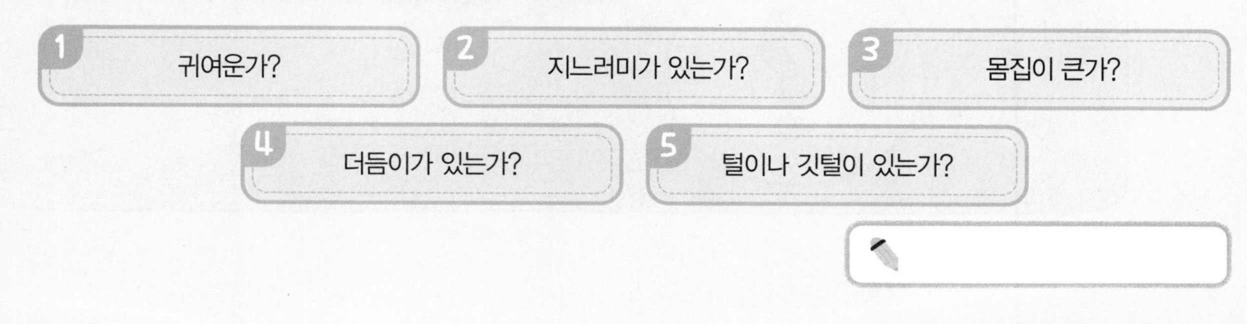

1 귀여운가?
2 지느러미가 있는가?
3 몸집이 큰가?
4 더듬이가 있는가?
5 털이나 깃털이 있는가?

08 일차

땅에 사는 동물

만화로 생각 열기

탐구로 시작하기

📖 내 교과서 비상교육, 동아, 미래엔, 지학사, 천재(이), 천재(정)

활동 땅에 사는 동물의 특징 조사하기

과정 및 결과

1 땅에 사는 동물의 종류를 조사해 봅시다.

➜ 꿀벌, 너구리, 다람쥐, 토끼, 고라니, 딱따구리, 부엉이, 개미, 뱀, 지렁이, 두더지, 땅강아지, 매미 애벌레 등이 있습니다.

2 땅에 사는 동물의 생김새와 생활 방식을 조사하여 정리해 봅시다.

(생활 방식 → 동물의 생활 방식에는 사는 곳, 이동 방법, 먹이 등이 있습니다.)

꿀벌

생김새 두 쌍의 날개, 세 쌍의 다리가 있습니다. 몸에 털이 나 있고, 더듬이가 있습니다.

생활 방식 땅 위에 삽니다. 꽃을 찾아 날아다니며, 꿀이나 꽃가루를 모읍니다.

너구리

생김새 몸이 털로 덮여 있고, 두 쌍의 다리가 있습니다. ✔주둥이가 뾰족합니다. 긴 꼬리가 있습니다.

생활 방식 땅 위에 삽니다. 다리로 걷거나 뛰어다닙니다.

개미

생김새 몸이 머리, 가슴, 배로 구분됩니다. 세 쌍의 다리와 한 쌍의 더듬이, 큰 턱이 있습니다.

생활 방식 땅 위와 땅속을 오가며 삽니다. 다리로 걸어다닙니다. 큰 턱으로 땅을 파서 땅속에 집을 짓습니다.

지렁이

생김새 다리가 없습니다. 몸이 가늘고 긴 원통 모양입니다. 몸에 고리 모양의 마디가 많습니다.

생활 방식 땅속에 삽니다. 긴 몸통으로 땅속을 기어다닙니다. 흙과 썩은 낙엽 등을 먹습니다.

⊕ 또 다른 방법!

📖 미래엔

확대경을 이용하여 개미처럼 작은 동물을 관찰하고 관찰한 내용을 기록하는 활동을 할 수 있습니다.

📖 아이스크림

땅속에 사는 매미 애벌레의 허물을 관찰해 그림과 글로 나타내는 활동을 할 수 있습니다.

✔ **주둥이** 동물의 머리에서 뾰족하게 나온 코나 입 주위의 부분

정리 땅에 사는 동물이 땅에서 살기에 알맞은 특징에는 무엇이 있을까요?

➜ 꿀벌은 날개가 있어 날아다니고, 너구리는 다리로 걷거나 뛰어다닙니다. 개미는 땅 위와 땅속을 오가며 살고, 지렁이는 다리가 없어 긴 몸통으로 땅속을 기어다닙니다.

개념 이해하기

1 땅에 사는 동물

└• 풀과 나무가 많습니다.

① 땅 위에 사는 동물

동물	생김새	생활 방식
다람쥐	• 몸이 털로 덮여 있고, 두 쌍의 다리가 있습니다. • 긴 꼬리가 있고, 등에 줄무늬가 있습니다.	• 볼주머니에 먹이를 담아 옮깁니다. • 다리로 걷거나 뛰어다닙니다.
토끼	• 귀가 크고 길쭉하며, 뒷다리가 앞다리보다 깁니다. • 짧은 꼬리가 있습니다.	• 큰 귀로 작은 소리도 잘 듣습니다. • 다리로 걷거나 뛰어다닙니다.
고라니	• 몸이 털로 덮여 있고, 두 쌍의 다리가 있습니다. • 주둥이가 길쭉합니다.	• 수풀이 우거진 곳에 몸을 숨깁니다. • 다리로 걷거나 뛰어다닙니다.
딱따구리	• 몸이 깃털로 덮여 있고, 한 쌍의 날개가 있습니다. • 부리가 곧고 날카롭습니다.	• 날개가 있어 날아다닙니다. • 단단한 부리로 나무에 구멍을 내어 곤충을 잡아먹습니다.
부엉이	• 날개와 다리가 한 쌍씩 있습니다. • 깃털 색깔이 나뭇가지 색깔과 비슷합니다.	• 날개가 있어 날아다닙니다. • 낮에는 나무 위에 가만히 앉아 있고, 주로 밤에 활동합니다.

└• 숲에서 눈에 잘 띄지 않습니다.

날아다니는 딱따구리와 부엉이는 먹이를 구하거나 쉬기 위해 머무는 곳이 다양해요.

② 땅 위와 땅속을 오가며 사는 동물

동물	생김새	생활 방식
뱀	• 몸이 가늘고 길며, 비늘로 덮여 있습니다. • 혀끝이 둘로 갈라져 있습니다.	• 다리가 없어 긴 몸통으로 기어다닙니다. • 땅 위와 땅속을 오가며 삽니다.

③ 땅속을 사는 동물

동물		생김새	생활 방식
두더지	(두더지는 눈이 거의 보이지 않습니다.)	• 몸이 털로 덮여 있습니다. • 앞다리가 삽처럼 넓적하며 두꺼운 발톱이 있습니다. → 땅을 팔 수 있습니다.	• 땅속에 삽니다. • 앞다리로 땅속에 굴을 팝니다. → 땅속에 사는 동물은 땅속에서 살기에 알맞은 생김새와 생활 방식이 있습니다.
땅강아지		• 몸이 머리, 가슴, 배로 구분됩니다. • 다리가 세 쌍이 있고, 앞다리가 삽처럼 넓적합니다.	
매미 애벌레		• 머리에 더듬이가 있습니다. • 세 쌍의 다리가 있습니다. • 앞다리가 뾰족합니다.	

땅속에 사는 동물은 필요에 따라 땅 위로 올라가기도 해요.

08 일차

➔ 땅에 사는 동물은 땅에서 살기에 알맞은 특징이 있습니다.

2 땅에 사는 동물의 이동 방법

다리가 있는 동물	다리가 없는 동물	날개가 있는 동물
 ◀ 토끼	 ▲ 지렁이	 ▲ 부엉이
걷거나 뛰어서 이동합니다.	긴 몸통으로 기어서 이동합니다.	날아서 이동할 수 있습니다.

핵심 개념 확인하기

| 정답과 해설 • 5쪽

✔ ❶ ☐ 에 사는 동물: 꿀벌, 토끼, 고라니, 부엉이, 뱀, 개미, 두더지 등이 있습니다.

➔ 땅에 사는 동물은 땅에서 살기에 알맞은 ❷ ☐☐ 이 있습니다.

✔ 땅에 사는 동물의 이동 방법

- 다리가 있는 동물은 걷거나 뛰어서 이동합니다.
- 다리가 없는 동물은 긴 몸통으로 ❸ ☐☐☐ 이동합니다.
- ❹ ☐☐ 가 있는 동물은 날아서 이동할 수 있습니다.

문제로 완성하기

➔ 땅에 사는 동물

1 **오른쪽 다람쥐에 대한 설명으로 옳은 것은 어느 것입니까?** (　　　)

① 땅속에 산다.
② 주둥이가 길쭉하다.
③ 한 쌍의 다리가 있다.
④ 큰 귀로 작은 소리도 잘 듣는다.
⑤ 볼주머니에 먹이를 담아 옮긴다.

2 **땅 위와 땅속을 오가며 사는 동물을 두 가지 골라 써 봅시다.** (　　　,　　　)

① 
▲ 뱀

② 
▲ 꿀벌

③ 
▲ 개미

④ 
▲ 고라니

⑤ 
▲ 딱따구리

3 **땅에 사는 동물에 대한 설명으로 옳지 않은 것을 보기 에서 골라 기호를 써 봅시다.**

보기
㉠ 너구리: 긴 꼬리가 있다.
㉡ 뱀: 몸이 비늘로 덮여 있다.
㉢ 두더지: 앞다리가 삽처럼 넓적하다.
㉣ 토끼: 깃털 색깔이 나뭇가지 색깔과 비슷하다.

(　　　　　　　)

4 땅속에 굴을 파기에 알맞은 특징을 가진 동물을 보기 에서 골라 기호를 써 봅시다.

▲ 토끼 ▲ 땅강아지 ▲ 부엉이

( )

땅에 사는 동물의 이동 방법

5 땅에 사는 동물과 동물의 이동 방법을 옳게 짝 지은 것은 어느 것입니까? ( )

① 꿀벌 – 기어다닌다. ② 다람쥐 – 날아다닌다.
③ 지렁이 – 날아다닌다. ④ 딱따구리 – 기어다닌다.
⑤ 고라니 – 걷거나 뛰어다닌다.

퀴즈로 마무리하기

• 다리가 있어 걷거나 뛰어서 이동하는 동물이 적힌 징검돌만 밟아서 징검다리를 건너려고 합니다. 밟아야 하는 징검돌을 선으로 연결해 봅시다.

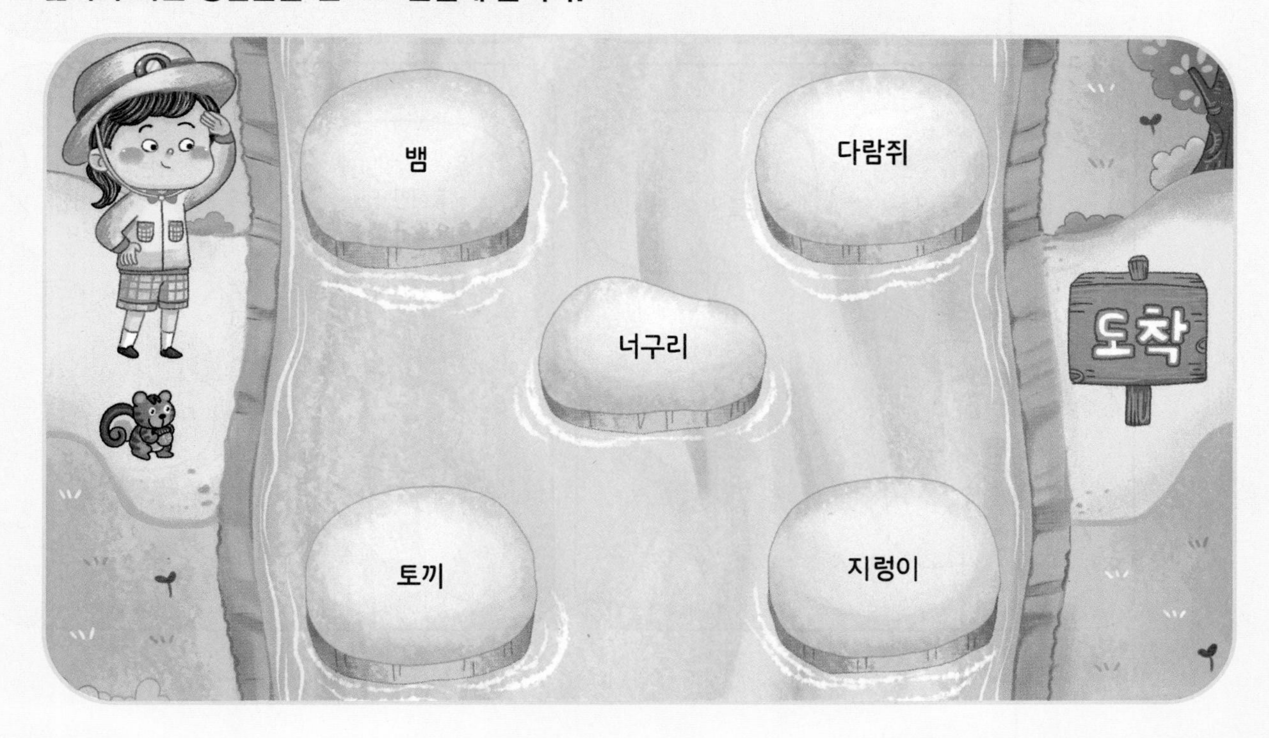

공부한 날 : 월 일

물에 사는 동물

만화로 생각 열기

탐구로 시작하기

내 교과서 7종 공통

활동 물에 사는 동물의 특징 조사하기

09 일차

과정 및 결과

1 물에 사는 동물의 종류를 조사해 봅시다.

➜ 강이나 호수에는 붕어, 피라미, 물방개, 다슬기, 개구리, 수달, 왜가리, 오리 등이 삽니다.

➜ 바다에는 전복, 오징어, 고등어, 상어, 돌고래, 바다거북 등이 삽니다.

➜ 갯벌에는 게, 조개, 갯지렁이 등이 삽니다.

2 물에 사는 동물의 생김새와 생활 방식을 조사하여 정리해 봅시다.

붕어(강이나 호수)

생김새 몸이 부드러운 곡선 모양이고, 비늘로 덮여 있습니다. 일곱 개의 지느러미가 있습니다.

생활 방식 강이나 호수의 물속에 삽니다. 지느러미로 헤엄쳐 다닙니다. 아가미로 숨을 쉽니다.

개구리(강이나 호수)

생김새 몸이 굵고 짤막하며 두 쌍의 다리가 있습니다. 뒷다리가 앞다리보다 길고, 물갈퀴가 있습니다.

생활 방식 물과 땅을 오가며 삽니다. 땅에서는 긴 뒷다리로 뛰어다니고, 물속에서는 물갈퀴로 헤엄쳐 다닙니다.

전복(바다)

생김새 몸이 구멍이 있는 딱딱한 껍데기로 덮여 있습니다. 아가미가 있습니다.

생활 방식 넓적한 발로 바위에 붙어 있거나 기어다닙니다.

게(갯벌)

생김새 몸이 딱딱한 껍데기로 덮여 있습니다. 다섯 쌍의 다리가 있습니다.

생활 방식 마디가 있는 다리로 갯벌 위를 걸어 다닙니다.

➕ 또 다른 방법!

천재(정)

금붕어의 생김새를 관찰해 그림과 글로 나타내는 활동을 할 수 있습니다.

아이스크림

페트병 뚜껑을 물에 띄운 뒤 넓은 셀로판테이프를 붙인 부챗살과 붙이지 않은 부챗살로 물을 젓는 실험을 할 수 있습니다.

셀로판테이프를 붙인 부챗살로 물을 저을 때 뚜껑이 더 많이 움직이는 결과를 통해 발에 물갈퀴가 있으면 물을 더 많이 밀어 내 물속에서 빠르게 움직일 수 있다는 사실을 알 수 있습니다.

정리 **물에 사는 동물이 물이 많은 환경에서 살기에 알맞은 특징에는 무엇이 있을까요?**

➜ 붕어는 지느러미로 헤엄쳐 다니고, 개구리는 물갈퀴로 헤엄쳐 다닙니다. 전복은 바위에 붙어 있거나 기어다니고, 게는 갯벌 위를 걸어 다닙니다.

1 강이나 호수에 사는 동물

└• 물이 많습니다.

① 강이나 호수의 물속에 사는 동물

(물방개: 초록색 광택이 있는 검은색입니다.)

	피라미	물방개	다슬기
동물			
생김새	몸이 부드러운 곡선 모양이고, 비늘로 덮여 있습니다.	세 쌍의 다리가 있고, 뒷다리에 털이 나 있습니다.	한 쌍의 더듬이가 있고, 몸이 딱딱한 껍데기로 덮여 있습니다.
생활 방식	• 지느러미로 헤엄쳐 다닙니다. • 아가미로 숨을 쉽니다.	털이 나 있는 넓적한 뒷다리로 물속에서 헤엄쳐 다닙니다.	물속 바위에 붙어 있거나 바닥을 기어다닙니다.

② 강가나 호숫가에 사는 동물

(오리: 수달의 털과 오리의 깃털에는 기름기가 있어 물에 젖지 않습니다.)

	수달	왜가리	오리
동물			
생김새	• 몸이 털로 덮여 있습니다. • 두 쌍의 다리가 있습니다.	• 몸이 깃털로 덮여 있습니다. • 부리가 크고 길며 뾰족합니다.	• 몸이 깃털로 덮여 있습니다. • 날개, 다리가 한 쌍씩 있습니다.
생활 방식	• 물과 땅을 오가며 삽니다. • 발가락 사이에 물갈퀴가 있어 물속에서 헤엄칠 수 있습니다.	긴 다리로 물가를 걸어 다니며, 긴 부리로 물고기를 잡아먹습니다.	• 물과 땅을 오가며 삽니다. • 발가락 사이에 물갈퀴가 있어 물에서 헤엄칠 수 있습니다.

2 바다에 사는 동물

└• 물과 소금기가 많습니다.

	오징어	고등어	상어
동물			
생김새	• 몸이 긴 삼각형 모양입니다. • 다리가 열 개이며 다리에 빨판이 있습니다.	몸이 부드러운 곡선 모양이고, 비늘로 덮여 있습니다.	• 몸이 부드러운 곡선 모양이고, 비늘로 덮여 있습니다. • 이빨이 날카롭습니다.
생활 방식	지느러미로 헤엄쳐 다니고, 아가미로 숨을 쉽니다.		

	돌고래	바다거북
동물		
생김새	• 몸이 부드러운 곡선 모양입니다. • 주둥이가 길게 튀어나왔습니다.	몸통이 납작하고 지느러미 모양의 네 다리가 있습니다.
생활 방식	• 지느러미로 헤엄쳐 다닙니다. • 물 위로 올라와 숨을 쉽니다.	• 넓적한 다리로 헤엄쳐 다닙니다. • 물 위로 올라와 숨을 쉽니다.

갈매기처럼 날개가 있어 바다 위를 날아다니는 동물도 있어요.

3 갯벌에 사는 동물

갯벌 → 모래나 질퍽한 흙이 많습니다.

	조개	갯지렁이
동물		
생김새	몸이 두 개의 딱딱한 껍데기로 싸여 있습니다.	몸이 가늘고 길며, 고리 모양의 마디가 여러 개 있습니다.
생활 방식	발로 땅을 파거나 기어다닙니다.	기어다닙니다.

→ 조개는 발로 갯벌에 구멍을 파서 몸을 숨겨요.

게와 조개는 아가미가 있어요.

4 물에서 살기에 알맞은 특징

① 붕어, 피라미 등은 몸이 부드러운 곡선 모양이며, 지느러미가 있어 물속에서 헤엄칠 수 있습니다.

② 개구리, 수달 등은 발에 있는 물갈퀴로 물속에서 빠르게 헤엄칠 수 있습니다.

➜ 물에 사는 동물은 지느러미, 물갈퀴, 다리로 헤엄쳐 다니는 등 물속에서 살기에 알맞은 특징이 있습니다.

핵심 개념 확인하기

| 정답과 해설 • 6쪽

강이나 호수, 바다, 갯벌에 사는 동물

❶ ☐이나 호수	바다	❷ ☐☐
붕어, 개구리, 왜가리 등	전복, 오징어, 고등어, 돌고래 등	게, 조개, 갯지렁이 등

물에서 살기에 알맞은 특징: 물에 사는 동물은 지느러미, ❸ ☐☐☐, 다리로 헤엄쳐 다니는 등 물속에서 살기에 알맞은 특징이 있습니다.

문제로 완성하기

[1~2] 다음은 강이나 호수에 사는 동물입니다.

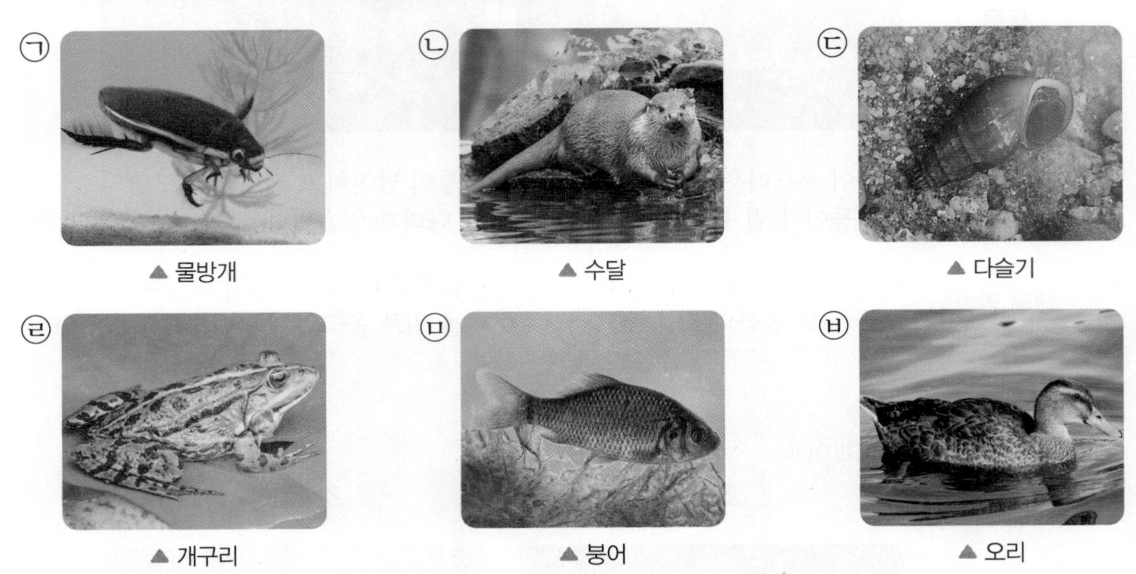

㉠ ▲ 물방개 ㉡ ▲ 수달 ㉢ ▲ 다슬기
㉣ ▲ 개구리 ㉤ ▲ 붕어 ㉥ ▲ 오리

강이나 호수에 사는 동물

1 **위 동물 중 강이나 호수의 물속에서만 볼 수 있는 동물을 모두 골라 기호를 써 봅시다.**

(　　　　　　　　　　)

2 **위 동물 중 다음과 같은 특징이 있는 동물을 골라 기호를 써 봅시다.**

- 물과 땅을 오가며 산다.
- 몸이 털로 덮여 있고, 두 쌍의 다리가 있다.
- 발가락 사이에 물갈퀴가 있어 물속에서 헤엄칠 수 있다.

(　　　　　　　　　　)

바다에 사는 동물

3 **바다에 사는 동물의 특징에 대한 설명으로 옳지 않은 것은 어느 것입니까?**

(　　　)

① 고등어: 몸이 비늘로 덮여 있다.
② 상어: 물 위로 올라와 숨을 쉰다.
③ 오징어: 몸이 긴 삼각형 모양이다.
④ 전복: 몸이 딱딱한 껍데기로 덮여 있다.
⑤ 바다거북: 넓적한 다리로 헤엄쳐 다닌다.

➋ 갯벌에 사는 동물

4 **갯벌에 사는 동물은 어느 것입니까?** ( )

① 

▲ 피라미

② 

▲ 오징어

③ 

▲ 바다거북

④

▲ 게

⑤

▲ 왜가리

➋ 물에서 살기에 알맞은 특징

5 **다음은 붕어와 피라미가 물에서 살기에 알맞은 특징에 대한 설명입니다. ( ) 안의 알맞은 말에 각각 ○표 해 봅시다.**

> 붕어와 피라미는 몸이 부드러운 ㉠ (직선, 곡선) 모양이며, ㉡ (물갈퀴, 지느러미) 가 있어 물속에서 헤엄칠 수 있다.

퀴즈로 마무리하기

| 정답과 해설 • 6쪽

• **바다에 사는 동물이 적혀 있는 풍선에 매달린 자음자와 모음자를 이용하여 낱말을 만들 수 있습니다. 만들 수 있는 낱말을 써 봅시다.**

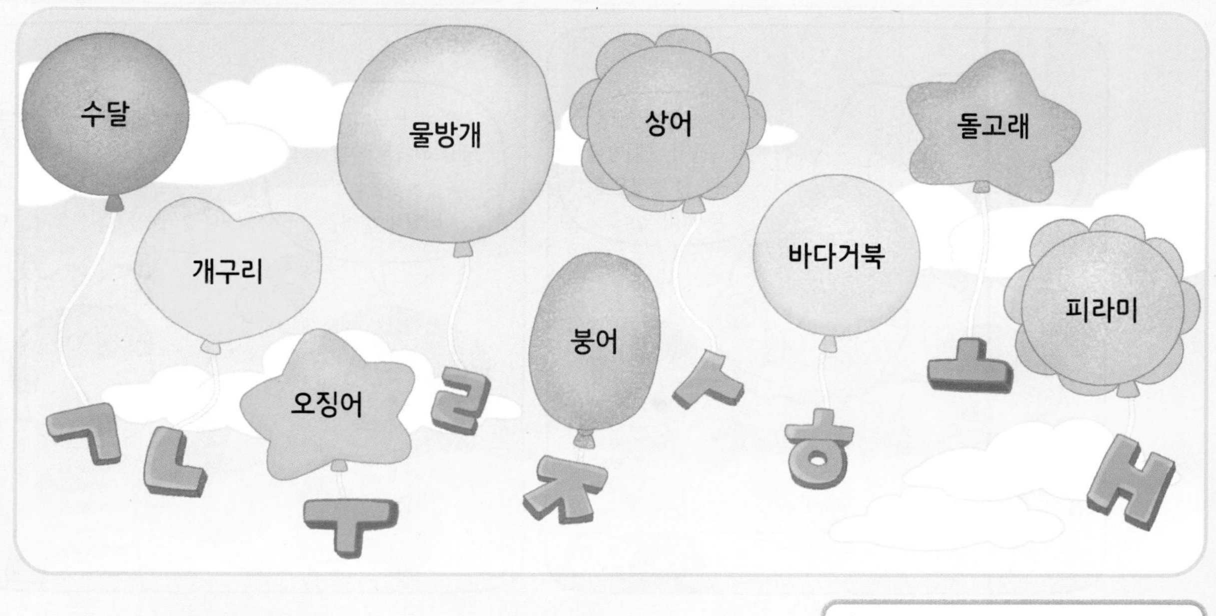

10 일차

사막이나 극지방, 높은 산에 사는 동물

만화로 생각 열기

탐구로 시작하기

내 교과서 7종 공통

활동 사막, 극지방, 높은 산에 사는 동물의 특징 조사하기

과정 및 결과

1 사막, 극지방, 높은 산에 사는 동물의 종류를 조사해 봅시다.

➔ 사막에는 낙타, 사막여우, 사막 딱정벌레, 사막 뱀, 사막 전갈 등이 삽니다.

➔ 극지방에는 북극곰, 북극여우, 황제펭귄, 순록, 바다코끼리 등이 삽니다.

➔ 높은 산에는 산양, 잣까마귀 등이 삽니다.

2 사막, 극지방, 높은 산에 사는 동물의 생김새와 생활 방식을 조사하여 정리해 봅시다.

낙타(사막)

생김새 등에 혹이 있습니다. 발바닥이 넓고, 눈썹과 귀 주위의 털이 깁니다. 콧구멍을 여닫을 수 있습니다.

생활 방식
- 혹에 지방을 저장해 물과 먹이를 먹지 않고 며칠 동안 살 수 있습니다.
- 발바닥이 넓어서 발이 모래에 잘 빠지지 않습니다.
- 눈썹과 귀 주위의 털이 길고 콧구멍을 여닫을 수 있어 모래 먼지가 들어가는 것을 막을 수 있습니다.

북극곰(극지방)

생김새 몸이 흰색의 털로 빽빽하게 덮여 있습니다. 몸집이 크고, 머리는 작습니다. 발바닥이 넓고, 털이 많습니다.

생활 방식
- 몸이 털로 빽빽하게 덮여 있고, 지방층이 두꺼워 추위를 견딜 수 있습니다.
- 발바닥이 털로 덮여 있어 얼음 위를 잘 걸어 다닙니다.

산양(높은 산)

생김새 털 색깔이 바위 색깔과 비슷합니다. 발굽이 넓게 벌어지고, 발굽 바닥이 부드럽습니다.

생활 방식
- 털 색깔이 바위 색깔과 비슷해서 눈에 잘 띄지 않습니다.
- 넓게 벌어지는 발굽과 부드러운 발굽 바닥이 있어 바위에서 미끄러지지 않고 이동할 수 있습니다.

➕ 또 다른 방법!

아이스크림

바셀린을 넣은 지퍼 백과 빈 지퍼 백에 손을 넣고 얼음물에 담그면, 바셀린이 든 지퍼 백에 넣은 손이 빈 지퍼 백에 넣은 손보다 덜 차가운 것을 알 수 있습니다.

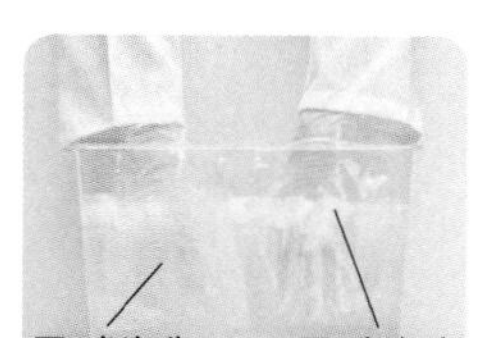

극지방에 사는 동물의 두꺼운 지방 (바셀린)

극지방의 추운 환경 (얼음물)

이 실험을 통해 극지방에 사는 동물이 두꺼운 지방 덕분에 추위를 견딜 수 있다는 것을 알 수 있습니다.

정리 낙타, 북극곰, 산양은 각각 어떤 환경에서 살기에 알맞은 특징이 있을까요?

➔ 낙타는 물이 부족하고 더운 사막에서 살기에 알맞은 특징이 있습니다.

➔ 북극곰은 매우 추운 극지방에서 살기에 알맞은 특징이 있습니다.

➔ 산양은 바위가 많은 높은 산에서 살기에 알맞은 특징이 있습니다.

개념 이해하기

1 사막에 사는 동물

① 사막의 환경

- 비가 적게 내려 건조하며, 물이 부족합니다.
- 낮에는 덥고 밤에는 춥습니다. → 낮과 밤의 온도 차이가 큽니다.
- ✓모래바람이 심하게 붑니다.

사막

✓ **모래바람** 모래와 함께 휘몰아치는 바람

② 사막에 사는 동물

사막여우		• 귓속에 털이 많습니다. → 귓속과 몸에 난 털이 모래바람을 막아줍니다. • 몸에 비해 귀가 커서 몸속의 열을 내보낼 수 있습니다. • 털 색깔이 모래 색깔과 비슷합니다.
사막 딱정벌레		• 등에 돌기가 있습니다. • 세 쌍의 다리가 있습니다. • 물구나무를 서서 몸에 맺힌 물방울을 모아서 마십니다.
사막 뱀	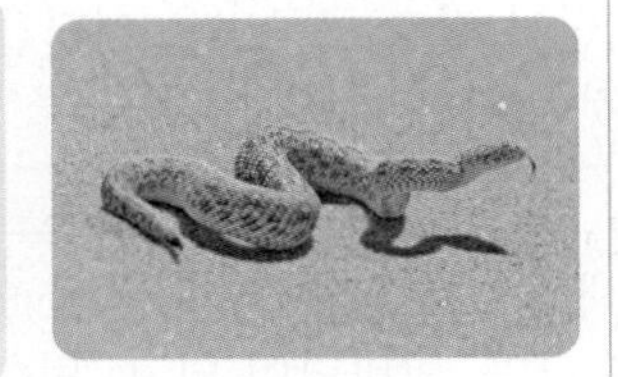	• 몸 색깔이 모래 색깔과 비슷합니다. • 몸의 일부를 들고 옆으로 기어 뜨거운 땅에 몸이 닿는 부분을 줄입니다.
사막 전갈		• 커다란 집게발과 독침이 있는 꼬리가 있습니다. • 온몸이 딱딱한 껍데기로 되어 있어 몸에 있는 물을 잘 지킵니다.

➜ 사막에 사는 동물은 물을 얻고 몸을 식힐 수 있는 특징이 있습니다.

2 ✓극지방에 사는 동물

① 극지방의 환경

- 바람이 강하게 불고 매우 춥습니다.
- 눈과 얼음이 많습니다.

극지방

✓ **극지방** 북극과 남극을 중심으로 한 그 주변

② 극지방에 사는 동물

북극여우의 털은 계절에 따라 색이 변하는데 겨울철에는 흰색으로 변합니다.

북극여우	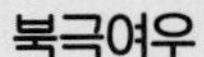	• 귀가 작아서 몸속의 열이 빠져나가는 것을 막습니다. • 몸이 털로 빽빽하게 덮여 있고, 지방층이 두꺼워 추위를 견딜 수 있습니다.

사막여우는 귀가 크고, 북극여우는 귀가 작아요.

황제펭귄		• 몸이 깃털로 빽빽하게 덮여 있고, 지방층이 두꺼워 추위를 견딜 수 있습니다. • 몸을 서로 맞대어 바람과 추위를 견디기도 합니다.
순록		• 발굽이 넓고 편평하여 발이 눈에 잘 빠지지 않습니다. • 코끝이 털로 덮여 있어 체온을 유지하기 좋습니다.
바다코끼리		• 두 개의 긴 이빨이 있습니다. • 피부가 두껍고 피부 밑에 두꺼운 지방층이 있어 추위를 견딜 수 있습니다. • 긴 이빨로 얼음을 깨기도 합니다.

황제펭귄은 깃털에 기름기가 있어 차가운 바닷물이 스며들지 않아 체온을 유지할 수 있어요.

➜ 극지방에 사는 동물은 추위를 견딜 수 있는 특징이 있습니다.

3 높은 산에 사는 동물

① 높은 산의 환경

• 높고 ✓가파릅니다.

• 바위가 많고 겨울이 깁니다.

높은 산

✓ **가파르다** 산이나 길이 몹시 기울어짐.

② 높은 산에 사는 동물

잣까마귀		• 몸이 어두운 갈색이고 흰색 점무늬가 있습니다. • 몸이 주변 환경과 비슷한 색깔과 무늬로 되어 있어 눈에 잘 띄지 않습니다.

높은 산에 사는 동물은 겨울에 먹이를 구하기 어려울 때는 낮은 곳으로 내려오기도 해요.

➜ 높은 산에 사는 동물은 바위가 많은 환경에 알맞은 특징이 있습니다.

핵심 개념 확인하기

| 정답과 해설 • 6쪽

✔ **사막에 사는 동물**: 낙타, 사막여우, 사막 딱정벌레, 사막 뱀, 사막 전갈 등이 있습니다.

➜ ❶ ☐ 을 얻고 몸을 식힐 수 있는 특징이 있습니다.

✔ **극지방에 사는 동물**: 북극곰, 북극여우, 황제펭귄, 순록, 바다코끼리 등이 있습니다.

➜ ❷ ☐☐ 를 견딜 수 있는 특징이 있습니다.

✔ **높은 산에 사는 동물**: 산양, 잣까마귀 등이 있습니다.

➜ ❸ ☐☐ 가 많은 환경에 알맞은 특징이 있습니다.

문제로 완성하기

사막에 사는 동물

1 **오른쪽 사막의 환경에 대한 설명으로 옳은 것을 보기 에서 두 가지 골라 기호를 써 봅시다.**

보기
㉠ 바위가 많다.
㉡ 눈과 얼음이 많다.
㉢ 모래바람이 심하게 분다.
㉣ 비가 적게 내려 건조하며, 물이 부족하다.

(   )

2 **오른쪽 낙타가 사막에서 살기에 알맞은 특징을 잘못 설명한 사람의 이름을 써 봅시다.**

- 재은: 발바닥이 넓어서 발이 모래에 잘 빠지지 않아.
- 호재: 온몸이 딱딱한 껍데기로 되어 있어 몸에 있는 물을 잘 지켜.
- 해주: 등에 있는 혹에 지방을 저장해 물과 먹이를 먹지 않고 며칠 동안 살 수 있어.

(   )

극지방에 사는 동물

3 **다음은 북극곰과 북극여우에 대한 설명입니다. (   ) 안에 알맞은 말을 각각 써 봅시다.**

▲ 북극곰

▲ 북극여우

매우 추운 (㉠)에 사는 북극곰과 북극여우는 몸이 (㉡)(으)로 빽빽하게 덮여 있어 추위를 견딜 수 있다.

㉠: (   )
㉡: (   )

◐ 높은 산에 사는 동물

4 높은 산에 사는 동물은 어느 것입니까? ( )

① 
▲ 사막여우

② 
▲ 산양

③ 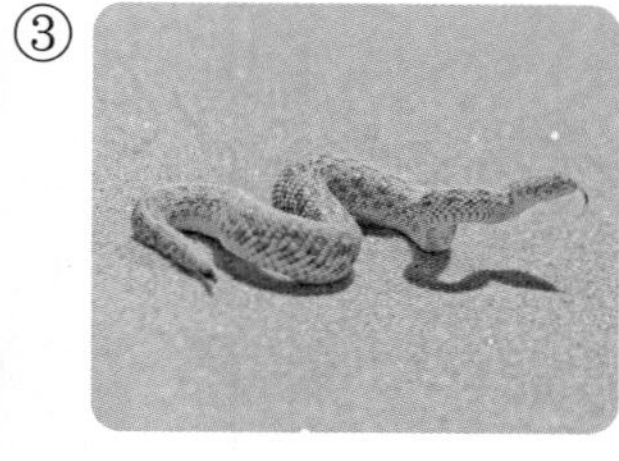
▲ 사막 뱀

④ 
▲ 바다코끼리

⑤ 
▲ 황제펭귄

◐ 사막이나 극지방, 높은 산에 사는 동물

5 사막이나 극지방, 높은 산에 사는 동물의 특징에 대한 설명으로 옳지 않은 것은 어느 것입니까? ( )

① 잣까마귀: 몸이 어두운 갈색이고 흰색 점무늬가 있다.
② 사막 전갈: 커다란 집게발과 독침이 있는 꼬리가 있다.
③ 순록: 발굽이 넓고 편평하여 발이 눈에 잘 빠지지 않는다.
④ 사막여우: 귀가 작아서 몸속의 열이 빠져나가는 것을 막는다.
⑤ 사막 딱정벌레: 물구나무를 서서 몸에 맺힌 물방울을 모아서 마신다.

퀴즈로 마무리하기

| 정답과 해설 • 7쪽

- **다음 십자말풀이를 해 봅시다.**

❶	❷			
				❸
			❹	
		❺		
	❻			

가로

❶ □□□은 몸이 흰색의 털로 빽빽하게 덮여 있고, 몸집은 크고, 머리는 작습니다.
❹ □□은 낮에는 덥고, 밤에는 춥습니다.
❻ 황제펭귄은 몸을 서로 맞대어 바람과 □□를 견디기도 합니다.

세로

❷ □□□은 눈과 얼음이 많습니다.
❸ □□□□는 몸에 비해 큰 귀로 몸속의 열을 내보냅니다.
❺ 높은 산은 □□가 많습니다.

공부한 날 : 월 일

동물의 특징을 이용한 생활용품

만화로 생각 열기

내 교과서 비상교육, 동아, 아이스크림, 천재(정)

활동 동물의 특징을 이용한 생활용품 조사하기

11 일차

과정 및 결과

흡착판은
칫솔걸이,
휴대 전화 거치대
등에 활용할 수
있어요.

1 문어 빨판과 흡착판의 특징을 관찰해 봅시다.

구분	문어 빨판	흡착판
특징	문어 빨판은 다른 물체에 잘 붙습니다.	흡착판은 거울이나 벽에 잘 붙을 수 있습니다.

2 흡착판은 문어의 어떤 특징을 이용한 것인지 이야기해 봅시다.

➔ 흡착판은 다른 물체에 잘 붙는 문어 빨판의 특징을 이용하여 만들었습니다.

3 오리발과 물놀이용 물갈퀴의 특징을 관찰해 봅시다.

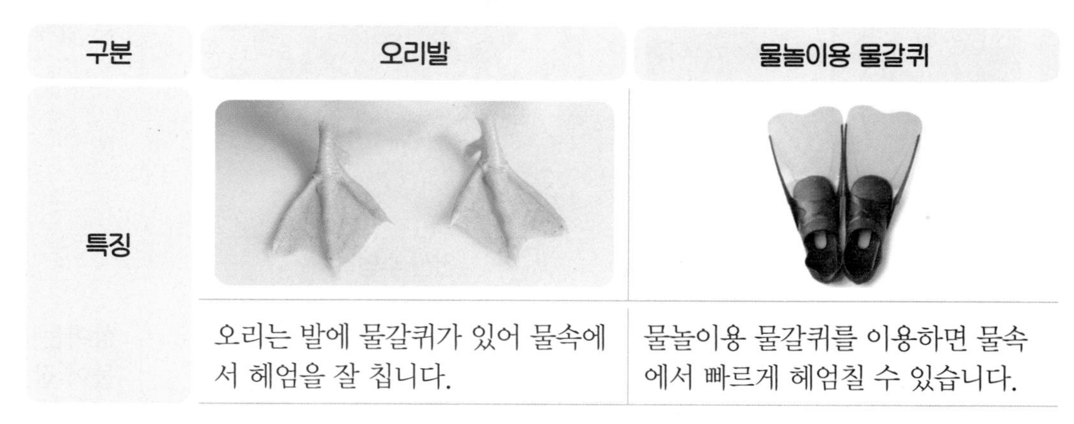

구분	오리발	물놀이용 물갈퀴
특징	오리는 발에 물갈퀴가 있어 물속에서 헤엄을 잘 칩니다.	물놀이용 물갈퀴를 이용하면 물속에서 빠르게 헤엄칠 수 있습니다.

4 물놀이용 물갈퀴는 오리의 어떤 특징을 이용한 것인지 이야기해 봅시다.

➔ 물놀이용 물갈퀴는 물갈퀴가 있어 물속에서 헤엄을 잘 치는 오리발의 특징을 이용하여 만들었습니다.

5 동물의 특징을 이용하여 만든 생활용품의 다른 예를 조사해 봅시다.

➔ 산양 발굽의 특징을 이용한 등산화, 수리 발의 특징을 이용한 집게 차 등이 있습니다.

정리 **동물의 특징을 이용하여 생활용품을 만들면 어떤 점이 좋을까요?**

➔ 동물은 사는 곳의 환경에 알맞은 특징이 있어서 이러한 동물의 특징을 이용하면 좀 더 편리한 생활용품을 만들 수 있습니다.

개념 이해하기

1 동물의 특징을 이용한 생활용품의 예

산양 발굽

등산화

산양의 발굽은 바위나 절벽에서 잘 미끄러지지 않습니다.
➜ 이러한 특징을 이용하여 산을 미끄러지지 않고 오를 수 있는 등산화 바닥을 만들었습니다.

수리 발

집게 차

수리의 발은 먹이를 잘 잡고 놓치지 않습니다.
➜ 이러한 특징을 이용하여 무거운 물건을 집어 올려 옮길 수 있는 집게 차를 만들었습니다.

상어 피부

전신 수영복

상어는 피부에 작은 돌기가 있어 물이 잘 흐르게 합니다.
➜ 이러한 특징을 이용하여 물속에서 빠르게 헤엄칠 수 있는 전신 수영복을 만들었습니다.

산천어의 몸

고속 열차

산천어는 몸이 부드러운 곡선 모양이어서 빠르게 헤엄칠 수 있습니다.
➜ 이러한 특징을 이용하여 빠르게 움직일 수 있는 고속 열차를 만들었습니다.

도마뱀붙이 발바닥

접착테이프

도마뱀붙이의 발바닥은 어느 곳에나 잘 붙었다 떨어집니다.
➜ 이러한 특징을 이용하여 붙었다 떼었다 반복할 수 있는 접착테이프를 만들었습니다.

두더지 앞다리

굴착기

두더지는 앞다리로 땅을 잘 팝니다.
➜ 이러한 특징을 이용하여 땅을 잘 팔 수 있는 굴착기를 만들었습니다.

2 동물의 특징을 이용하여 생활용품을 만들면 좋은 점

동물의 특징을 이용하면 우리 생활에 편리한 생활용품을 만들 수 있습니다.

핵심 개념 확인하기

| 정답과 해설 • 7쪽

동물의 특징을 이용한 생활용품의 예

동물	이용한 동물의 특징	동물의 특징을 이용한 생활용품
문어	❶ ☐☐이 있어 다른 물체에 잘 붙습니다.	흡착판
❷ ☐☐	발에 물갈퀴가 있어 물속에서 헤엄을 잘 칩니다.	물놀이용 물갈퀴
산양	발굽이 바위나 절벽에서 잘 미끄러지지 않습니다.	등산화
❸ ☐☐	발로 먹이를 잘 잡고 놓치지 않습니다.	집게 차
상어	❹ ☐☐에 작은 돌기가 있어 물이 잘 흐르게 합니다.	전신 수영복
산천어	몸이 부드러운 곡선 모양이어서 빠르게 헤엄칠 수 있습니다.	고속 열차
도마뱀붙이	발바닥이 어느 곳에나 잘 붙었다 떨어집니다.	❺ ☐☐☐☐☐
두더지	앞다리로 땅을 잘 팝니다.	굴착기

문제로 완성하기

› 동물의 특징을 이용한 생활용품의 예

1 **오른쪽 등산화는 산을 미끄러지지 않고 오를 수 있도록 만든 것입니다. 이것은 어떤 동물의 특징을 이용한 것입니까?**

( )

① ▲ 부엉이 ② ▲ 산양 ③ ▲ 오리

④ ▲ 산천어 ⑤ ▲ 땅강아지

2 **다음은 어떤 동물의 특징을 이용하여 만든 생활용품에 대한 설명입니다. ( ) 안에 알맞은 동물을 써 봅시다.**

( )의 피부에는 작은 돌기가 있어 물이 잘 흐르게 한다. 이러한 특징을 이용하여 물속에서 빠르게 헤엄칠 수 있는 전신 수영복을 만들었다.

( )

3 **다음에서 설명하는 동물의 특징을 이용하여 만든 생활용품을 보기에서 골라 기호를 써 봅시다.**

수리의 발은 먹이를 잘 잡고 놓치지 않는다.

보기

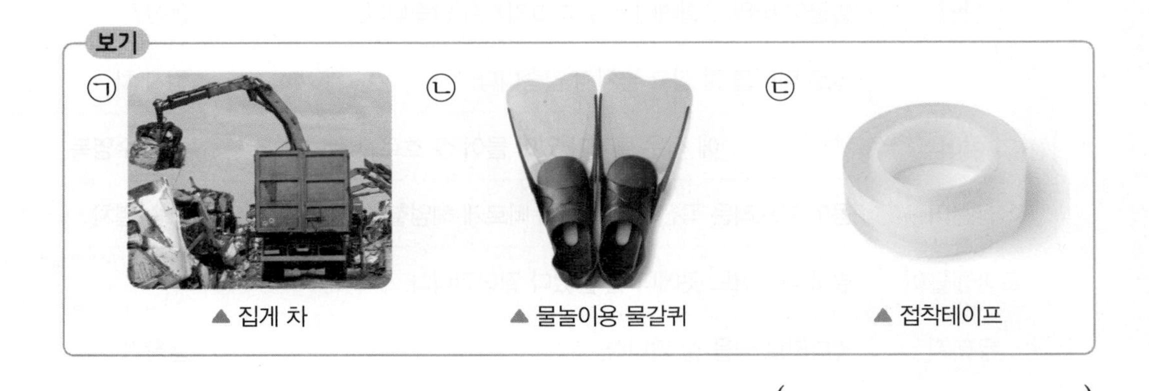

㉠ ▲ 집게 차 ㉡ ▲ 물놀이용 물갈퀴 ㉢ ▲ 접착테이프

( )

4 **오른쪽 흡착판은 문어 빨판의 어떤 특징을 이용하여 만든 것입니까?** (　　　)

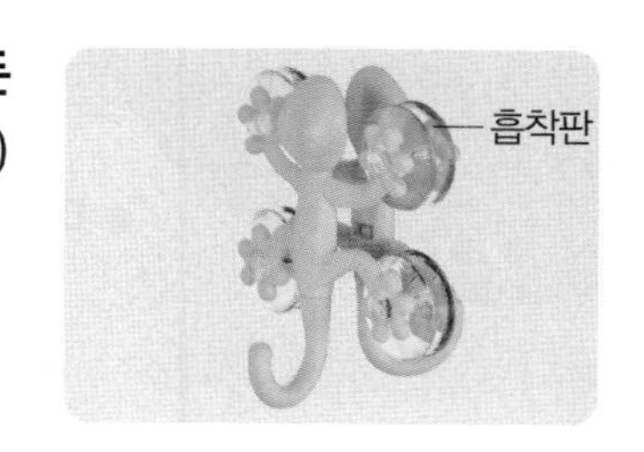

① 헤엄을 잘 칠 수 있다.
② 땅속에 굴을 팔 수 있다.
③ 다른 물체에 잘 붙을 수 있다.
④ 모래 먼지가 들어가는 것을 막을 수 있다.
⑤ 털로 덮여 있어 얼음 위를 잘 걸어 다닐 수 있다.

5 **동물의 특징과 그 특징을 이용하여 만든 생활용품의 예를 옳게 짝 지은 것을 보기 에서 골라 기호를 써 봅시다.**

보기
㉠ 문어의 빨판 – 집게 차
㉡ 산천어의 몸 – 전신 수영복
㉢ 두더지의 앞다리 – 고속 열차
㉣ 도마뱀붙이의 발바닥 – 접착테이프

(　　　　　　　　　　)

• **두더지가 들고 있는 카드와 관계있는 망치로만 두더지를 잡을 수 있습니다. 두더지와 두더지를 잡을 수 있는 망치를 선으로 연결해 봅시다.**

12 일차 생각 그물로 정리하기

• 다음 빈칸에 들어갈 내용을 써서 생각 그물을 완성해 보세요.

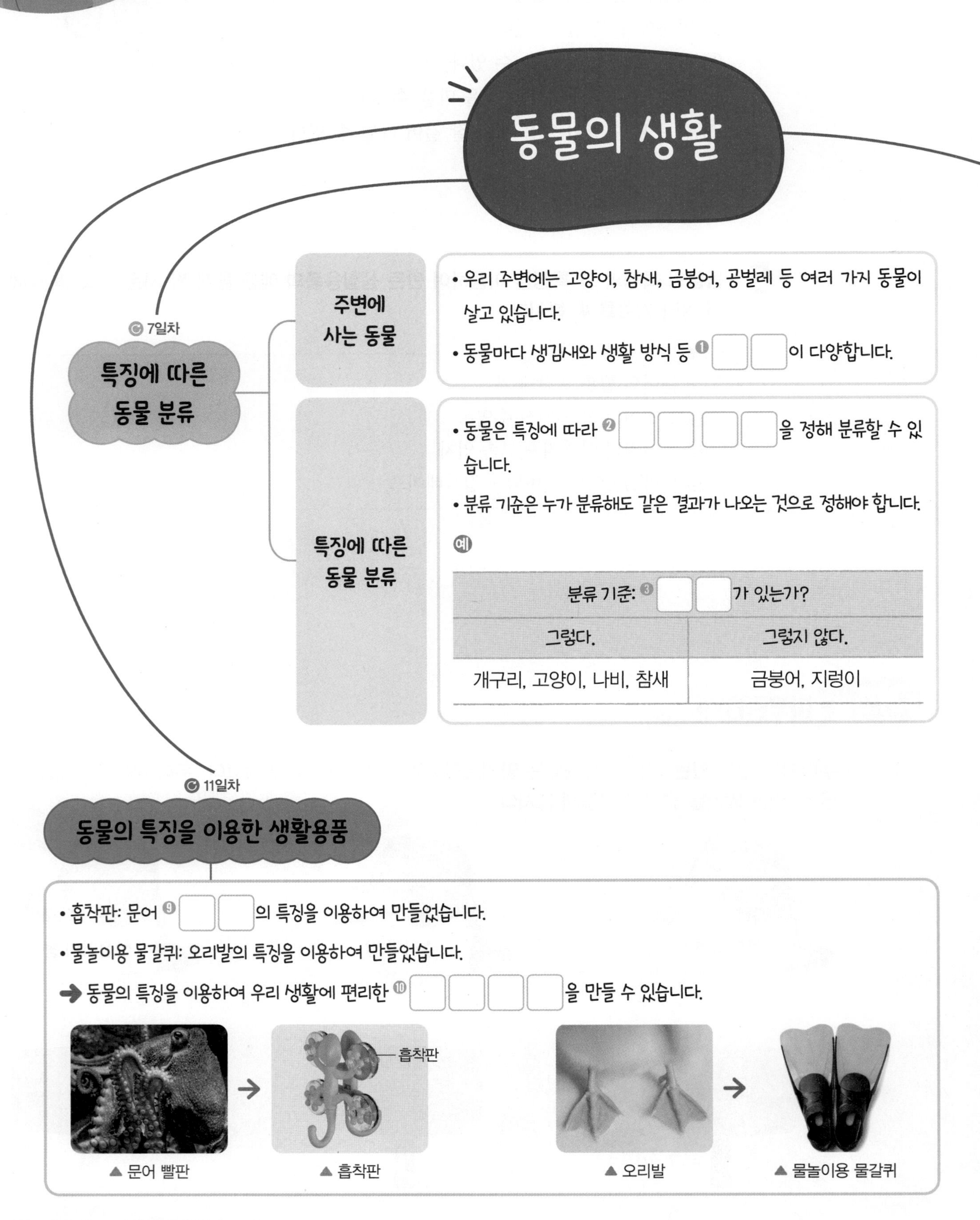
동물의 생활
7일차
특징에 따른 동물 분류
주변에 사는 동물
• 우리 주변에는 고양이, 참새, 금붕어, 공벌레 등 여러 가지 동물이 살고 있습니다.
• 동물마다 생김새와 생활 방식 등 ❶ [ ][ ]이 다양합니다.
특징에 따른 동물 분류
• 동물은 특징에 따라 ❷ [ ][ ] [ ][ ]을 정해 분류할 수 있습니다.
• 분류 기준은 누가 분류해도 같은 결과가 나오는 것으로 정해야 합니다.
예
11일차
동물의 특징을 이용한 생활용품
• 흡착판: 문어 ❾ [ ][ ]의 특징을 이용하여 만들었습니다.
• 물놀이용 물갈퀴: 오리발의 특징을 이용하여 만들었습니다.
➜ 동물의 특징을 이용하여 우리 생활에 편리한 ❿ [ ][ ][ ][ ]을 만들 수 있습니다.
흡착판

분류 기준: ❸ [ ][ ]가 있는가?	
그렇다.	그렇지 않다.
개구리, 고양이, 나비, 참새	금붕어, 지렁이

▲ 문어 빨판 ▲ 흡착판 ▲ 오리발 ▲ 물놀이용 물갈퀴

| 정답과 해설 • 7쪽

ⓒ 8~10일차

다양한 환경에 사는 동물의 특징

땅에 사는 동물

- 토끼, 고라니, 딱따구리, 뱀, 두더지 등은 땅에 삽니다.
- 토끼는 다리로 걷거나 뛰어다닙니다.
- 딱따구리는 ❹ ☐☐가 있어 날아다닙니다.
- 뱀은 ❺ ☐☐가 없어 긴 몸통으로 기어다닙니다.

▲ 토끼 ▲ 딱따구리 ▲ 뱀

➜ 땅에 사는 동물은 땅에서 살기에 알맞은 특징이 있습니다.

물에 사는 동물

- 붕어, 수달, 물방개, 전복, 게 등은 물에 삽니다.
- 붕어는 몸이 부드러운 곡선 모양이고 ❻ ☐☐☐☐로 헤엄쳐 다닙니다.
- 수달은 ❼ ☐☐☐가 있어 물속에서 헤엄쳐 다닙니다.
- 전복은 바위에 붙어 있거나 기어다닙니다.

▲ 붕어 ▲ 수달 ▲ 전복

➜ 물에 사는 동물은 지느러미, 물갈퀴, 다리로 헤엄쳐 다니는 등 물속에서 살기에 알맞은 특징이 있습니다.

사막이나 극지방, 높은 산에 사는 동물

- 사막에 사는 동물: 낙타, 사막여우 등

➜ ❽ ☐을 얻고 몸을 식힐 수 있는 특징이 있습니다.

- 극지방에 사는 동물: 북극곰, 북극여우 등

➜ 추위를 견딜 수 있는 특징이 있습니다.

- 높은 산에 사는 동물: 산양, 잣까마귀 등

➜ 바위가 많은 환경에 알맞은 특징이 있습니다.

▲ 낙타 ▲ 북극곰 ▲ 산양

단원 평가하기

(맞은 개수　　　　개)

1 **다음 달팽이를 관찰할 수 있는 장소와 관찰한 결과를 옳게 짝 지은 것은 어느 것입니까?** (　　　)

① 연못 – 날개가 두 쌍 있다.
② 화단 – 뾰족한 부리가 있다.
③ 화단 – 몸이 깃털로 덮여 있다.
④ 화단 – 등에 딱딱한 껍데기가 있다.
⑤ 나무 – 두 쌍의 다리와 긴 꼬리가 있다.

2 **다음은 공벌레에 대한 설명입니다. (　　) 안에 알맞은 말을 각각 써 봅시다.**

> 화단에서 볼 수 있는 공벌레는 다리가 일곱 쌍이 있으며, 몸에 여러 개의 (㉠)이/가 있다. 공벌레는 건드리면 몸을 (㉡)처럼 둥글게 만든다.

㉠: (　　　　　　　　)
㉡: (　　　　　　　　)

중요

3 **다음은 동물을 '다리가 있는가?'를 기준으로 분류한 결과입니다. 잘못 분류한 동물을 골라 기호를 써 봅시다.**

그렇다.	그렇지 않다.
㉠ ▲ 참새	㉢ ▲ 고양이
㉡ ▲ 거미	㉣ ▲ 지렁이

(　　　　　　　　)

서술형

4 **동물을 특징에 따라 분류할 때 '귀여운가?'가 분류 기준으로 알맞지 않은 까닭을 써 봅시다.**

____

____

5 **땅속에 사는 동물끼리 옳게 짝 지은 것은 어느 것입니까?** (　　　)

① 토끼, 너구리
② 토끼, 두더지
③ 지렁이, 땅강아지
④ 부엉이, 땅강아지
⑤ 딱따구리, 땅강아지

6 다음 고라니에 대한 설명으로 옳지 않은 것은 어느 것입니까? (　　　)

① 땅에 산다.
② 주둥이가 길쭉하다.
③ 몸이 털로 덮여 있다.
④ 다리로 걷거나 뛰어다닌다.
⑤ 등에 검은색 줄무늬가 있다.

7 다음 부엉이와 딱따구리가 땅에서 살기에 알맞은 특징으로 옳은 것을 보기 에서 골라 기호를 써 봅시다.

▲ 부엉이

▲ 딱따구리

보기
㉠ 날개가 있어 날아다닌다.
㉡ 발바닥이 넓고, 털이 많다.
㉢ 다리가 없어 긴 몸통으로 기어다닌다.

(　　　　　　　　　　)

서술형

8 오른쪽 두더지가 땅속에 굴을 잘 팔 수 있는 까닭을 생김새와 관련지어 써 봅시다.

____

____

9 다음 수달과 오리의 공통점으로 옳은 것은 어느 것입니까? (　　　)

▲ 수달

▲ 오리

① 바다에 산다.
② 지느러미가 있다.
③ 아가미로 숨을 쉰다.
④ 한 쌍의 날개가 있다.
⑤ 물과 땅을 오가며 산다.

중요

10 개구리가 물에서 살기에 알맞은 특징을 옳게 설명한 사람의 이름을 써 봅시다.

- 우석: 지느러미로 헤엄칠 수 있어.
- 도영: 몸이 딱딱한 껍데기로 덮여 있어.
- 승윤: 물갈퀴가 있어 물에서 헤엄칠 수 있어.

(　　　　　　　　　　)

단원 평가하기

[11~12] 다음은 물에 사는 여러 가지 동물입니다.

㉠ 
▲ 오징어

㉡ 
▲ 게

㉢ 
▲ 조개

㉣ 
▲ 상어

11 위 동물 중 갯벌에 사는 동물을 두 가지 골라 기호를 써 봅시다.

( )

12 위 ㉠ 동물에 대한 설명으로 옳은 것은 어느 것입니까? ( )

① 다리가 열 개이다.
② 이빨이 매우 날카롭다.
③ 물 위로 올라와 숨을 쉰다.
④ 발가락 사이에 물갈퀴가 있다.
⑤ 물속 바위에 붙어 있거나 기어다닌다.

서술형

13 다음 고등어와 돌고래가 물에서 살기에 알맞은 공통적인 특징을 한 가지 써 봅시다.

▲ 고등어

▲ 돌고래

____

____

14 다음 사막 딱정벌레가 사막에서 살기에 알맞은 특징으로 옳은 것은 어느 것입니까?

( )

① 눈썹이 길다.
② 귓속에 털이 많다.
③ 콧구멍을 여닫을 수 있다.
④ 물구나무를 서서 몸에 맺힌 물방울을 모아서 마신다.
⑤ 몸의 일부를 들고 옆으로 기어 뜨거운 땅에 몸이 닿는 부분을 줄인다.

중요

15 다음은 사막여우와 북극여우의 특징을 비교한 것입니다. ( ) 안의 알맞은 말에 ○표 해 봅시다.

▲ 사막여우

▲ 북극여우

사막여우는 귀가 ㉠ (커서, 작아서) 몸속의 열을 내보낼 수 있고, 북극여우는 귀가 ㉡ (커서, 작아서) 몸속의 열이 빠져나가는 것을 막는다.

중요

16 다음에서 설명하는 환경에 사는 동물은 어느 것입니까? (　　)

- 눈과 얼음이 많다.
- 바람이 강하게 불고 매우 춥다.

① 낙타 ② 토끼 ③ 사막 뱀
④ 잣까마귀 ⑤ 바다코끼리

17 오른쪽 황제펭귄에 대한 설명으로 옳은 것을 보기 에서 골라 기호를 써 봅시다.

보기
㉠ 모래바람이 심하게 부는 곳에 산다.
㉡ 몸을 서로 맞대어 바람과 추위를 견디기도 한다.
㉢ 귀가 작아서 몸속의 열이 빠져나가는 것을 막는다.

(　　　　)

18 다음에서 설명하는 동물은 어느 것입니까? (　　)

- 높은 산에 산다.
- 발굽이 넓게 벌어지고, 발굽 바닥이 부드럽다.
- 털 색깔이 바위 색깔과 비슷해서 눈에 잘 띄지 않는다.

① 수달 ② 산양 ③ 북극곰
④ 다람쥐 ⑤ 갯지렁이

19 다음 고속 열차는 어떤 동물의 특징을 이용하여 만든 것입니까? (　　)

① 수리의 발
② 산천어의 몸
③ 산양의 발굽
④ 문어의 빨판
⑤ 두더지의 앞다리

20 다음 오리발의 특징을 이용하여 생활용품을 만들면 좋은 점을 보기 에서 골라 기호를 써 봅시다.

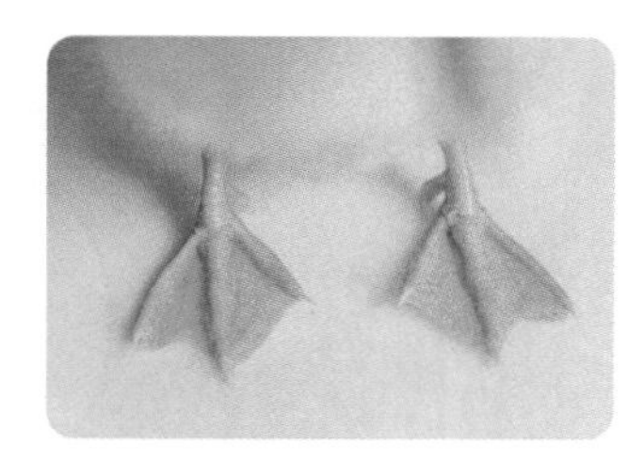

보기
㉠ 땅을 잘 팔 수 있다.
㉡ 붙었다 떼었다 반복할 수 있다.
㉢ 물속에서 빠르게 헤엄칠 수 있다.

(　　　　)

공부한 날 : 월 일

13일차

우리 주변의 식물과 잎의 특징에 따른 식물 분류

만화로 생각 열기

탐구로 시작하기

내 교과서 7종 공통

활동 기준을 정해 식물 분류하기

13 일차

과정 및 결과

실험 동영상

1 여러 가지 식물의 잎을 채집하여 잎의 생김새를 관찰해 봅시다.

➔ 강아지풀의 잎은 가늘고 길쭉합니다.

➔ 단풍나무의 잎은 손바닥 모양으로 갈라져 있습니다.

➔ 강아지풀, 단풍나무, 감나무, 벚나무의 잎은 끝이 뾰족합니다.

➔ 단풍나무, 벚나무, 민들레의 잎은 가장자리가 톱니 모양입니다.

➔ 단풍나무, 감나무, 벚나무는 잎자루가 있습니다.

✔ **가장자리** 둘레나 끝 부분

✔ **톱니** 톱의 가장자리에 있는 뾰족뾰족한 이

2 관찰한 잎의 생김새에 따라 식물의 분류 기준을 정하고, 정한 분류 기준이 알맞은지 이야기해 봅시다.

분류 기준	분류 기준으로 알맞은가?
잎자루가 있는가?	분류 기준으로 알맞습니다. ➔ 누가 분류해도 같은 결과가 나오기 때문입니다.
잎의 모양이 예쁜가?	분류 기준으로 알맞지 않습니다. ➔ 사람마다 분류 결과가 다르게 나올 수 있기 때문입니다.

3 정한 분류 기준에 따라 식물을 분류해 봅시다.

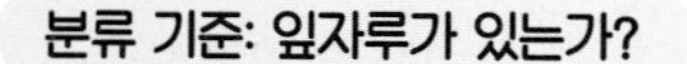

그렇다: ▲ 단풍나무 ▲ 감나무 ▲ 벚나무

그렇지 않다: ▲ 강아지풀 ▲ 민들레

정리 **식물의 잎은 어떻게 분류할 수 있을까요?**

➔ 잎의 전체적인 모양, 끝 모양, 가장자리 모양, 잎자루의 유무 등 잎의 특징에 따라 분류할 수 있습니다.

개념 이해하기

1 우리 주변에 사는 식물

우리 주변에는 회양목, 토끼풀, 산철쭉 등 다양한 식물이 삽니다.

회양목	토끼풀	산철쭉
• 가지가 초록색입니다. • 꽃이 노란색입니다. • 잎이 작고 둥급니다.	• 키가 작고, 하얀색 꽃잎이 여러 개 뭉쳐 있습니다. • 잎이 세 개씩 붙어 있습니다.	• 줄기가 단단합니다. • 꽃이 분홍색이고 안쪽에 진홍색 점이 있습니다.

➜ 우리 주변에 살고 있는 식물은 꽃과 잎, 줄기 등의 생김새가 다양합니다.

2 잎의 생김새

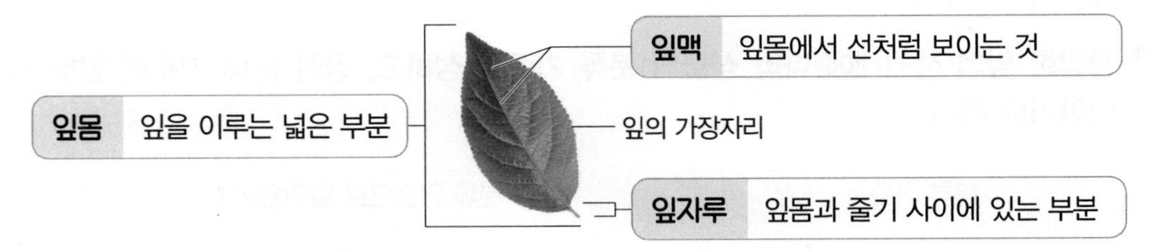

3 여러 가지 식물의 잎

토끼풀	강아지풀	단풍나무
• 둥근 모양입니다. • 가장자리가 톱니 모양이고, 끝이 둥급니다. • 잎이 세 개씩 납니다.	• 가늘고 길쭉합니다. • 가장자리가 매끈하고, 끝이 뾰족합니다. • 잎맥이 나란한 모양입니다.	(잎의 가장자리) • 손바닥 모양으로 갈라져 있습니다. • 가장자리가 톱니 모양이고, 끝이 뾰족합니다. • 잎맥이 그물 모양입니다.

소나무	은행나무	벚나무
• 바늘 모양이고, 잎이 두 개씩 뭉쳐납니다. • 가장자리가 매끈하고, 끝이 뾰족합니다.	• 부채 모양입니다. • 가장자리가 갈라져 있고, 끝이 물결 모양입니다.	• 달걀 모양입니다. • 가장자리가 톱니 모양이고, 끝이 뾰족합니다.

은행나무의 잎 중에는 가장자리가 갈라지지 않은 것도 있어요.

4 식물의 분류 기준

식물은 잎의 생김새뿐만 아니라 뿌리, 줄기, 꽃, 열매의 생김새로도 분류할 수 있습니다.

식물을 잎의 생김새에 따라 분류할 때에는 잎의 전체적인 모양, 끝 모양, 가장자리 모양, 잎자루의 유무, 잎맥 모양 등을 분류 기준으로 정할 수 있습니다.

잎의 모양이 가늘고 길쭉한가?	잎이 갈라져 있는가?	잎의 끝이 뾰족한가?
잎의 가장자리가 톱니 모양인가?	잎자루가 있는가?	잎맥이 그물 모양인가?

'잎의 모양이 예쁜가?', '잎의 크기가 큰가?' 등은 사람마다 분류 결과가 다를 수 있으므로 알맞은 분류 기준이 아니에요.

5 잎의 특징에 따른 식물 분류

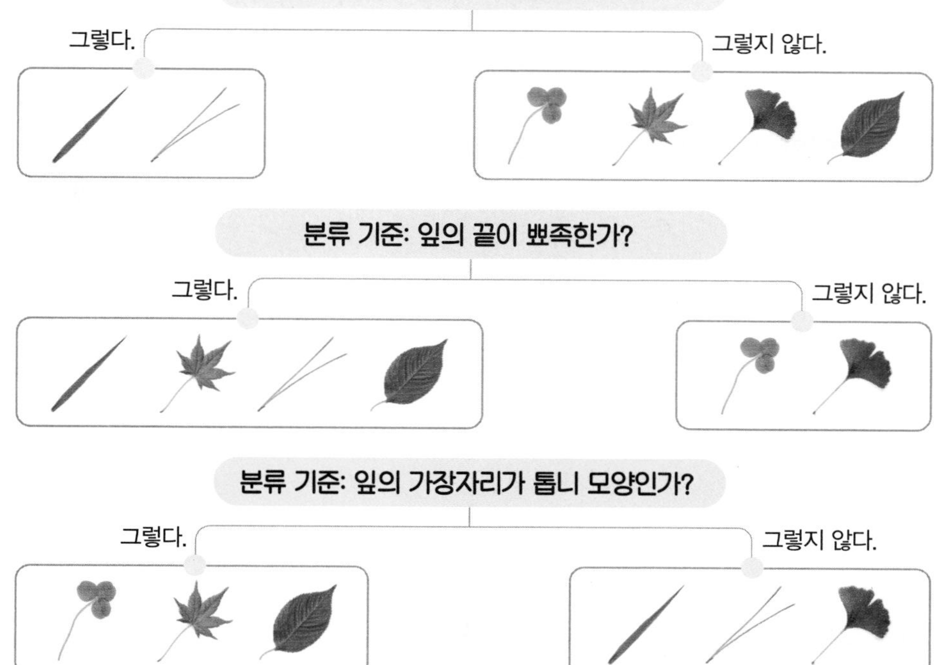

➜ 식물을 특징에 따라 분류하면 식물을 이해하는 데 도움이 됩니다.

핵심 개념 확인하기

정답과 해설 • 9쪽

우리 주변에 사는 식물: 우리 주변에는 회양목, 토끼풀, 산철쭉 등 다양한 식물이 살고 있으며, 식물은 꽃과 잎, 줄기 등의 ❶ ☐☐☐ 가 다양합니다.

잎의 특징에 따른 식물 분류

토끼풀, 강아지풀, 단풍나무, 소나무, 은행나무, 벚나무

잎의 모양이 가늘고 길쭉한가?	그렇다.	강아지풀, ❷ ☐☐☐
	그렇지 않다.	토끼풀, 단풍나무, 은행나무, ❸ ☐☐☐

문제로 완성하기

우리 주변에 사는 식물

1 **오른쪽 회양목에 대한 설명으로 옳지 않은 것을 보기 에서 골라 기호를 써 봅시다.**

보기
㉠ 꽃이 노란색이다.
㉡ 가지가 초록색이다.
㉢ 잎이 크고 뾰족하다.

( )

잎의 생김새

2 **오른쪽 잎의 ㉠~㉢ 부분의 이름을 각각 써 봅시다.**

㉠: ( )
㉡: ( )
㉢: ( )

여러 가지 식물의 잎

3 **다음은 어떤 식물의 잎을 관찰한 것입니까?** ( )

- 끝이 둥글다.
- 잎이 세 개씩 난다.
- 가장자리가 톱니 모양이다.

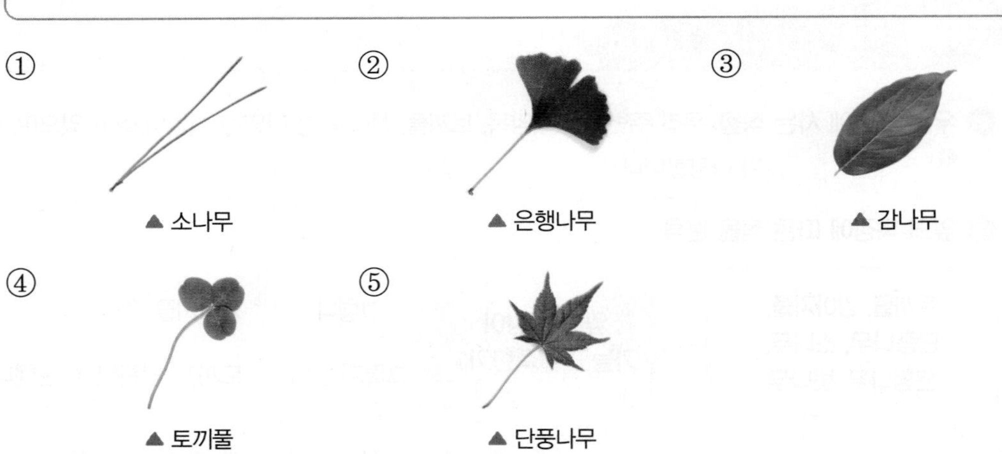

① ▲ 소나무
② ▲ 은행나무
③ ▲ 감나무
④ ▲ 토끼풀
⑤ ▲ 단풍나무

➊ 식물의 분류 기준

4 **식물을 잎의 생김새에 따라 분류할 때 분류 기준으로 알맞지 않은 것은 어느 것입니까?** (   )

① 잎자루가 있는가?
② 잎의 크기가 큰가?
③ 잎의 끝이 뾰족한가?
④ 잎이 갈라져 있는가?
⑤ 잎의 가장자리가 톱니 모양인가?

➊ 잎의 특징에 따른 식물 분류

5 **다음은 식물을 잎의 모양이 가늘고 길쭉한 것과 그렇지 않은 것으로 분류한 결과입니다. 잘못 분류한 식물의 이름을 써 봅시다.**

(   )

• **잎의 가장자리가 톱니 모양인 식물이 적힌 카드를 골라 카드에 적힌 숫자를 모두 더하면 비밀번호가 나온다고 합니다. 비밀번호를 써 봅시다.**

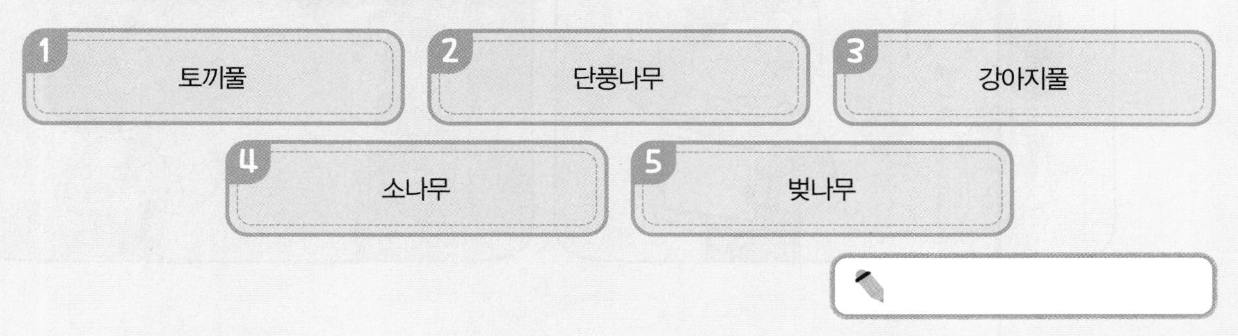

14 일차

들이나 산에 사는 식물

만화로 생각 열기

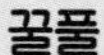 내 교과서 7종 공통

활동 들이나 산에 사는 식물 조사하기

과정 및 결과

1 들이나 산에 사는 식물의 종류를 조사해 봅시다.

➔ 꿀풀, 명아주, 단풍나무, 떡갈나무 등이 있습니다.

2 들이나 산에 사는 식물의 생김새와 생활 방식을 조사해 봅시다.

꿀풀

- 잎의 가장자리가 밋밋하거나 톱니가 조금 있습니다.
- 줄기가 가늘고 연합니다.
- 꽃은 보라색, 흰색, 분홍색입니다.
- 땅에 뿌리를 내립니다.

명아주

- 잎이 삼각형 또는 달걀 모양이고, 잎의 가장자리가 톱니 모양입니다.
- 줄기가 가늘고 위로 곧게 자랍니다.
- 땅에 뿌리를 내립니다.

단풍나무는 날개가 달린 두 개의 열매가 쌍으로 붙어서 자라요.

단풍나무

- 키가 큽니다.
- 잎이 손바닥 모양이고, 잎의 가장자리가 톱니 모양입니다.
- 줄기가 굵고 단단합니다.
- 땅에 뿌리를 내립니다.

떡갈나무

- 키가 큽니다.
- 잎의 가장자리가 뭉툭한 톱니 모양입니다.
- 줄기가 굵고 단단합니다.
- 땅에 뿌리를 내립니다.

3 조사한 식물을 풀과 나무로 분류해 봅시다.

➔ 풀에는 꿀풀, 명아주 등이 있습니다.

➔ 나무에는 단풍나무, 떡갈나무 등이 있습니다.

정리 **들이나 산에 사는 식물의 공통적인 특징에는 무엇이 있을까요?**

➔ 대부분 줄기와 잎이 쉽게 구분되고, 땅에 뿌리를 내리고 삽니다.

개념 이해하기

1 들이나 산에 사는 식물

들이나 산에 사는 식물은 크게 풀과 나무로 구분할 수 있습니다.

① 풀

이름	사진	특징
민들레		• 잎이 땅에 붙어서 납니다. • 잎의 가장자리가 톱니 모양입니다. • ✔꽃줄기가 가늘고 연합니다. • 꽃은 노란색입니다. • 땅에 뿌리를 내립니다.
강아지풀		• 잎이 가늘고 깁니다. • 줄기가 가늘고 위로 뻗어 있습니다. • 꽃이 강아지 꼬리 모양입니다. • 땅에 뿌리를 내립니다.
애기똥풀		• 잎의 가장자리가 갈라져 있습니다. • 줄기가 가늘고 연합니다. • 줄기나 잎을 자르면 노란색 액이 나옵니다. • 꽃이 노란색입니다. • 땅에 뿌리를 내립니다.

② 나무

이름	사진	특징
소나무		• 키가 큽니다. • 바늘 모양의 잎이 두 개씩 뭉쳐납니다. • 겨울에도 잎이 초록색을 유지합니다. • 줄기가 굵고 단단합니다. • 땅에 뿌리를 내립니다.
은행나무		• 키가 큽니다. • 잎이 부채 모양입니다. • 가을에 노란색 단풍이 듭니다. • 줄기가 굵고 단단합니다. • 땅에 뿌리를 내립니다.
밤나무		• 키가 큽니다. • 잎이 길쭉하고 끝이 뾰족합니다. • 잎의 가장자리가 톱니 모양입니다. • 줄기가 굵고 단단합니다. • 가을에 가시 돋친 밤송이가 열립니다. • 땅에 뿌리를 내립니다.

들은 넓고 평평한 땅이고, 산은 일반 평지보다 높이 솟은 곳이에요.

✔ **꽃줄기** 꽃을 달고 있는 줄기

2 풀과 나무의 공통점과 차이점

구분	풀	나무
식물	꿀풀, 명아주, 민들레, 강아지풀, 애기똥풀 등	단풍나무, 떡갈나무, 소나무, 은행나무, 밤나무 등
공통점	• 대부분 줄기와 잎이 쉽게 구분됩니다. • 땅에 뿌리를 내리고 삽니다.	
차이점	• 나무보다 키가 작습니다. • 나무보다 줄기가 가늡니다. • 겨울이 되면 씨를 남기거나 땅속 부분으로 겨울을 납니다.	• 풀보다 키가 큽니다. • 풀보다 줄기가 굵고 단단합니다. • 대부분 가을에 잎을 떨어뜨리고 뿌리와 줄기가 살아남아 겨울을 납니다.

옥수수처럼 키가 큰 풀도 있고, 개나리처럼 키가 작은 나무도 있습니다.

소나무는 겨울에도 잎이 떨어지지 않아요.

14 일차

3 들이나 산에 사는 식물의 특징

대부분 줄기와 잎이 쉽게 구분되며, 땅에 뿌리를 내리고 삽니다.

들이나 산에 사는 식물은 대부분 줄기와 잎이 땅 위로 자라요.

핵심 개념 확인하기

| 정답과 해설 • 9쪽

들이나 산에 사는 식물

꿀풀, 단풍나무, 명아주, 민들레, 떡갈나무, 강아지풀, 소나무, 은행나무, 밤나무, 애기똥풀

풀	꿀풀, 명아주, ❶ ☐☐☐, 강아지풀, 애기똥풀
나무	단풍나무, 떡갈나무, 소나무, 은행나무, ❷ ☐☐☐

풀과 나무의 공통점과 차이점

구분	풀	나무
공통점	• 대부분 줄기와 잎이 쉽게 구분됩니다. • 땅에 ❸ ☐☐를 내리고 삽니다.	
차이점	• 나무보다 키가 작습니다. • 나무보다 줄기가 가늡니다. • 겨울이 되면 씨를 남기거나 땅속 부분으로 겨울을 납니다.	• 풀보다 키가 큽니다. • 풀보다 줄기가 굵고 ❹ ☐☐합니다. • 대부분 가을에 잎을 떨어뜨리고 뿌리와 줄기가 살아남아 겨울을 납니다.

들이나 산에 사는 식물의 특징: 대부분 ❺ ☐☐와 잎이 쉽게 구분되며, 땅에 뿌리를 내리고 삽니다.

문제로 완성하기

들이나 산에 사는 식물

1 **오른쪽 민들레에 대한 설명으로 옳지 않은 것은 어느 것입니까?** ( )

① 꽃이 노란색이다.
② 땅에 뿌리를 내린다.
③ 잎이 땅에 붙어서 난다.
④ 꽃줄기가 가늘고 연하다.
⑤ 잎의 가장자리가 매끈하다.

[2~3] 다음은 들이나 산에 사는 식물입니다.

㉠ ▲ 꿀풀
㉡ ▲ 밤나무
㉢ ▲ 소나무
㉣ ▲ 애기똥풀
㉤ ▲ 명아주
㉥ ▲ 단풍나무

2 **위 식물을 풀과 나무로 분류하여 각각 기호를 써 봅시다.**

(1) 풀: ( ) (2) 나무: ( )

3 **위 식물 중 다음과 같은 특징이 있는 식물을 골라 기호를 써 봅시다.**

- 잎이 손바닥 모양이다.
- 줄기가 굵고 단단하다.
- 잎의 가장자리가 톱니 모양이다.

( )

➋ 풀과 나무의 공통점과 차이점

4 **다음 두 식물의 공통점으로 옳은 것은 어느 것입니까?** (　　　)

▲ 강아지풀

▲ 은행나무

① 나무이다.
② 키가 작다.
③ 줄기가 가늘다.
④ 땅에 뿌리를 내리고 산다.
⑤ 겨울에도 잎이 초록색을 유지한다.

➋ 들이나 산에 사는 식물의 특징

5 **들이나 산에 사는 식물의 공통적인 특징을 옳게 설명한 사람의 이름을 써 봅시다.**

- 재희: 줄기가 굵고 단단해.
- 도영: 대부분 줄기와 잎을 쉽게 구분할 수 있어.
- 연우: 겨울이 되면 씨를 남기거나 땅속 부분으로 겨울을 나.

(　　　　　　　　　)

퀴즈로 마무리하기

| 정답과 해설 • 10쪽

• **들이나 산에 사는 식물에 대한 옳은 내용이 적힌 징검돌만 밟아서 징검다리를 건너려고 합니다. 밟아야 하는 징검돌을 따라 선으로 연결해 봅시다.**

강이나 연못에 사는 식물

만화로 생각 열기

탐구로 시작하기

내 교과서 비상교육, 동아, 미래엔, 아이스크림, 천재(이), 천재(정)

활동 부레옥잠 관찰하기

과정 및 결과

실험 동영상

1 부레옥잠의 생김새를 관찰해 봅시다.

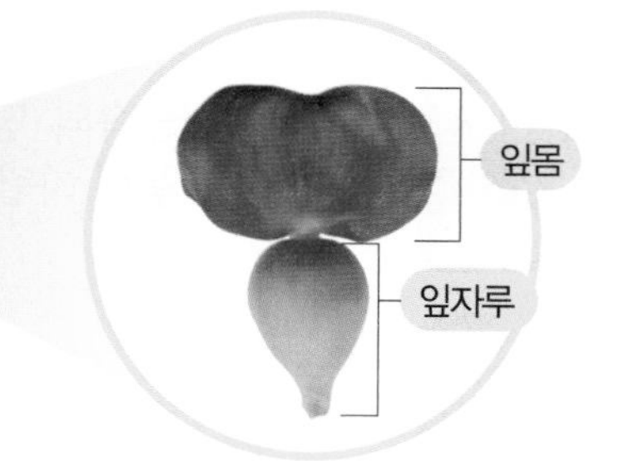

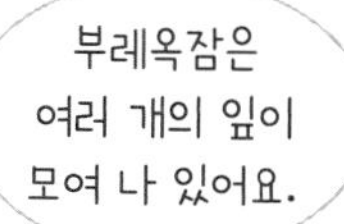

부레옥잠은 여러 개의 잎이 모여 나 있어요.

➜ 잎이 둥글고 매끈하며, 광택이 납니다.
➜ 잎자루가 볼록하게 부풀어 있습니다.
➜ 뿌리가 수염처럼 생겼습니다.

2 부레옥잠의 잎자루를 가로와 세로로 자르고, 자른 면을 관찰해 봅시다.

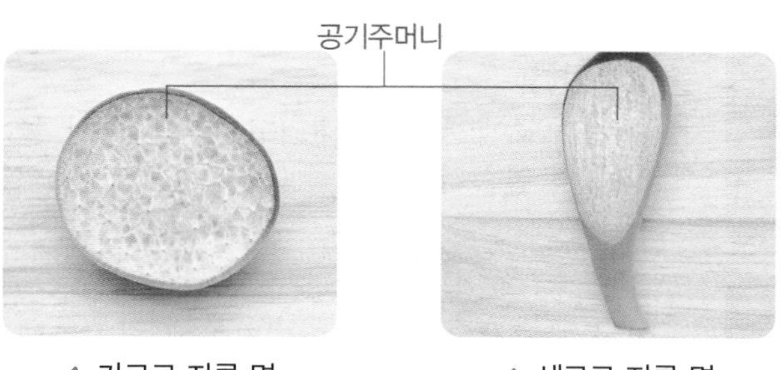

▲ 가로로 자른 면 ▲ 세로로 자른 면

➜ 동글동글한 작은 공기주머니가 많이 있습니다.
➜ 공기주머니가 빽빽하게 연결되어 있습니다.

3 자른 부레옥잠의 잎자루를 물속에 넣고 손가락으로 누르면 어떤 현상이 나타나는지 관찰해 봅시다.

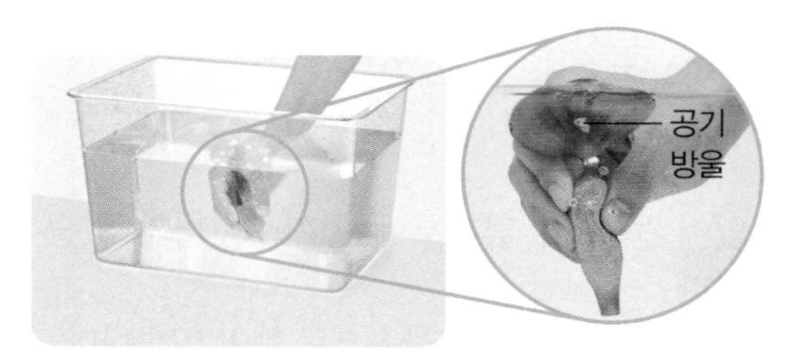

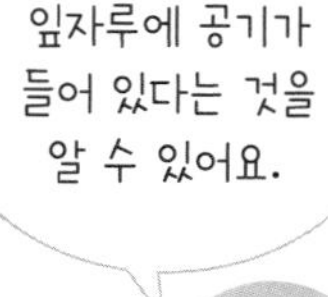

잎자루에 공기가 들어 있다는 것을 알 수 있어요.

➜ 잎자루에서 공기 방울이 나와 위로 올라갑니다.
➜ 잎자루를 누른 손가락을 떼면 잎자루가 다시 부풀어 오릅니다.

➕ 또 다른 방법!

비상교육
물속에 잠겨서 사는 검정말을 수조에 넣고 검정말의 줄기를 눌렀다가 떼어 보며 나타나는 현상을 관찰하는 방법도 있습니다.

지학사
부레옥잠 대신 물상추를 수조에 넣고 물속으로 눌렀다 놓았다 하면서 나타나는 현상을 관찰하는 방법도 있습니다.

정리 부레옥잠이 물에 떠서 살 수 있는 까닭은 무엇일까요?

➜ 부레옥잠은 잎자루 속 공기주머니에 공기가 들어 있어 물에 떠서 살 수 있습니다.

1 강이나 연못에 사는 식물

① 잎이 물 위로 높이 자라는 식물: 부들, 연꽃, 갈대 등이 있습니다.

부들		• ✔이삭 모양의 꽃이 핍니다.→꽃은 노란색입니다. • 잎이 가늘고 깁니다. • 물가나 물속의 땅에 뿌리를 내리고, 잎이 물 위로 높이 자랍니다.
연꽃		• 잎이 넓습니다. • 잎자루가 길며, 가시가 나 있습니다. • 물가나 물속의 땅에 뿌리를 내리고, 잎과 꽃이 물 위로 높이 자랍니다.

✔ **이삭** 벼, 보리 따위 곡식에서 꽃이 피고 끝에 열매가 많이 열리는 부분

② 잎이 물 위에 떠 있는 식물: 수련, 마름, 가래 등이 있습니다.

수련		• 잎이 넓고 둥글며, 가장자리가 조금 벌어져 있습니다. • 물속의 땅에 뿌리를 내리고, 잎과 꽃이 물 위에 떠 있습니다.
마름		• 잎이 삼각형 모양이고, 잎자루에 공기주머니가 있습니다. • 물속의 땅에 뿌리를 내리고, 잎이 물 위에 떠 있습니다.

③ 물에 떠서 사는 식물: 부레옥잠, 개구리밥, 물상추 등이 있습니다.

부레옥잠		• 잎이 둥글고, 잎자루에 공기주머니가 있습니다. • 수염 모양의 뿌리가 물속으로 뻗어 있습니다. →줄기는 옆으로 기듯이 자라고, 보라색 꽃이 핍니다.
개구리밥		• 잎이 작고 둥근 모양이며, 잎에 공기주머니가 있습니다. • 수염 모양의 뿌리가 물속으로 뻗어 있습니다.

물상추는 잎 표면에 잔털이 많아 물에 젖지 않고 물에 뜰 수 있어요.

④ 물속에 잠겨서 사는 식물: 검정말, 붕어마름, 나사말 등이 있습니다.

검정말		• 잎이 작습니다. • 줄기가 가늘고 부드러워 물의 흐름에 따라 잘 휘어집니다. • 물속의 땅에 뿌리를 내립니다.
붕어마름		• 잎이 작고, 바늘 모양입니다. • 줄기가 가늘어 물의 흐름에 따라 잘 휘어집니다. • 물속의 땅에 뿌리를 내립니다.

2 강이나 연못에 사는 식물의 특징

잎이 물 위로 높이 자라는 식물	잎이 물 위에 떠 있는 식물	물에 떠서 사는 식물	물속에 잠겨서 사는 식물
갈대, 부들, 연꽃	마름, 수련, 가래	부레옥잠, 개구리밥, 물상추	검정말, 붕어마름, 나사말
물가나 물속의 땅에 뿌리를 내리고, 잎과 꽃이 물 위로 높이 자랍니다.	물속의 땅에 뿌리를 내리고, 잎과 꽃이 물 위에 떠 있습니다.	수염 모양의 뿌리가 물속으로 뻗어 있습니다.	물속의 땅에 뿌리를 내리고, 줄기와 잎이 물의 흐름에 따라 잘 휘어집니다.

➔ 강이나 연못에 사는 식물은 물이 많은 환경에서 살기에 알맞은 생김새와 생활 방식이 있습니다.

핵심 개념 확인하기

| 정답과 해설 • 10쪽

강이나 연못에 사는 식물

잎이 물 위로 높이 자라는 식물	잎이 물 위에 떠 있는 식물	물에 떠서 사는 식물	물속에 잠겨서 사는 식물
부들, ❶ ☐☐, 갈대 등	❷ ☐☐, 마름, 가래 등	❸ ☐☐☐☐, 개구리밥, 물상추 등	❹ ☐☐☐, 붕어마름, 나사말 등

강이나 연못에 사는 식물의 특징: ❺ ☐이 많은 환경에서 살기에 알맞은 생김새와 생활 방식이 있습니다.

문제로 완성하기

[1~2] 다음은 자른 부레옥잠의 잎자루를 물속에 넣고 손가락으로 누르는 모습입니다.

▶ 부레옥잠 관찰하기

1 **다음은 위 실험에서 나타나는 현상에 대한 설명입니다. (　　) 안에 알맞은 말을 써 봅시다.**

잎자루에서 (　　　)이/가 나와 위로 올라간다.

(　　　　　　　)

2 **위 실험 결과 부레옥잠이 물에 뜰 수 있는 까닭으로 옳은 것을 보기 에서 골라 기호를 써 봅시다.**

보기
㉠ 잎자루에 물이 들어 있기 때문이다.
㉡ 뿌리를 물속의 땅에 내리기 때문이다.
㉢ 잎자루 속 공기주머니에 공기가 들어 있기 때문이다.

(　　　　　　　)

▶ 강이나 연못에 사는 식물

3 **오른쪽 수련에 대한 설명으로 옳은 것은 어느 것입니까?** (　　　)

① 잎이 좁다.
② 잎이 바늘 모양이다.
③ 이삭 모양의 꽃이 핀다.
④ 잎과 꽃이 물 위에 떠 있다.
⑤ 수염 모양의 뿌리가 물속으로 뻗어 있다.

4 **잎이 물 위로 높이 자라는 식물을 두 가지 골라 써 봅시다.** (,)

① ▲ 검정말 ② ▲ 연꽃 ③ ▲ 부들

④ ▲ 마름 ⑤ ▲ 개구리밥

강이나 연못에 사는 식물의 특징

5 **강이나 연못에 사는 식물에 대한 설명으로 옳지 않은 것을 보기 에서 골라 기호를 써 봅시다.**

보기

㉠ 물에 떠서 사는 식물은 물속의 땅에 뿌리를 내린다.
㉡ 잎이 물 위로 높이 자라는 식물은 물가나 물속의 땅에 뿌리를 내린다.
㉢ 물속에 잠겨서 사는 식물은 줄기와 잎이 물의 흐름에 따라 잘 휘어진다.

( )

퀴즈로 마무리하기

| 정답과 해설 • 10쪽

• **다음 □ 안에 들어갈 알맞은 낱말을 말 상자에서 찾아 모두 ○표를 해 봅시다. 말 상자의 낱말은 가로, 세로, 대각선에 숨어 있습니다.**

강	뿌	잎	공
물	자	리	기
루	줄	꽃	주
가	시	기	머
연	못	땅	니

❶ 잎이 물 위로 높이 자라는 식물은 물가나 물속의 땅에 □□를 내립니다.
❷ 부레옥잠은 잎자루 속 □□□□□에 공기가 있어 물에 떠서 살 수 있습니다.
❸ 물속에 잠겨서 사는 검정말은 □□가 가늘고 부드러워 물의 흐름에 따라 잘 휘어집니다.
❹ 강이나 □□에 사는 식물은 물이 많은 환경에서 살기에 알맞은 생김새와 생활 방식이 있습니다.

공부한 날 : 월 일

16 일차

사막이나 갯벌, 높은 산에 사는 식물

만화로 생각 열기

탐구로 시작하기

내 교과서 비상교육, 동아, 지학사, 천재(정)

활동 선인장 관찰하기

과정 및 결과

실험 동영상

1 선인장의 생김새를 관찰해 봅시다.

➜ 줄기가 초록색을 띱니다.
➜ 줄기가 굵고 통통합니다.
➜ 잎이 가시 모양입니다.

➕ 또 다른 방법!

미래엔, 아이스크림, 천재(이)

선인장 대신 알로에의 생김새를 관찰하고, 알로에 잎의 자른 면에 화장지를 대어 보고 나타나는 현상을 관찰하는 방법도 있습니다.

2 선인장의 줄기를 가로로 자르고, 자른 면을 관찰해 봅시다.

→

➜ 줄기를 자른 면이 미끄럽고 축축합니다.
➜ 줄기를 자른 면에 물기가 있습니다.

3 선인장의 줄기를 자른 면에 화장지를 대어 보고 나타나는 변화를 관찰해 봅시다.

▲ 화장지를 대기 전

→

▲ 화장지를 댄 후

➜ 자른 면에 화장지를 대면 화장지가 물에 젖습니다.

선인장은 줄기에 물을 저장한다는 것을 알 수 있어요.

정리 **선인장이 물이 부족한 사막에서 살 수 있는 까닭은 무엇일까요?**

➜ 굵은 줄기에 물을 저장하여 물이 부족한 사막에서 살 수 있습니다.
➜ 잎이 가시 모양이어서 물이 빠져나가는 것을 줄여 줍니다.

개념 이해하기

1 사막에 사는 식물

① 사막의 환경: 물이 부족하고 건조하며, 낮에는 햇빛이 강합니다.

② 사막에 사는 식물: 선인장, 바오바브나무, 알로에, 용설란 등은 사막에 삽니다.

사막은 비가 잘 오지 않아 식물이 살기 어려워요.

선인장		• 줄기가 초록색을 띠며, 굵고 통통합니다. • 줄기에 물을 저장합니다. • 잎이 가시 모양이어서 물이 빠져나가는 것을 줄여 주고, 물이 필요한 동물로부터 자신을 보호합니다.
바오바브나무		• 키가 크고 줄기가 매우 굵습니다. • 줄기에 물을 저장합니다. • 뿌리를 땅속 깊이 뻗어서 물을 흡수합니다.
알로에		• 잎이 두껍습니다. • 잎의 가장자리에 가시가 있습니다. • 잎에 물을 저장합니다.
용설란		• 잎이 두껍습니다. • 잎의 가장자리가 흰색을 띠며 가시가 있습니다. • 잎에 물을 저장합니다.

③ 사막에 사는 식물의 특징

- 굵은 줄기나 두꺼운 잎에 많은 양의 물을 저장할 수 있습니다.
- 잎이 가시 모양이어서 물이 밖으로 빠져나가는 것을 줄여 주고, 물이 필요한 동물로부터 자신을 보호할 수 있습니다.
- 뿌리가 발달해 있어 적게 내리는 비를 빠르게 흡수하거나 땅속 깊은 곳에 있는 물을 흡수할 수 있습니다.

➔ 사막에 사는 식물은 물이 부족한 환경에서 살기에 알맞은 생김새와 생활 방식이 있습니다.

사막에 사는 식물 중에는 뿌리가 얕고 넓게 퍼져 있어서 비가 내릴 때 빠르게 물을 흡수하는 식물도 있어요.

2 갯벌에 사는 식물

① 갯벌의 환경: 바닷가 주변이라서 햇빛이 강하고, 바람이 강하게 불며 소금기가 많습니다.

② 갯벌에 사는 식물: 퉁퉁마디, 해홍나물, 통보리사초, 갯메꽃 등은 갯벌에 삽니다.

곧은 줄기 끝에 여러 개의 작은 이삭이 달린 모습이 보리와 닮았습니다.

퉁퉁마디	해홍나물	통보리사초	갯메꽃

줄기나 잎이 통통하고 ✔광택이 나서 소금기가 많은 환경에서 살 수 있습니다. (소금기가 식물 안으로 쉽게 들어가지 못합니다.)		바닷가 모래땅에 뿌리를 깊게 내려서 강한 바람에도 잘 자랍니다.	잎 표면이 단단하고 광택이 나며, 줄기가 옆으로 뻗어나가 강한 햇빛과 바람에도 잘 자랍니다.

③ 갯벌에 사는 식물의 특징: 갯벌에 사는 식물은 강한 햇빛과 바람, 소금기가 있는 환경에서 살기에 알맞은 생김새와 생활 방식이 있습니다.

✔ **광택** 표면이 빛나는 모습

3 높은 산에 사는 식물

① 높은 산의 환경: 기온이 낮고, 바람이 강하게 붑니다.

② 높은 산에 사는 식물: 한라솜다리, 암매, 눈잣나무 등은 높은 산에 삽니다.

한라솜다리	암매	눈잣나무

대부분 키가 작고, 모여 살거나 줄기가 누워서 자라므로 낮은 기온과 강한 바람을 견딜 수 있습니다.		

③ 높은 산에 사는 식물의 특징: 높은 산에 사는 식물은 기온이 낮고 강한 바람이 부는 환경에서 살기에 알맞은 생김새와 생활 방식이 있습니다.

핵심 개념 확인하기

| 정답과 해설 • 10쪽

사막에 사는 식물: 선인장, 바오바브나무, ❶ ☐☐☐, 용설란 등이 있습니다.

→ ❷ ☐이 부족한 환경에서 살기에 알맞은 생김새와 생활 방식이 있습니다.

갯벌에 사는 식물: ❸ ☐☐☐☐, 해홍나물, 통보리사초, 갯메꽃 등이 있습니다.

→ 강한 ❹ ☐☐과 바람, 소금기가 있는 환경에서 살기에 알맞은 생김새와 생활 방식이 있습니다.

높은 산에 사는 식물: 한라솜다리, ❺ ☐☐, 눈잣나무 등이 있습니다.

→ 기온이 낮고 강한 ❻ ☐☐이 부는 환경에서 살기에 알맞은 생김새와 생활 방식이 있습니다.

문제로 완성하기

[1~2] 다음은 선인장의 생김새와 줄기를 자른 면의 모습입니다.

▲ 선인장의 생김새 ▲ 선인장의 줄기를 자른 면

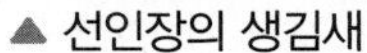

선인장 관찰하기

1 **위 실험에서 선인장을 관찰한 결과로 옳지 않은 것은 어느 것입니까?** ( )

① 줄기가 가늘다.
② 잎이 가시 모양이다.
③ 줄기가 초록색을 띤다.
④ 줄기를 자른 면에 물기가 있다.
⑤ 줄기를 자른 면에 화장지를 대면 화장지가 물에 젖는다.

2 **위 실험의 결과를 통해 알 수 있는 선인장의 특징으로 옳은 것을 보기 에서 골라 기호를 써 봅시다.**

보기
㉠ 선인장은 뿌리에 물을 저장한다.
㉡ 선인장은 줄기에 물을 저장한다.
㉢ 선인장은 물이 없어서 건조하다.

( )

사막에 사는 식물

3 **오른쪽 용설란에 대한 설명으로 옳지 않은 것은 어느 것입니까?** ( )

① 잎이 두껍다.
② 사막에 산다.
③ 잎에 가시가 있다.
④ 줄기에 물을 저장한다.
⑤ 잎의 가장자리가 흰색을 띤다.

▶ 갯벌에 사는 식물

4 **다음에서 설명하는 환경에 사는 식물을 보기 에서 골라 기호를 써 봅시다.**

• 바닷가 주변이라서 햇빛이 강하고, 바람이 강하게 불며 소금기가 많다.

보기

㉠ ▲ 암매 ㉡ ▲ 한라솜다리 ㉢ ▲ 통보리사초

( )

▶ 높은 산에 사는 식물

5 **다음은 높은 산에 사는 식물의 특징에 대한 설명입니다. ( ) 안의 알맞은 말에 ○표 해 봅시다.**

높은 산에 사는 식물은 대부분 키가 ㉠ (크고, 작고), 모여 살거나 줄기가 누워서 자라므로 ㉡ (강한, 약한) 바람을 견딜 수 있다.

퀴즈로 마무리하기

| 정답과 해설 • 11쪽

• **사막에 사는 식물이 적혀 있는 풍선에 매달린 자음자와 모음자를 이용하여 낱말을 만들 수 있습니다. 만들 수 있는 낱말을 써 봅시다.**

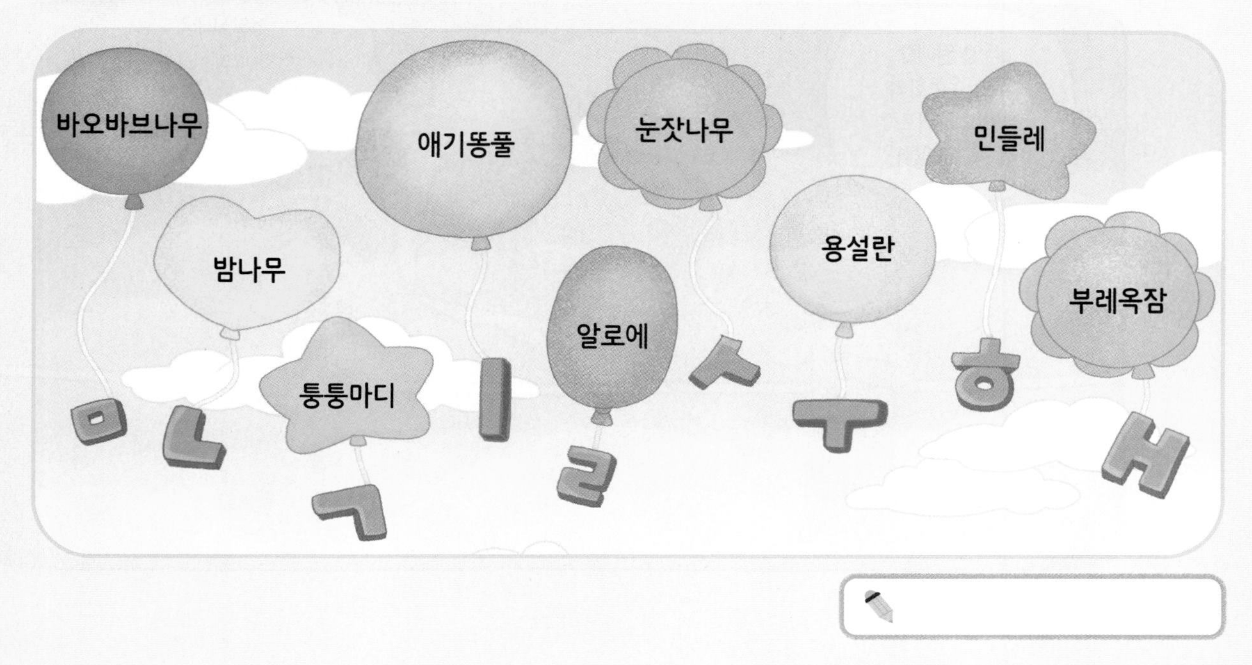

✎

17 일차

식물의 특징을 이용한 생활용품

만화로 생각 열기

탐구로 시작하기

내 교과서 동아, 아이스크림

활동 식물의 특징을 이용한 생활용품 조사하기

17 일차

과정 및 결과

실험 동영상

+ 또 다른 방법!

비상교육, 천재(이), 천재(정)

우엉 열매나 도꼬마리 열매의 특징과 찍찍이 테이프의 특징을 비교하여 찍찍이 테이프에 이용된 두 식물의 특징을 관찰하는 방법도 있습니다.

1 연잎의 표면을 관찰해 봅시다.

➔ 둥근 방패 모양으로, 가운데가 오목하고 가장자리는 밋밋합니다.

➔ 잎맥이 사방으로 퍼져 있습니다.

➔ 잔털이 촘촘하게 나 있고, 만지면 부드럽습니다.

2 연잎에 물을 한 방울씩 떨어뜨리고 연잎의 모습을 관찰해 봅시다.

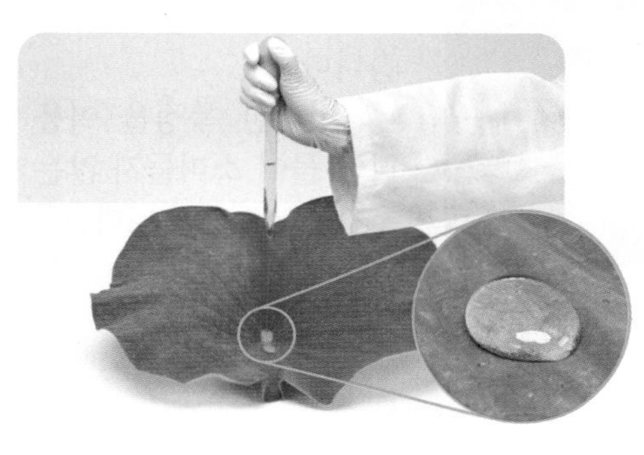

➔ 물이 연잎에 스며들지 않고 잎 표면을 굴러다닙니다.

➔ 떨어뜨린 물방울들이 모여서 큰 물방울이 되어 굴러다닙니다.

3 연잎의 특징을 우리 생활에서 어떻게 이용할 수 있을지 이야기해 봅시다.

➔ 물에 젖지 않는 연잎의 특징을 이용하여 물이 스며들지 않는 옷감을 만들 수 있습니다.

물에 젖지 않는 연잎의 특징을 이용하여 페인트, 변기 코팅 기술도 만들었어요.

4 생활 속에서 식물의 특징을 이용한 다른 예를 조사해 봅시다.

➔ 우엉 열매의 가시 끝이 갈고리 모양으로 생겨 옷이나 털에 잘 붙는 특징을 이용하여 찍찍이 테이프를 만들었습니다.

➔ 장미의 가시가 뾰족해서 동물이 가까이 오는 것을 막는 특징을 이용하여 철조망을 만들었습니다.

정리 **물이 스며들지 않는 옷감에 이용한 연잎의 특징은 무엇일까요?**

➔ 물이 스며들지 않는 옷감은 물에 젖지 않는 연잎의 특징을 이용하여 만들었습니다.

개념 이해하기

1 식물의 특징을 이용한 생활용품의 예

우엉 열매	찍찍이 테이프	
	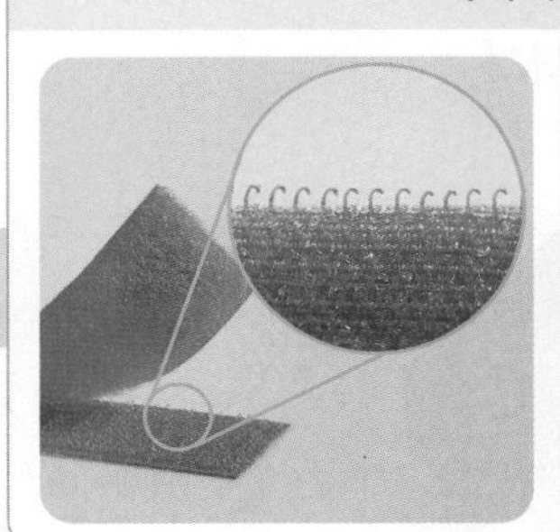	우엉 열매는 가시 끝이 갈고리 모양으로 생겨 옷이나 털에 잘 붙습니다. ➜ 이러한 특징을 이용하여 찍찍이 테이프를 만들었습니다.

도꼬마리 열매도 가시 끝이 갈고리처럼 휘어 있어 옷이나 털에 잘 붙어요.

연잎	물이 스며들지 않는 옷감 → 방수 천	
		연잎은 표면에 작은 ✓돌기가 많아 물에 젖지 않습니다. ➜ 이러한 특징을 이용하여 물이 스며들지 않는 옷감을 만들었습니다.

✔ **돌기** 뾰족하게 내밀거나 도드라진 부분

민들레 씨	낙하산	
	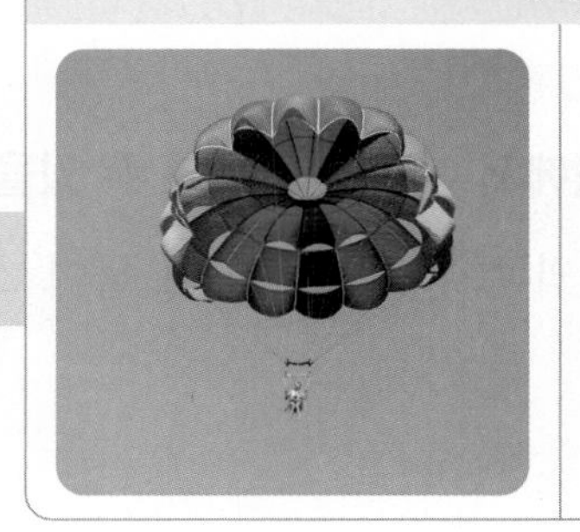	민들레 씨가 바람에 날아가는 모습을 이용하여 낙하산을 만들었습니다.

단풍나무 열매	헬리콥터의 프로펠러	드론의 날개	날개가 하나인 선풍기
			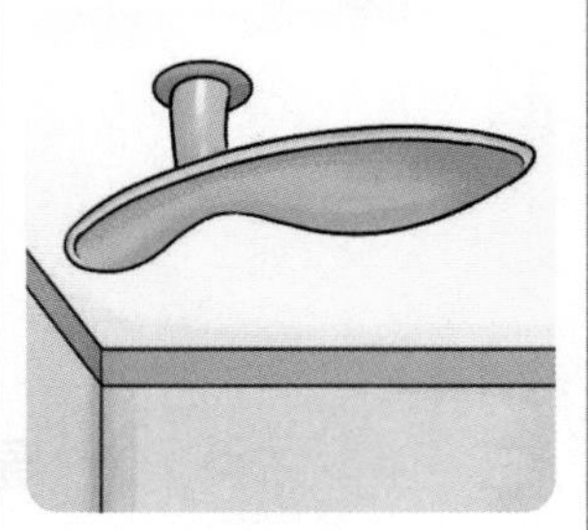

단풍나무 열매는 볼록하게 튀어나온 부분이 있고, 날개처럼 생겼습니다.

단풍나무 열매의 생김새와 바람을 타고 빙글빙글 멀리 날아가는 특징을 이용하여 헬리콥터의 프로펠러와 드론의 날개, 날개가 하나인 선풍기를 만들었습니다.

장미 가시	철조망	
		장미는 가시가 뾰족해서 동물이 가까이 오는 것을 막습니다. ➜ 이러한 특징을 이용하여 철조망을 만들었습니다.

솔방울	물이 스며드는 것을 막아 주는 옷 → 운동복	
		솔방울은 물에 젖으면 오므라들고 마르면 벌어집니다. ➜ 이러한 특징을 이용하여 물이 스며드는 것을 막아 주는 옷을 만들었습니다.

옷에 있는
작은 조각에 솔방울의
특징을 이용했어요.

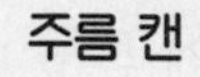

비로야자 잎	주름 캔	
		비로야자 잎은 주름이 있어 잘 늘어나지 않습니다. ➜ 이러한 특징을 이용하여 잘 찌그러지지 않는 주름 캔을 만들었습니다.

2 식물의 특징을 이용하여 생활용품을 만들면 좋은 점

식물의 특징을 이용하면 우리 생활에 편리한 생활용품을 만들 수 있습니다.

핵심 개념 확인하기

| 정답과 해설 • 11쪽

✔ 식물의 특징을 이용한 생활용품의 예

식물	이용한 식물의 특징	식물의 특징을 이용한 생활용품
우엉 열매	옷이나 털에 잘 붙습니다.	❶ ☐☐☐ ☐☐☐
연잎	❷ ☐ 에 젖지 않습니다.	물이 스며들지 않는 옷감
민들레 씨	민들레 씨가 바람에 날아갑니다.	❸ ☐☐☐
❹ ☐☐☐☐ 열매	바람을 타고 빙글빙글 멀리 날아갑니다.	헬리콥터의 프로펠러, 드론의 날개 등
장미 가시	가시가 뾰족해서 동물이 가까이 오는 것을 막습니다.	❺ ☐☐☐
솔방울	물에 젖으면 오므라들고 마르면 벌어집니다.	물에 스며드는 것을 막아 주는 옷
비로야자 잎	주름이 있어 잘 늘어나지 않습니다.	주름 캔

문제로 완성하기

[1~2] 다음은 연잎에 물을 한 방울씩 떨어뜨리는 모습입니다.

식물의 특징을 이용한 생활용품 조사하기

1 **위 실험에서 관찰할 수 있는 모습을 옳게 설명한 사람의 이름을 써 봅시다.**

- 상원: 물이 연잎에 모두 스며들어.
- 현주: 물이 연잎에 스며들지 않고 표면을 굴러다녀.
- 지성: 물이 연잎에 모두 스며들어 연잎이 젖었다가 금방 말라.

(　　　　　　　　)

2 **위 실험에서 알 수 있는 연잎의 특징을 이용하여 만든 생활용품을 보기에서 골라 기호를 써 봅시다.**

보기

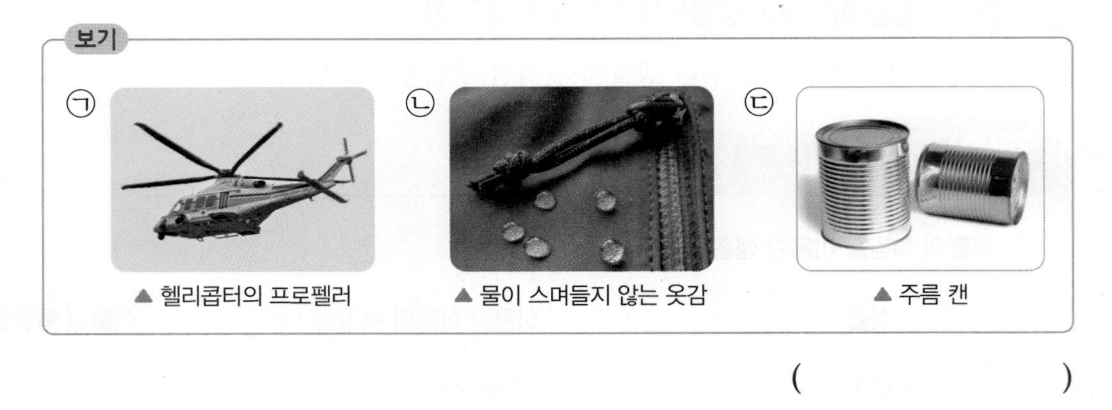

㉠ ▲ 헬리콥터의 프로펠러　㉡ ▲ 물이 스며들지 않는 옷감　㉢ ▲ 주름 캔

(　　　　　　　　)

식물의 특징을 이용한 생활용품의 예

3 **오른쪽 찍찍이 테이프는 우엉 열매의 어떤 특징을 이용하여 만든 것입니까?** (　　　)

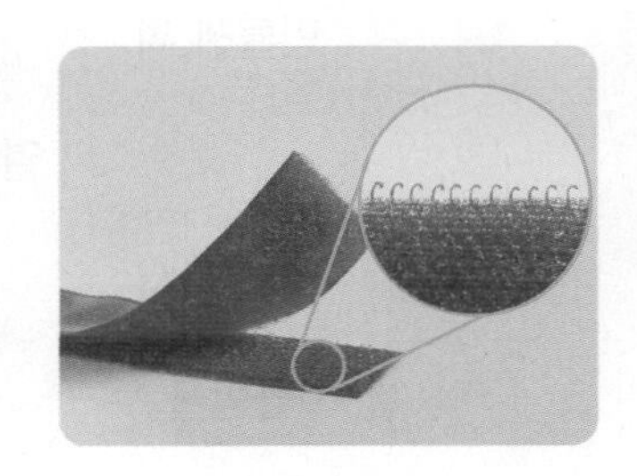

① 물에 젖지 않는 특징
② 잎에 물을 저장하는 특징
③ 옷이나 털에 잘 붙는 특징
④ 줄기가 물의 흐름에 따라 잘 휘어지는 특징
⑤ 열매가 바람을 타고 빙글빙글 날아가는 특징

4 오른쪽 날개가 하나인 선풍기는 어떤 식물의 특징을 이용하여 만든 것입니까? (　　　)

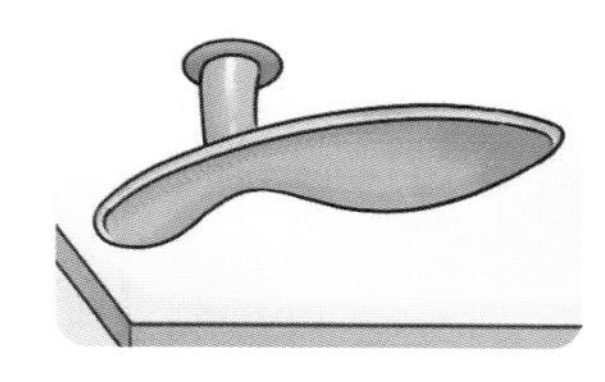

① 
▲ 선인장

② 
▲ 솔방울

③ 
▲ 검정말

④ 
▲ 민들레 씨

⑤ 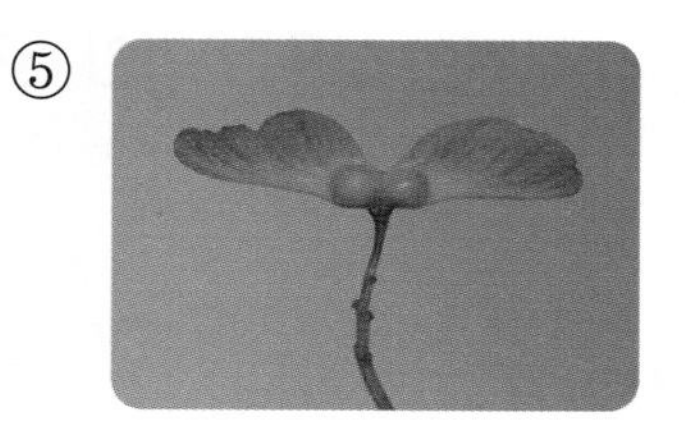
▲ 단풍나무 열매

5 식물과 식물의 특징을 이용하여 만든 생활용품의 예를 옳게 짝 지은 것을 보기 에서 골라 기호를 써 봅시다.

보기
㉠ 장미 가시 – 찍찍이 테이프
㉡ 비로야자 잎 – 드론의 날개
㉢ 솔방울 – 물이 스며드는 것을 막아 주는 옷

(　　　　　　　　　)

퀴즈로 마무리하기

• 두더지가 들고 있는 카드와 관계있는 망치로만 두더지를 잡을 수 있습니다. 두더지와 두더지를 잡을 수 있는 망치를 선으로 바르게 연결해 봅시다.

18 일차 생각 그물로 정리하기

● 다음 빈칸에 들어갈 내용을 써서 생각 그물을 완성해 보세요.

식물의 생활

13일차

우리 주변의 식물과 잎의 특징에 따른 식물 분류

우리 주변에 사는 식물

- 우리 주변에는 회양목, 토끼풀, 산철쭉 등 다양한 식물이 삽니다.
- 우리 주변에 살고 있는 식물은 꽃과 잎, 줄기 등의 ❶ □□□ 가 다양합니다.

잎의 특징에 따른 식물 분류

식물을 ❷ □의 생김새에 따라 분류할 때에는 잎의 전체적인 모양, 끝 모양, 가장자리 모양, 잎자루의 유무, 잎맥 모양 등을 분류 기준으로 정할 수 있습니다.

분류 기준: 잎의 모양이 가늘고 길쭉한가?		분류 기준: 잎의 가장자리가 ❸ □□ 모양인가?	
그렇다.	그렇지 않다.	그렇다.	그렇지 않다.
			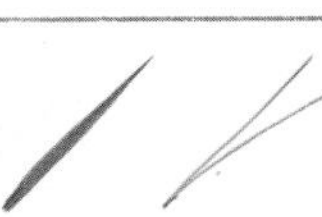

17일차

식물의 특징을 이용한 생활용품

- ❿ □□□ □□□ 는 옷이나 털에 잘 붙는 우엉 열매의 특징을 이용하여 만들었습니다.
- 물이 스며들지 않는 옷감은 물에 젖지 않는 연잎의 특징을 이용하여 만들었습니다.

▲ 우엉 열매

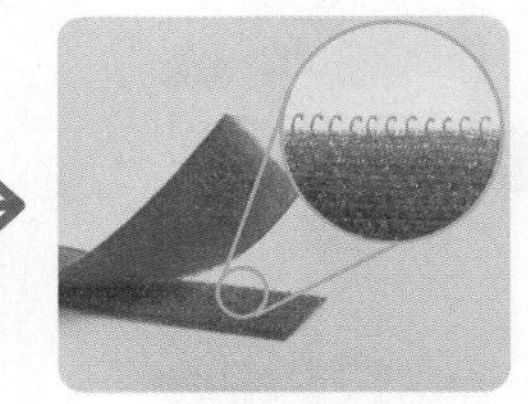
▲ 찍찍이 테이프

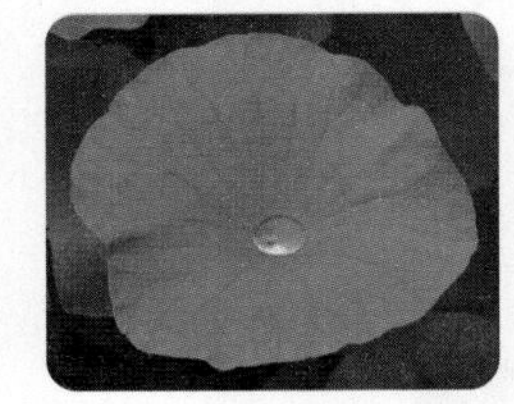
▲ 연잎

▲ 물이 스며들지 않는 옷감

➜ 식물의 특징을 이용하면 우리 생활에 편리한 생활용품을 만들 수 있습니다.

14~16일차

다양한 환경에 사는 식물의 특징

들이나 산에 사는 식물

- 들이나 산에는 여러 가지 풀과 ④ [ ][ ] 가 삽니다.
- 대부분 줄기와 잎이 쉽게 구분되고, 땅에 ⑤ [ ][ ] 를 내리고 삽니다.

▲ 민들레

▲ 소나무

강이나 연못에 사는 식물

- 잎이 ⑥ [ ][ ] 로 높이 자라는 식물: 부들, 연꽃 등이 있습니다.
- 잎이 물 위에 떠 있는 식물: 수련, 마름 등이 있습니다.

▲ 부들

▲ 수련

- 물에 떠서 사는 식물: 부레옥잠, 개구리밥 등이 있습니다.
- ⑦ [ ][ ] 에 잠겨서 사는 식물: 검정말, 붕어마름 등이 있습니다.

▲ 부레옥잠

▲ 검정말

사막이나 갯벌, 높은 산에 사는 식물

- 사막에 사는 식물: ⑧ [ ] 이 부족한 환경에서 살기에 알맞은 생김새와 생활 방식이 있습니다.
- 갯벌에 사는 식물: 강한 햇빛과 ⑨ [ ][ ], 소금기가 있는 환경에서 살기에 알맞은 생김새와 생활 방식이 있습니다.
- 높은 산에 사는 식물: 기온이 낮고 강한 바람이 부는 환경에서 살기에 알맞은 생김새와 생활 방식이 있습니다.

▲ 선인장

▲ 퉁퉁마디

▲ 한라솜다리

단원 평가하기

(맞은 개수 개)

1 **다음은 오른쪽 산철쭉의 특징에 대한 설명입니다. ( ) 안의 알맞은 말에 ○표 해 봅시다.**

산철쭉은 줄기가 ㉠ (단단하고, 연하고), 꽃이 ㉡ (노란색, 분홍색)이다.

[2~3] 다음은 여러 가지 식물의 잎입니다.

㉠ ▲ 벚나무 ㉡ ▲ 단풍나무 ㉢ ▲ 강아지풀

2 **위 식물의 공통점으로 옳은 것은 어느 것입니까?** ( )

① 잎의 끝이 뾰족하다.
② 잎이 가늘고 길쭉하다.
③ 잎이 손바닥 모양이다.
④ 잎이 두 개씩 뭉쳐난다.
⑤ 잎의 가장자리가 매끈하다.

3 **위 식물을 '잎의 가장자리가 톱니 모양인가?'를 기준으로 분류했을 때 나머지와 다른 무리에 속하는 식물을 골라 기호를 써 봅시다.**

( )

서술형

4 **다음 소나무 잎의 특징을 한 가지 써 봅시다.**

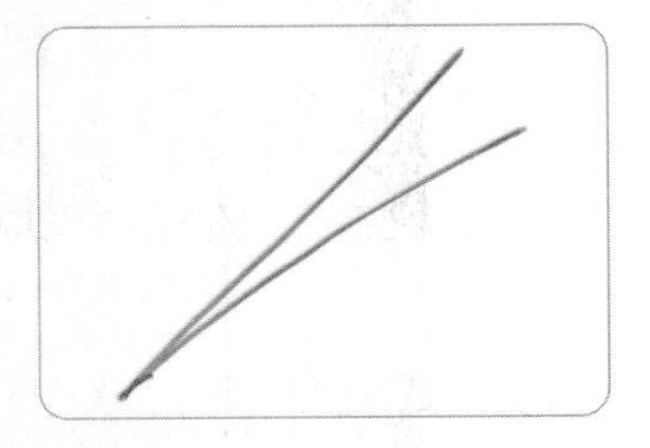

5 **다음 두 식물의 공통점으로 옳은 것을 두 가지 골라 써 봅시다.** ( )

▲ 꿀풀

▲ 애기똥풀

① 사막에 산다.
② 땅에 뿌리를 내린다.
③ 줄기가 가늘고 연하다.
④ 꽃이 보라색, 흰색, 분홍색이다.
⑤ 줄기나 잎을 자르면 노란색 액이 나온다.

[6~7] 다음은 들이나 산에 사는 여러 가지 식물입니다.

㉠ 
▲ 민들레

▲ 밤나무

▲ 떡갈나무

▲ 명아주

6 위 식물을 풀과 나무로 옳게 분류한 것은 어느 것입니까? (　　　)

	풀	나무
①	㉠, ㉡	㉢, ㉣
②	㉠, ㉢	㉡, ㉣
③	㉠, ㉣	㉡, ㉢
④	㉡, ㉣	㉠, ㉢
⑤	㉢, ㉣	㉠, ㉡

7 위 식물 중 다음과 같은 특징이 있는 식물을 골라 기호를 써 봅시다.

- 줄기가 굵고 단단하다.
- 가을에 가시 돋친 밤송이가 열린다.
- 잎이 길쭉하고 끝이 뾰족하며, 잎의 가장자리가 톱니 모양이다.

(　　　　　　　　　　)

서술형

8 들이나 산에 사는 식물의 특징을 두 가지 써 봅시다.

____

____

9 오른쪽 부레옥잠 잎의 생김새를 관찰한 결과로 옳지 않은 것을 보기 에서 골라 기호를 써 봅시다.

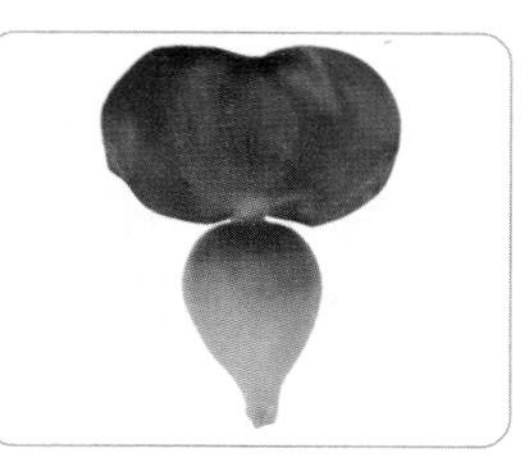

보기
㉠ 잎이 둥글다.
㉡ 잎자루가 길며, 가시가 나 있다.
㉢ 잎자루가 볼록하게 부풀어 있다.

(　　　　　　　　　　)

중요

10 다음은 부레옥잠의 잎자루를 자른 모습입니다. 자른 면을 관찰한 결과에서 (　　) 안에 알맞은 말을 써 봅시다.

▲ 가로로 자른 모습

▲ 세로로 자른 모습

부레옥잠의 잎자루에는 (　　　)이/가 빽빽하게 연결되어 있다.

(　　　　　　　　　　)

단원 평가하기

11 **물에 떠서 사는 식물끼리 옳게 짝 지은 것은 어느 것입니까?** (　　　)

① 부들 – 마름
② 수련 – 연꽃
③ 수련 – 부들
④ 수련 – 개구리밥
⑤ 물상추 – 개구리밥

12 **잎이 물 위에 떠 있는 식물의 특징을 옳게 설명한 사람의 이름을 써 봅시다.**

- 한솔: 물속의 땅에 뿌리를 내려.
- 원우: 잎자루가 길고, 가시가 나 있어.
- 도연: 수염 모양의 뿌리가 물속으로 뻗어 있어.

(　　　　　　　　　　)

중요

13 **다음 두 식물과 같이 물속에 잠겨서 사는 식물의 특징으로 옳은 것은 어느 것입니까?** (　　　)

▲ 검정말

▲ 붕어마름

① 잎이 크다.
② 두꺼운 잎에 물을 저장한다.
③ 대부분 줄기와 잎이 쉽게 구분된다.
④ 공기가 들어 있는 공기주머니가 있다.
⑤ 줄기와 잎이 물의 흐름에 따라 잘 휘어진다.

14 **사막에 사는 식물은 어느 것입니까?** (　　　)

①
▲ 수련

②

▲ 갯메꽃

③

▲ 바오바브나무

④

▲ 눈잣나무

서술형

15 **다음 선인장이 사막에서 살기에 알맞은 특징을 한 가지 써 봅시다.**

✧중요✧

16 **다음은 알로에와 용설란의 공통점에 대한 설명입니다. (　　) 안에 알맞은 말을 써 봅시다.**

▲ 알로에

▲ 용설란

알로에와 용설란은 두꺼운 (　　　)에 물을 저장하여 물이 부족한 사막에서 살 수 있다.

(　　　　　　　　　　)

17 **다음에서 설명하는 식물을 두 가지 골라 써 봅시다.** (　　,　　)

- 갯벌에 사는 식물이다.
- 줄기나 잎이 통통하고 광택이 나서 소금기가 많은 환경에서 살 수 있다.

① 선인장　② 통통마디
③ 애기똥풀　④ 해홍나물
⑤ 부레옥잠

서술형

18 **오른쪽 찍찍이 테이프는 우엉 열매의 어떤 특징을 이용하여 만들었는지 써 봅시다.**

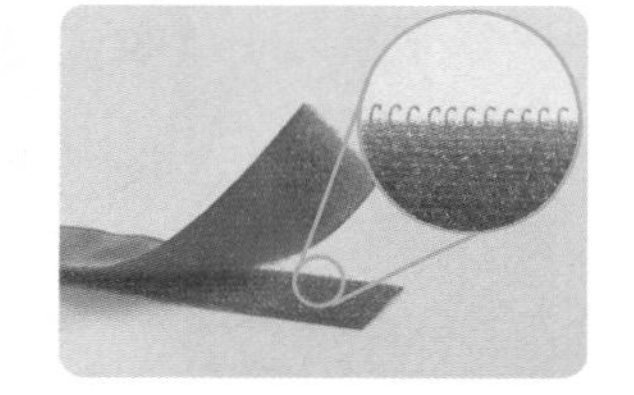

19 **오른쪽 철조망은 어떤 식물의 특징을 이용하여 만든 것입니까?** (　　　)

① 잎이 물에 젖지 않는 연잎
② 바람에 날아가는 민들레 씨
③ 줄기에 물을 저장하는 선인장
④ 물에 젖으면 오므라들고 마르면 벌어지는 솔방울
⑤ 가시가 뾰족해서 동물이 가까이 오는 것을 막는 장미

20 **단풍나무 열매의 특징을 이용하여 만든 생활용품을 보기 에서 두 가지 골라 기호를 써 봅시다.**

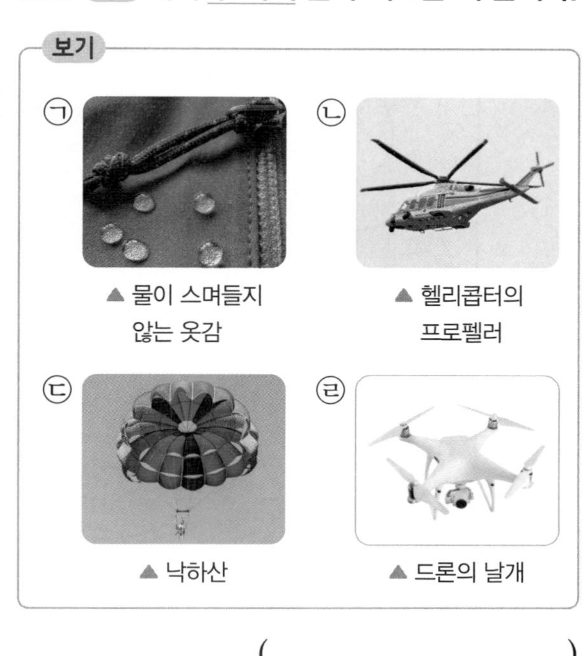
보기
㉠ ▲ 물이 스며들지 않는 옷감
㉡ ▲ 헬리콥터의 프로펠러
㉢ ▲ 낙하산
㉣ ▲ 드론의 날개

(　　　　　　　　　　)

완성 18 일차

공부한 날 : 월 일

19 일차

동물의 한살이 관찰

만화로 생각 열기

탐구로 시작하기

내 교과서 7종 공통

활동 배추흰나비의 한살이 관찰하기

과정 및 결과

실험 동영상

1 배추흰나비의 알과 애벌레를 관찰하고 글과 그림으로 나타내 봅시다.

구분	알	애벌레
생김새	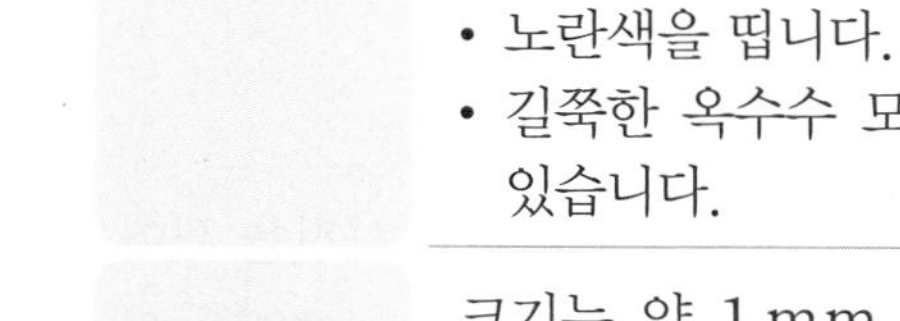 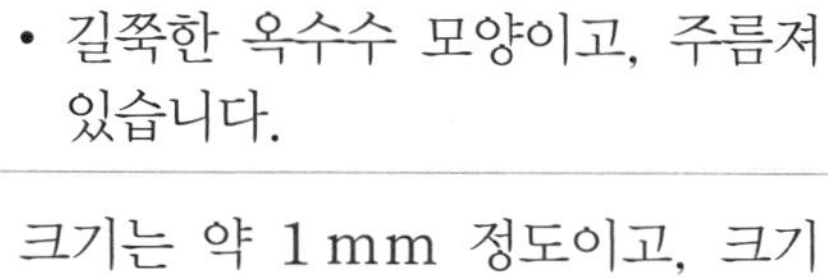 • 노란색을 띱니다. • 길쭉한 옥수수 모양이고, 주름져 있습니다.	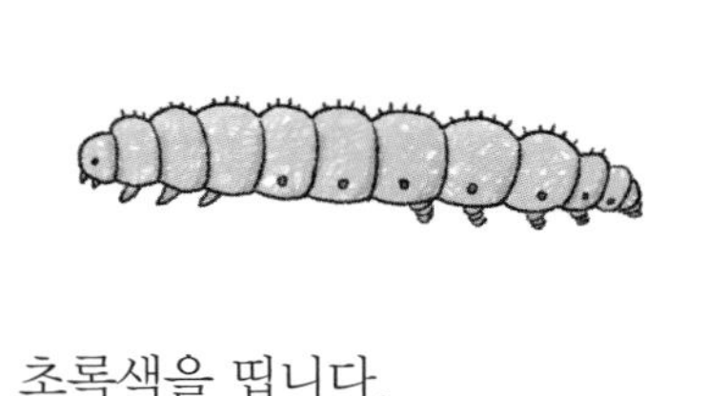 • 초록색을 띱니다. • 긴 원통 모양이고, 몸에 여러 개의 마디가 있습니다.
크기 변화	크기는 약 1 mm 정도이고, 크기가 변하지 않습니다.	허물을 네 번 벗으며 약 30 mm 정도까지 크기가 커집니다.
움직임	잎에 붙어 움직이지 않습니다.	여러 쌍의 다리로 기어다니며 잎을 갉아 먹습니다.

✔ **허물** 곤충, 뱀 등이 자라면서 벗는 껍질

2 배추흰나비의 번데기와 어른벌레를 관찰하고 글과 그림으로 나타내 봅시다.

구분	번데기	어른벌레
생김새	• 주변 색깔과 비슷하게 몸 색깔이 변합니다. • 가운데가 볼록하고 양쪽 끝은 뾰족합니다.	• 몸이 머리, 가슴, 배로 구분됩니다. • 가슴에 날개 두 쌍과 다리 세 쌍이 있습니다. • 머리에 더듬이 한 쌍이 있습니다.
크기 변화	크기가 변하지 않습니다.	크기가 변하지 않습니다.
움직임	한곳에 붙어서 이동하지 않고, 먹이를 먹지 않습니다.	날개로 날아다니고, 둥글게 말린 입을 펴서 꿀을 빨아 먹습니다.

배추흰나비를 기르는 동안 살아 있는 생물을 소중히 여기는 마음으로 보살펴야 해요.

정리 배추흰나비는 어떤 한살이 과정을 거쳐서 어른벌레가 될까요?

➜ 배추흰나비는 알 → 애벌레 → 번데기 → 어른벌레의 한살이를 거치면서 자랍니다.

개념 이해하기

1 동물의 한살이

① 동물의 한살이: 동물이 태어나고 자라서 자손을 남기는 과정입니다.

② 한살이를 관찰하기에 알맞은 동물: 주변에서 관찰하기 쉽고, 한살이 기간이 짧은 동물을 선택합니다. 예 배추흰나비, 장수풍뎅이, 개구리

2 배추흰나비의 한살이 관찰 계획 세우기

관찰할 내용	• 배추흰나비 알에서 애벌레가 나오는 모습 • 배추흰나비 애벌레의 생김새와 움직이는 모습 • 배추흰나비 애벌레가 번데기로 변하는 모습 • 배추흰나비 번데기에서 어른벌레가 나오는 모습
관찰 방법	맨눈이나 돋보기로 관찰하기, 자로 몸의 크기 측정하기, 사진을 찍어 관찰하기 등
기록 방법	관찰 기록장에 글과 그림으로 정리하기
필요한 것	먹이가 되는 식물(케일, 배추 등), 방충망, 돋보기, 자 등
주의할 점	• 배추흰나비 알이나 애벌레를 만지지 않습니다. • 먹이가 되는 식물이 시들지 않도록 물을 충분히 줍니다. • 사육 상자 주변에 살충제를 뿌리지 않습니다.

케일: 애벌레의 먹이가 됩니다.

방충망: 애벌레와 어른벌레가 달아나는 것을 막고, 다른 동물로부터 보호합니다.

▲ 배추흰나비 사육 상자

알이나 애벌레를 옮길 때에는 손으로 만지지 않고 알이나 애벌레가 붙은 잎을 함께 옮겨요.

3 배추흰나비의 한살이 관찰하기

① 배추흰나비 한살이의 단계별 특징

알

• 노란색을 띱니다.
• 길쭉하고 주름진 옥수수 모양입니다.
• 잎에 붙어서 움직이지 않습니다.
• 먹이를 먹지 않고 크기가 변하지 않습니다.

애벌레

여러 쌍의 다리가 있습니다.

• 초록색을 띱니다.
• 긴 원통 모양이고, 몸이 여러 개의 마디로 되어 있습니다.
• 허물을 벗으며 몸의 크기가 커집니다.
• 기어다니며 잎을 갉아 먹습니다.

번데기

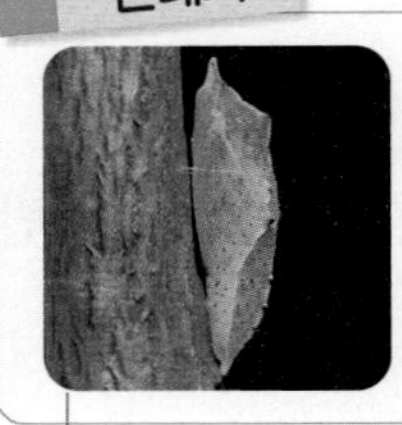

여러 개의 마디가 있습니다.

• 몸 색깔이 주변 색깔과 비슷해집니다.
• 가운데가 볼록하고 양쪽 끝은 뾰족합니다.
• 움직이지 않으며, 먹이를 먹지 않고 크기가 변하지 않습니다.

어른벌레

• 몸이 머리, 가슴, 배로 구분됩니다.
• 날개 두 쌍, 다리 세 쌍, 더듬이 한 쌍이 있습니다.
• 날개를 이용해 날아다니고, 크기가 변하지 않습니다.

② 배추흰나비의 한살이: 알 → 애벌레 → 번데기 → 어른벌레

알에서 애벌레가 나오는 과정

배추흰나비 알(약 1 mm)

알 속에서 애벌레가 움직이는 것이 보입니다.

애벌레가 알에서 나와 알껍데기를 갉아 먹습니다.

알에서 갓 나온 애벌레는 연한 노란색입니다.

애벌레는 알껍데기를 먹어 천적으로부터 자신을 보호하고, 알껍데기에 있는 영양분을 섭취해요.

애벌레가 자라는 과정

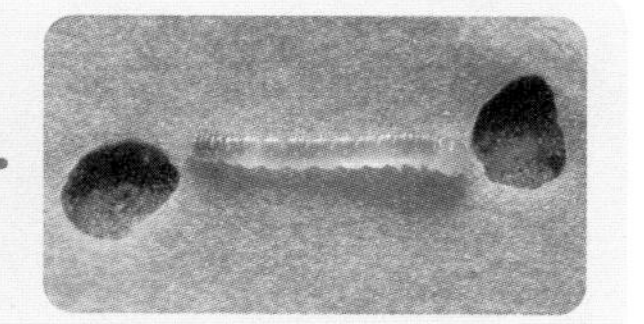
애벌레는 잎을 갉아 먹으며 초록색으로 변합니다.

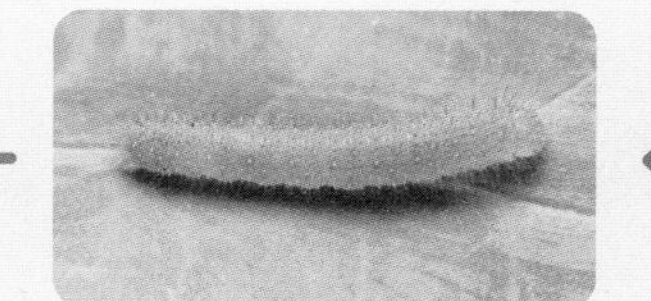
두 번 허물을 벗은 애벌레

네 번 허물을 벗고 다 자란 애벌레

애벌레가 번데기로 변하는 과정

다 자란 애벌레는 입에서 실을 뽑아 몸을 묶습니다.

번데기의 몸 색깔이 주변 색깔과 비슷해집니다.

번데기에서 어른벌레가 나오는 과정

등 부분이 갈라지면서 어른벌레가 나옵니다.

날개가 다 펴지고 마르면 날 수 있습니다.

다 자란 배추흰나비 어른벌레는 짝짓기를 해서 알을 낳습니다.

4 곤충

① 곤충: 몸이 머리, 가슴, 배의 세 부분으로 구분되고 다리가 세 쌍인 동물입니다.

② 곤충의 예: 배추흰나비, 개미, 메뚜기, 잠자리, 장수풍뎅이 등

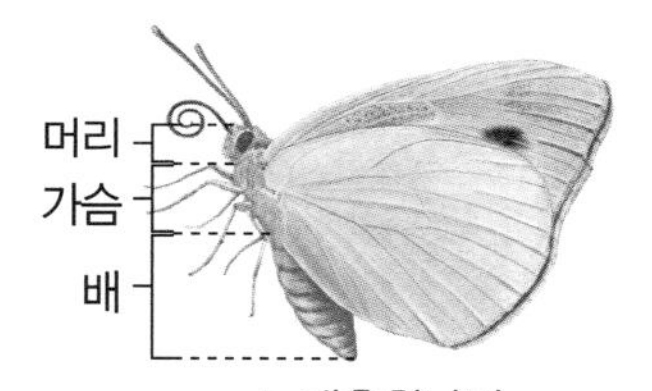

▲ 배추흰나비

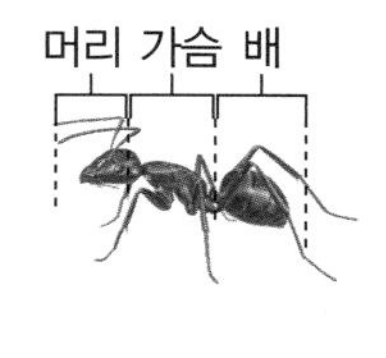

▲ 개미

핵심 개념 확인하기

정답과 해설 • 13쪽

✔ **동물의 한살이**: 동물이 태어나고 자라서 ❶ ☐☐을 남기는 과정입니다.

✔ **배추흰나비의 한살이**

알	❸ ☐☐☐	번데기	어른벌레
❷ ☐☐☐ 모양이고, 움직이지 않습니다.	긴 원통 모양이고, 기어다니며 잎을 갉아 먹습니다.	몸 색깔이 주변 색깔과 비슷하고, 움직이지 않습니다.	날개 두 쌍과 다리 ❹ ☐ 쌍이 있고, 날개로 날아다닙니다.

✔ ❺ ☐☐: 몸이 머리, 가슴, 배의 세 부분으로 구분되고 다리가 세 쌍인 동물입니다.

문제로 완성하기

배추흰나비의 한살이 관찰 계획 세우기

1 **배추흰나비를 기르면서 관찰하고 기록하는 방법으로 옳지 않은 것은 어느 것입니까?** (　　)

① 돋보기로 알의 색깔을 관찰한다.
② 자로 애벌레의 크기를 측정한다.
③ 맨눈으로 번데기의 모양을 관찰한다.
④ 애벌레를 손으로 만져 보며 느낌을 관찰한다.
⑤ 관찰한 내용을 관찰 기록장에 글과 그림으로 정리한다.

2 **오른쪽은 배추흰나비를 기르면서 한살이를 관찰하기 위해 사육 상자를 꾸민 것입니다. 다음과 같은 역할을 하는 것을 각각 골라 기호를 써 봅시다.**

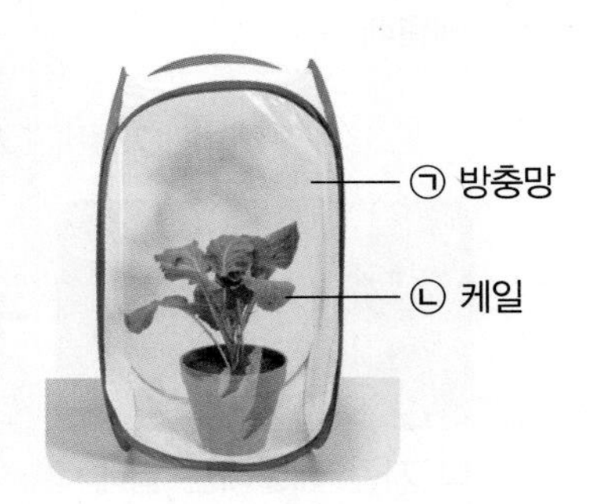

(1) 애벌레의 먹이가 된다. (　　)
(2) 배추흰나비 애벌레나 어른벌레를 보호한다. (　　)

배추흰나비의 한살이 관찰하기

3 **다음 배추흰나비 알과 애벌레의 차이점으로 옳은 것을 보기 에서 두 가지 골라 기호를 써 봅시다.**

▲ 알

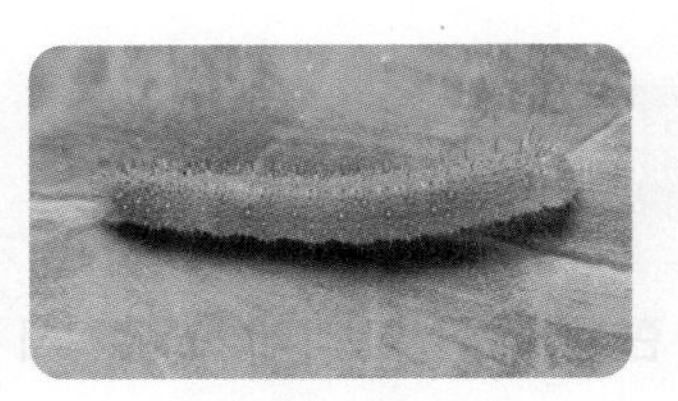
▲ 애벌레

보기
㉠ 알은 움직이지 않지만, 애벌레는 움직인다.
㉡ 알은 초록색을 띠지만, 애벌레는 노란색을 띤다.
㉢ 알은 먹이를 먹지만, 애벌레는 먹이를 먹지 않는다.
㉣ 알은 크기가 변하지 않지만, 애벌레는 크기가 커진다.

(　　)

4 **배추흰나비 번데기를 관찰한 내용을 옳게 말한 사람의 이름을 써 봅시다.**

- 수호: 허물을 벗으며 점점 커져.
- 유림: 한곳에 붙어서 움직이지 않아.
- 은우: 노란색이고 옥수수처럼 생겼어.

(　　　　　　　　)

5 **오른쪽 배추흰나비 어른벌레의 특징으로 옳지 않은 것은 어느 것입니까?** (　　　)

① 가슴에 다리 세 쌍이 있다.
② 날개를 이용해 날아다닌다.
③ 머리에 더듬이 한 쌍이 있다.
④ 몸이 머리와 가슴의 두 부분으로 구분된다.
⑤ 둥글게 말려 있는 입을 펴서 꿀을 빨아 먹는다.

6 **다음 배추흰나비의 한살이에서 (　　) 안에 알맞은 단계를 써 봅시다.**

알 → 애벌레 → (　　　) → 어른벌레

(　　　　　　　　)

퀴즈로 마무리하기

| 정답과 해설 • 13쪽

• **다음 십자말풀이를 해 봅시다.**

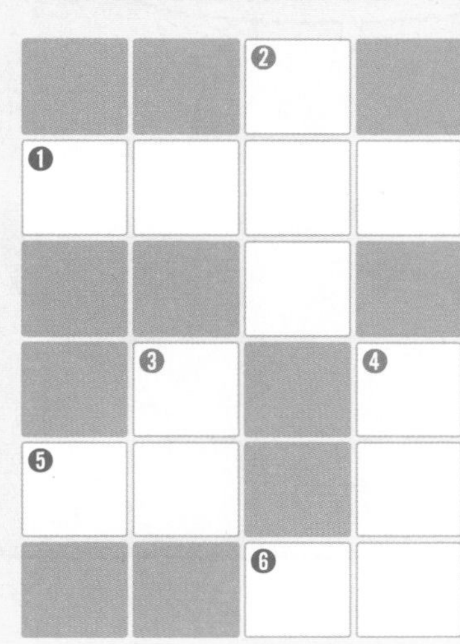

가로

❶ 알에서 갓 나온 배추흰나비 애벌레는 ☐☐☐☐를 먹습니다.
❺ 배추흰나비 어른벌레는 몸이 ☐☐, 가슴, 배로 구분됩니다.
❻ 사육 상자 속 케일은 배추흰나비 애벌레의 ☐☐가 됩니다.

세로

❷ 배추흰나비 ☐☐☐에서 어른벌레가 나옵니다.
❸ 곤충은 ☐☐가 세 쌍 있습니다.
❹ 동물이 태어나고 자라서 자손을 남기는 과정을 동물의 ☐☐☐라고 합니다.

공부한 날 : 월 일

여러 가지 동물의 한살이

만화로 생각 열기

내 교과서 7종 공통

활동 여러 가지 동물의 한살이 조사하기

20 일차

과정 및 결과

1 개구리의 한살이를 조사해 봅시다.

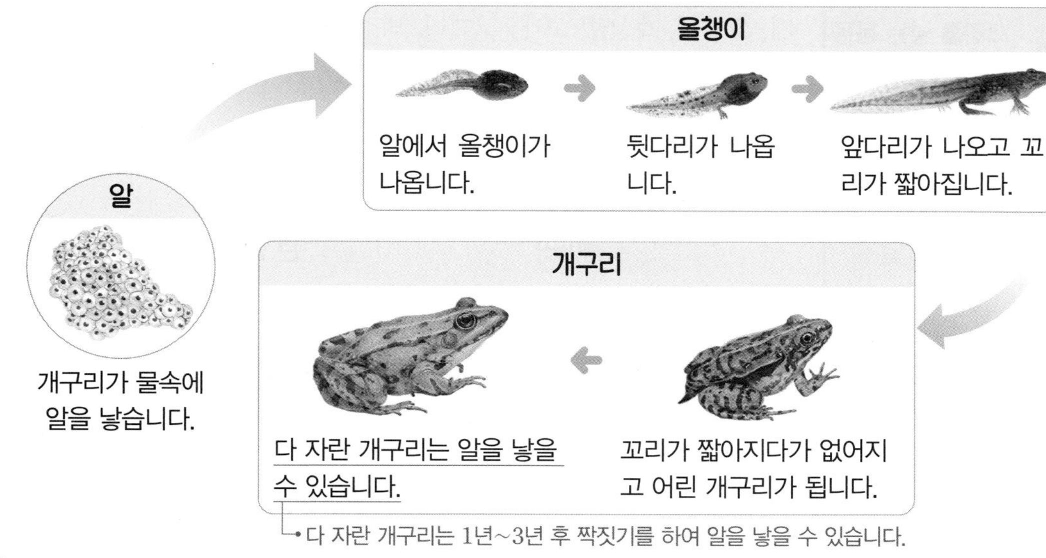

다 자란 개구리는 1년~3년 후 짝짓기를 하여 알을 낳을 수 있습니다.

2 개의 한살이를 조사해 봅시다.

동물에 따라 한살이 과정과 기간 등이 달라요.

3 개구리와 개의 한살이를 비교하여 공통점과 차이점을 이야기해 봅시다.

공통점	다 자란 암컷이 알이나 새끼를 낳습니다.
차이점	• 개구리는 알을 낳고, 개는 새끼를 낳습니다. • 개구리는 새끼와 어미의 모습이 비슷하지 않지만, 개는 새끼와 어미의 모습이 비슷합니다.

정리 여러 가지 동물의 한살이를 비교할 때 공통점과 차이점은 무엇일까요?

➜ 공통점: 모든 동물은 나고 자라서 알이나 새끼를 낳습니다.

➜ 차이점: 알을 낳는 동물도 있고 새끼를 낳는 동물도 있으며, 한살이 유형이 다양합니다.

개념 이해하기

1 동물이 ✓자손을 남기는 방법

동물은 알이나 새끼를 낳아 자손을 남깁니다.

알을 낳는 동물	닭, 메뚜기, 장수풍뎅이, 연어, 바다거북, 개구리, 오리 등
새끼를 낳는 동물	개, 고양이, 소, 말, 고래, 코끼리, 박쥐 등

✓ **자손** 자신의 세대에서 여러 세대가 지난 뒤의 자녀를 통틀어 이르는 말

2 알을 낳는 동물의 한살이

① 닭의 한살이

알

단단한 껍데기에 싸여 있습니다.

→ 암탉이 알을 품은 지 약 21일 지나면 병아리가 알을 깨고 나옵니다.

병아리

몸이 솜털로 덮여 있고, 먹이를 먹습니다.

→

큰 병아리

솜털이 깃털로 바뀝니다.

→

다 자란 닭

몸이 깃털로 덮여 있고, ✓볏과 꽁지깃이 있습니다.

✓ **볏** 닭이나 새 따위의 이마 위에 세로로 붙은 살 조각

② 알을 낳는 동물의 한살이

개구리	메뚜기	장수풍뎅이	연어
알 → 올챙이 → 개구리	알 → 애벌레 → 어른벌레	알 → 애벌레 → 번데기 → 어른벌레	알 → 어린 연어 → 다 자란 연어

곤충 중에는 메뚜기나 잠자리처럼 번데기 단계를 거치지 않는 것도 있고, 장수풍뎅이나 나비처럼 번데기 단계를 거치는 것도 있어요.

3 새끼를 낳는 동물의 한살이

① 개의 한살이

갓 태어난 강아지

눈을 뜨지 못하고 귀도 막혀 있으며, 어미젖을 먹습니다.

→

큰 강아지

눈이 떠지고 귀가 열리며, 이빨이 나서 먹이를 씹어 먹습니다.

→

다 자란 개

짝짓기를 하여 암컷이 새끼를 낳을 수 있습니다.

② 새끼를 낳는 동물의 한살이
└• 새끼는 어미젖을 먹고 자랍니다.

고양이	소	고래

갓 태어난 고양이 → 어린 고양이 → 다 자란 고양이	갓 태어난 송아지 → 큰 송아지 → 다 자란 소	갓 태어난 고래 → 어린 고래 → 다 자란 고래

4 여러 가지 동물의 한살이 비교

구분	알을 낳는 동물	새끼를 낳는 동물
공통점	다 자라면 짝짓기를 하여 암컷이 알이나 새끼를 낳아 자손을 남깁니다.	
차이점	• 알을 낳습니다. • 새끼와 어미의 모습이 비슷하지 않습니다.	• 새끼를 낳습니다. → 동물에 따라 임신 기간이 다릅니다. • 새끼와 어미의 모습이 비슷합니다.
동물의 예	닭, 개구리, 메뚜기, 장수풍뎅이, 연어, 오리 등	개, 고양이, 소, 말, 토끼, 고래, 박쥐 등

➜ 동물은 알이나 새끼를 낳아 한살이를 이어 가며, 동물에 따라 한 번에 낳는 알이나 새끼의 수, 알이나 새끼를 낳는 장소, 알이나 새끼가 자라는 기간 등이 다릅니다.

핵심 개념 확인하기

| 정답과 해설 • 13쪽

✔ **닭의 한살이:** ❶ ☐ → 병아리 → 큰 병아리 → 다 자란 닭

✔ **개의 한살이:** 갓 태어난 ❷ ☐☐☐ → 큰 강아지 → 다 자란 개

✔ **알을 낳는 동물과 새끼를 낳는 동물**

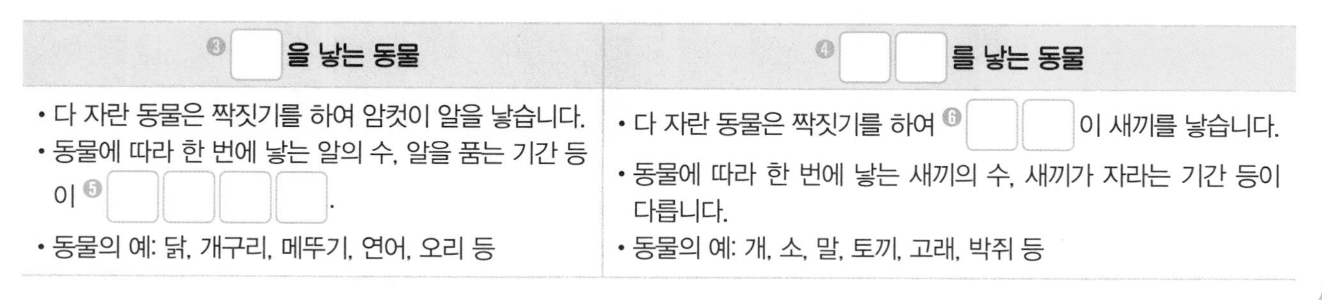

❸ ☐ 을 낳는 동물	❹ ☐☐ 를 낳는 동물
• 다 자란 동물은 짝짓기를 하여 암컷이 알을 낳습니다. • 동물에 따라 한 번에 낳는 알의 수, 알을 품는 기간 등이 ❺ ☐☐☐☐. • 동물의 예: 닭, 개구리, 메뚜기, 연어, 오리 등	• 다 자란 동물은 짝짓기를 하여 ❻ ☐☐ 이 새끼를 낳습니다. • 동물에 따라 한 번에 낳는 새끼의 수, 새끼가 자라는 기간 등이 다릅니다. • 동물의 예: 개, 소, 말, 토끼, 고래, 박쥐 등

문제로 완성하기

여러 가지 동물의 한살이 조사하기

1 **개구리의 한살이를 조사한 내용을 옳게 말한 사람의 이름을 써 봅시다.**

- 태호: 개구리는 새끼를 낳아.
- 유미: 올챙이는 뒷다리가 나온 뒤 앞다리가 나와.
- 도윤: 알 → 개구리 → 올챙이의 한살이를 거치며 자라.

(　　　　　　　)

알을 낳는 동물의 한살이

2 **다음은 닭의 한살이 과정을 순서에 관계없이 나타낸 것입니다. 닭의 한살이 과정에 맞게 순서대로 기호를 써 봅시다.**

▲ 알　▲ 다 자란 닭　▲ 큰 병아리　▲ 병아리

㉠ → (　　　　　) → (　　　　　) → (　　　　　)

3 **다음은 여러 가지 동물의 한살이를 나타낸 것입니다. (　　) 안에 공통으로 들어갈 알맞은 말을 써 봅시다.**

메뚜기	장수풍뎅이	연어
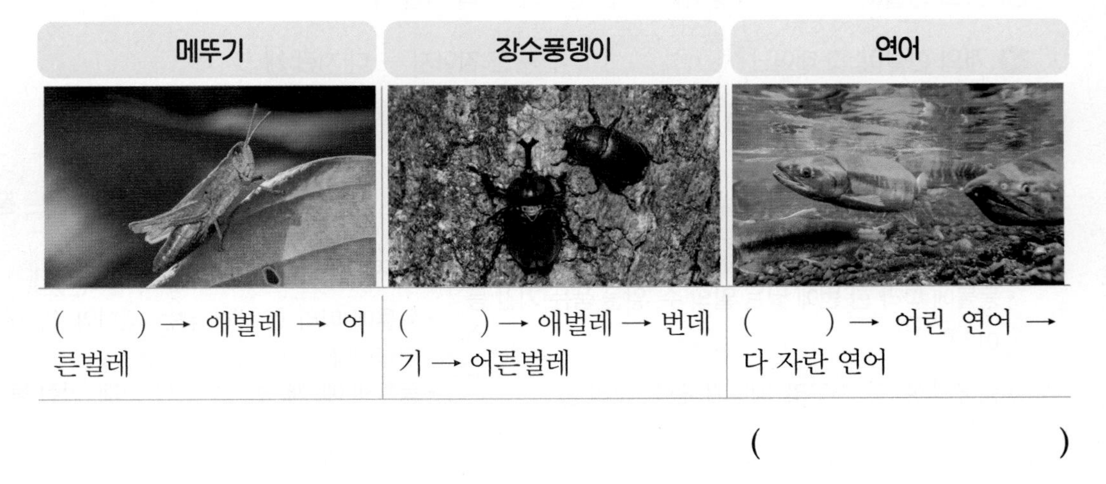		
(　　) → 애벌레 → 어른벌레	(　　) → 애벌레 → 번데기 → 어른벌레	(　　) → 어린 연어 → 다 자란 연어

(　　　　　　　)

❯ 새끼를 낳는 동물의 한살이

4 **개의 한살이에 대한 설명으로 옳은 것을 보기 에서 골라 기호를 써 봅시다.**

보기
㉠ 갓 태어난 강아지는 먹이를 씹어 먹는다.
㉡ 큰 강아지는 눈을 뜨지 못하고 귀도 막혀 있다.
㉢ 다 자란 개는 짝짓기를 하여 새끼를 낳을 수 있다.

( )

5 **다음 ( ) 안의 알맞은 말에 ○표 해 봅시다.**

㉠ (오리 , 소)와 같이 새끼를 낳는 동물은 새끼와 어미의 모습이 ㉡ (비슷하다 , 비슷하지 않다).

❯ 여러 가지 동물의 한살이 비교

6 **여러 가지 동물의 한살이를 비교할 때 공통점으로 옳은 것은 어느 것입니까?**

( )

① 알을 낳는다.
② 새끼를 낳는다.
③ 자라는 과정이 같다.
④ 자라는 기간이 같다.
⑤ 다 자란 암컷이 자손을 남긴다.

퀴즈로 마무리하기

| 정답과 해설 • 13쪽

• **다음 □ 안에 들어갈 알맞은 낱말을 말 상자에서 찾아 모두 ○표를 해 봅시다. 말 상자의 낱말은 가로, 세로, 대각선에 숨어 있습니다.**

병	강	암	수
망	아	지	컷
송	지	리	올
깃	털	챙	대
먹	이	살	한

❶ 개구리는 알 → □□□ → 개구리의 한살이를 거치며 자랍니다.
❷ 다 자란 닭은 몸이 □□로 덮여 있습니다.
❸ 개의 한살이 과정 중 갓 태어난 □□□는 이빨이 없어 씹지 못하고 어미젖을 먹습니다.
❹ 동물은 다 자라면 암수가 짝짓기를 하여 □□이 알이나 새끼를 낳습니다.

씨가 싹 트는 데 필요한 조건

만화로 생각 열기

탐구로 시작하기

내 교과서 7종 공통

활동 1 씨가 싹 트는 데 물이 미치는 영향 알아보기

과정 및 결과

실험 동영상

✔ **탈지면** 지방 등을 없애고 소독한 솜

1 씨가 싹 트는 데 물이 미치는 영향을 알아보는 실험에서 다르게 할 조건과 같게 할 조건을 이야기해 봅시다.

다르게 할 조건	물의 양
같게 할 조건	온도, 공기, 빛의 양, 강낭콩의 개수, 페트리접시의 크기, ✔탈지면의 양 등

2 페트리접시 두 개에 탈지면을 깔고 강낭콩을 세 개씩 올려놓습니다.
└• 페트리접시 대신 지퍼 백에 강낭콩을 넣어 관찰할 수 있습니다.

3 한 페트리접시에는 물을 주지 않고 다른 페트리접시에는 물을 충분히 줍니다.

물을 주는 페트리접시에는 탈지면이 마르지 않도록 매일 물을 주도록 해요.

▲ 물을 주지 않은 강낭콩

▲ 물을 준 강낭콩

4 일주일 동안 물을 주지 않은 강낭콩과 물을 준 강낭콩의 변화를 관찰해 봅시다.

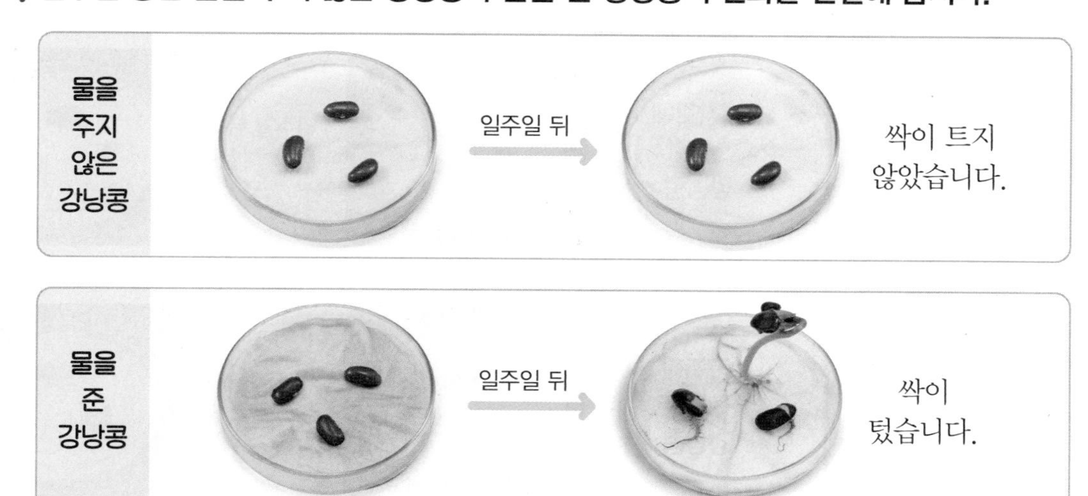

정리 물을 주지 않은 강낭콩과 물을 준 강낭콩의 변화를 관찰하여 알게 된 씨가 싹 트는 데 필요한 조건은 무엇일까요?

➜ 씨가 싹 트려면 적당한 양의 물이 필요합니다.

내 교과서 비상교육, 미래엔, 지학사

활동 2 씨가 싹 트는 데 온도가 미치는 영향 알아보기

과정 및 결과

실험 동영상

1 씨가 싹 트는 데 온도가 미치는 영향을 알아보는 실험에서 다르게 할 조건과 같게 할 조건을 이야기해 봅시다.

다르게 할 조건	온도
같게 할 조건	물의 양, 공기, 빛의 양, 강낭콩의 개수, 페트리접시의 크기, 탈지면의 양 등

2 페트리접시 두 개에 탈지면을 깔고 강낭콩을 세 개씩 올려놓은 뒤 두 페트리접시 모두 물을 주고, 각각 어둠상자에 넣습니다.

두 페트리접시를 어둠상자에 넣으면 빛 조건을 같게 할 수 있어요.

3 한 페트리접시는 냉장고에 넣고 다른 페트리접시는 따뜻한 곳에 둡니다.

▲ 냉장고에 넣은 강낭콩

▲ 따뜻한 곳에 둔 강낭콩

4 일주일 동안 냉장고에 넣은 강낭콩과 따뜻한 곳에 둔 강낭콩의 변화를 관찰해 봅시다.

냉장고에 넣은 강낭콩

일주일 뒤 →

싹이 트지 않았습니다.

따뜻한 곳에 둔 강낭콩

일주일 뒤 →

싹이 텄습니다.

정리 냉장고에 넣은 강낭콩과 따뜻한 곳에 둔 강낭콩의 변화를 관찰하여 알게 된 씨가 싹 트는 데 필요한 조건은 무엇일까요?

➜ 씨가 싹 트려면 알맞은 온도가 필요합니다.

1 씨가 싹 트는 데 물이 미치는 영향

다르게 할 조건	물의 양	
같게 할 조건	온도, 공기, 빛의 양, 강낭콩의 개수, 페트리접시의 크기 등	
실험 결과	물을 주지 않은 것  싹이 트지 않습니다.	물을 준 것  싹이 틉니다.
알게 된 점	씨가 싹 트려면 적당한 양의 물이 필요합니다.	

씨가 싹 트는 데 필요한 조건을 알아보는 실험을 할 때는 알아보려는 조건만 다르게 하고 나머지 조건은 모두 같게 해요.

2 씨가 싹 트는 데 온도가 미치는 영향

다르게 할 조건	온도	
같게 할 조건	물의 양, 공기, 빛의 양, 강낭콩의 개수, 페트리접시의 크기 등	
실험 결과	냉장고에 넣은 것  싹이 트지 않습니다.	 따뜻한 곳에 둔 것  싹이 틉니다.
알게 된 점	씨가 싹 트려면 알맞은 온도가 필요합니다.	

대부분의 식물은 온도가 낮은 겨울에 싹 트지 않고 봄에 적당한 온도가 되면 싹이 터요.

3 씨가 싹 트는 데 필요한 조건

씨가 싹 트려면 적당한 양의 물이 필요하고, 온도가 알맞아야 합니다.

핵심 개념 확인하기

| 정답과 해설 • 14쪽

씨가 싹 트는 데 물과 온도가 미치는 영향

구분	❶ ☐ 이 미치는 영향 알아보기	❷ ☐☐ 가 미치는 영향 알아보기
실험 결과	• 물을 주지 않은 것은 싹이 트지 않습니다. • 물을 준 것은 싹이 틉니다.	• 냉장고에 넣은 것은 싹이 트지 않습니다. • 따뜻한 곳에 둔 것은 싹이 틉니다.
알게 된 점	씨가 싹 트려면 적당한 양의 물이 필요합니다.	씨가 싹 트려면 알맞은 온도가 필요합니다.

씨가 싹 트는 데 필요한 조건: 적당한 양의 ❸ ☐, 알맞은 ❹ ☐☐

문제로 완성하기

씨가 싹 트는 데 물이 미치는 영향

1 **씨가 싹 트는 데 물이 미치는 영향을 알아보는 실험을 할 때 같게 할 조건과 다르게 할 조건을 보기 에서 각각 골라 기호를 써 봅시다.**

보기
㉠ 온도 ㉡ 공기 ㉢ 빛의 양 ㉣ 물의 양

(1) 같게 할 조건: ( )
(2) 다르게 할 조건: ( )

[2~3] 페트리접시 두 개에 각각 탈지면을 깔고 강낭콩을 올려놓은 뒤, 한 페트리접시에는 물을 주지 않고 다른 페트리접시에는 물을 주면서 일주일 동안 강낭콩의 변화를 관찰하였습니다.

▲ 물을 주지 않은 강낭콩

▲ 물을 준 강낭콩

2 **씨가 싹 트는 데 영향을 미치는 조건 중 위 실험으로 알아보려는 조건은 어느 것입니까?** ( )

① 온도 ② 공기 ③ 빛의 양
④ 물의 양 ⑤ 탈지면의 양

3 **위 실험 결과 강낭콩의 변화를 선으로 연결해 봅시다.**

(1) 물을 주지 않은 강낭콩 • • ㉠ 싹이 튼다.
(2) 물을 준 강낭콩 • • ㉡ 싹이 트지 않는다.

➋ 씨가 싹 트는 데 온도가 미치는 영향

[4~6] 강낭콩을 올려놓은 페트리접시 두 개에 물을 충분히 주고 어둠상자에 넣은 뒤, 한 페트리접시는 냉장고에 넣고 다른 페트리접시는 따뜻한 곳에 두었습니다.

▲ 냉장고에 넣은 강낭콩

▲ 따뜻한 곳에 둔 강낭콩

4 **위 실험에서 다르게 한 조건은 어느 것입니까?** (　　　)

① 공기　　② 온도　　③ 물의 양
④ 빛의 양　　⑤ 페트리접시의 크기

5 **위 실험 결과, 일주일 뒤 싹이 트는 강낭콩을 골라 기호를 써 봅시다.**

(　　　　　)

6 **다음은 위 실험으로 알게 된 점입니다. (　　) 안에 알맞은 말을 써 봅시다.**

씨가 싹 트려면 알맞은 (　　　)이/가 필요하다.

(　　　　　)

- **씨가 싹 트는 데 꼭 필요한 조건이 적힌 카드를 골라 카드에 적힌 숫자를 모두 곱하면 비밀번호가 나온다고 합니다. 비밀번호를 써 봅시다.**

1 공기가 없어야 합니다.

2 온도가 알맞아야 합니다.

3 강한 햇빛이 필요합니다.

4 강한 바람이 필요합니다.

5 적당한 양의 물이 필요합니다.

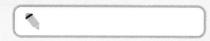

공부한 날 : 월 일

식물이 자라는 데 필요한 조건

만화로 생각 열기

내 교과서 7종 공통

활동 1 식물이 자라는 데 물이 미치는 영향 알아보기

과정 및 결과

실험 동영상

1 식물이 자라는 데 물이 미치는 영향을 알아보는 실험에서 다르게 할 조건과 같게 할 조건을 이야기해 봅시다.

다르게 할 조건	물의 양
같게 할 조건	공기, 온도, 햇빛의 양, 흙, 식물의 종류, 식물이 자란 정도, 화분의 크기, 화분을 놓는 장소 등

✔ **설계** 계획을 세움.

2 강낭콩이 자라는 데 물이 미치는 영향을 알아보는 실험을 ✔설계해 봅시다.

화분에 물을 줄 때 물을 너무 자주 주거나 많이 주면 뿌리가 썩을 수 있으니 주의해요.

❶ 비슷한 크기로 자란 강낭콩 화분 두 개를 햇빛이 잘 드는 창가에 놓습니다.
❷ 한 강낭콩 화분에는 물을 주지 않고 다른 강낭콩 화분에는 꾸준히 물을 줍니다.

화분에 물을 줄 때에는 흙이 흠뻑 젖을 정도로 주어요.

▲ 물을 주지 않은 것 ▲ 물을 준 것

3 설계한 대로 강낭콩을 기르면서 일주일 동안 강낭콩의 변화를 관찰해 봅시다.

물을 주지 않은 강낭콩

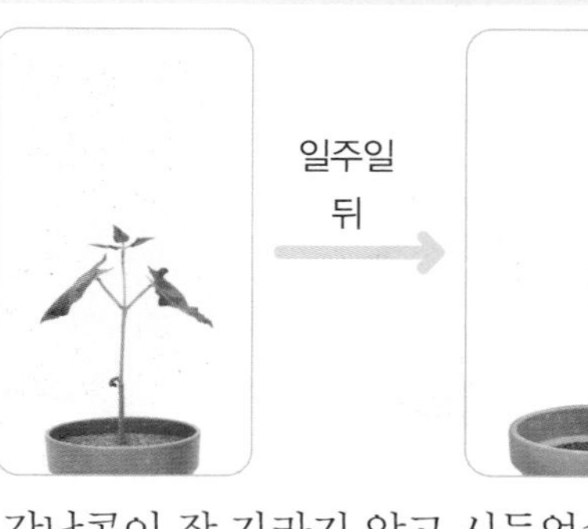

강낭콩이 잘 자라지 않고 시들었습니다.

물을 준 강낭콩

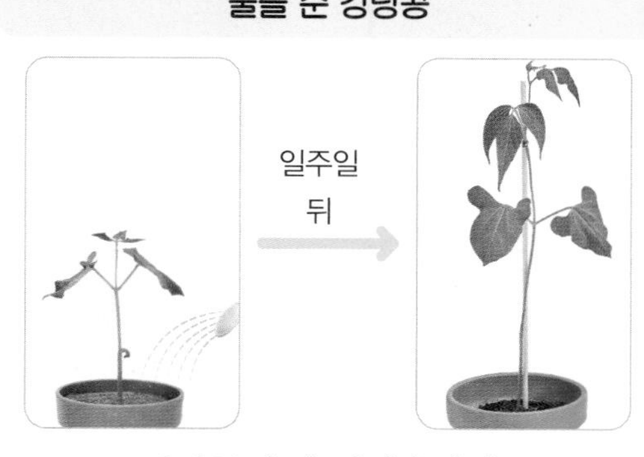

강낭콩이 잘 자랐습니다.

정리 **물을 주지 않은 강낭콩과 물을 준 강낭콩의 변화를 관찰하여 알게 된 식물이 자라는 데 필요한 조건은 무엇일까요?**

➔ 식물이 자라려면 적당한 양의 물이 필요합니다.

내 교과서 비상교육, 미래엔, 아이스크림, 지학사, 천재(이), 천재(정)

활동 2 식물이 자라는 데 햇빛이 미치는 영향 알아보기

과정 및 결과

실험 동영상

1 식물이 자라는 데 햇빛이 미치는 영향을 알아보는 실험에서 다르게 할 조건과 같게 할 조건을 이야기해 봅시다.

다르게 할 조건	햇빛의 양
같게 할 조건	온도, 흙, 물의 양, 식물의 종류, 식물이 자란 정도, 화분의 크기, 화분을 놓는 장소 등

2 강낭콩이 자라는 데 햇빛이 미치는 영향을 알아보는 실험을 설계해 봅시다.

화분에 물을 줄 때는 어두운 곳에서 주어 어둠상자에서 화분을 꺼내도 빛의 영향을 받지 않게 해요.

❶ 비슷한 크기로 자란 강낭콩 화분 두 개에 같은 양의 물을 주고 햇빛이 잘 드는 창가에 놓습니다.

❷ 한 강낭콩 화분에는 어둠상자를 씌우지 않고 다른 강낭콩 화분에는 어둠상자를 씌웁니다.

▲ 어둠상자를 씌우지 않는 것 ▲ 어둠상자를 씌운 것

3 설계한 대로 강낭콩을 기르면서 일주일 동안 강낭콩의 변화를 관찰해 봅시다.

어둠상자를 씌우지 않은 강낭콩	어둠상자를 씌운 강낭콩

잎의 색깔이 진하고 줄기가 굵게 자랐습니다.	잎의 색깔이 연하고 줄기가 가늘게 자랐습니다.

정리 어둠상자를 씌우지 않은 강낭콩과 어둠상자를 씌운 강낭콩의 변화를 관찰하여 알게 된 식물이 자라는 데 필요한 조건은 무엇일까요?

➜ 식물이 자라려면 적당한 양의 햇빛이 필요합니다.

개념 이해하기

1 식물이 자라는 데 물이 미치는 영향

다르게 할 조건	물의 양	
같게 할 조건	온도, 흙, 햇빛의 양, 식물의 종류, 식물이 자란 정도, 화분의 크기 등	
실험 결과	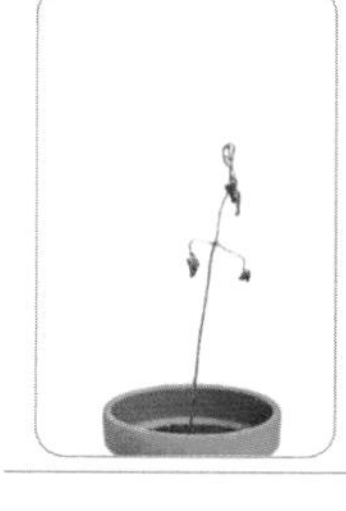 물을 주지 않은 강낭콩은 시들고 잘 자라지 않습니다.	 물을 준 강낭콩은 잘 자랍니다.
알게 된 점	식물이 자라려면 적당한 양의 물이 필요합니다.	

식물이 자라는 데 필요한 조건을 알아보는 실험을 할 때에는 알아보려는 조건만 다르게 하고 나머지 조건은 같게 해요.

22 일차

2 식물이 자라는 데 햇빛이 미치는 영향

다르게 할 조건	햇빛의 양	
같게 할 조건	물의 양, 온도, 흙, 식물의 종류, 식물이 자란 정도, 화분의 크기 등	
실험 결과	 어둠상자를 씌우지 않은 강낭콩은 잘 자랍니다.	 어둠상자를 씌운 강낭콩은 잘 자라지 않습니다.
알게 된 점	식물이 자라려면 적당한 양의 햇빛이 필요합니다.	

식물이 자라려면 물과 햇빛 외에 알맞은 온도, 양분 등도 필요해요.

3 식물이 자라는 데 필요한 조건

식물이 자라려면 적당한 양의 물과 햇빛 등이 필요합니다.

• 물, 햇빛 등 식물이 자라는 데 필요한 조건 중 하나라도 알맞지 않으면 식물이 잘 자라지 못합니다.

| 정답과 해설 • 14쪽

✔ 식물이 자라는 데 물과 햇빛이 미치는 영향

구분	❶ ☐ 이 미치는 영향 알아보기	❷ ☐☐ 이 미치는 영향 알아보기
실험 결과	• 물을 주지 않은 것은 잘 자라지 않습니다. • 물을 준 것은 잘 자랍니다.	• 어둠상자를 씌우지 않은 것은 잘 자랍니다. • 어둠상자를 씌운 것은 잘 자라지 않습니다.
알게 된 점	식물이 자라려면 적당한 양의 물이 필요합니다.	식물이 자라려면 적당한 양의 햇빛이 필요합니다.

✔ **식물이 자라는 데 필요한 조건**: 적당한 양의 ❸ ☐, 적당한 양의 ❹ ☐☐

문제로 완성하기

[1~3] 비슷한 크기로 자란 강낭콩 화분 두 개를 햇빛이 잘 드는 창가에 놓은 뒤, 다음과 같이 한 화분에만 물을 주면서 일주일 동안 강낭콩의 변화를 관찰하였습니다.

▲ 물을 주지 않은 것

▲ 물을 준 것

식물이 자라는 데 물이 미치는 영향

1 **위 실험에서 다르게 한 조건은 어느 것입니까?** (　　　)

① 온도　② 흙의 양　③ 물의 양
④ 햇빛의 양　⑤ 식물의 종류

2 **위 실험 결과로 옳은 것을 보기 에서 골라 기호를 써 봅시다.**

보기
㉠ 물을 준 강낭콩만 잘 자란다.
㉡ 물을 주지 않은 강낭콩만 잘 자란다.
㉢ 물을 준 강낭콩과 물을 주지 않은 강낭콩 모두 시든다.
㉣ 물을 준 강낭콩과 물을 주지 않은 강낭콩 모두 잘 자란다.

(　　　　　)

3 **위 실험 결과로 알 수 있는 것은 어느 것입니까?** (　　　)

① 식물이 자라려면 흙이 필요하다.
② 식물이 자라려면 햇빛이 필요하다.
③ 식물이 자라는 데 물은 영향을 주지 않는다.
④ 식물이 자라려면 적당한 양의 물이 필요하다.
⑤ 식물이 자라는 데 온도는 영향을 주지 않는다.

[4~5] 비슷한 크기로 자란 강낭콩 화분 두 개에 같은 양의 물을 주고 햇빛이 잘 드는 창가에 놓은 뒤, 오른쪽과 같이 한 화분에만 어둠상자를 씌우고 일주일 동안 강낭콩의 변화를 관찰하였습니다.

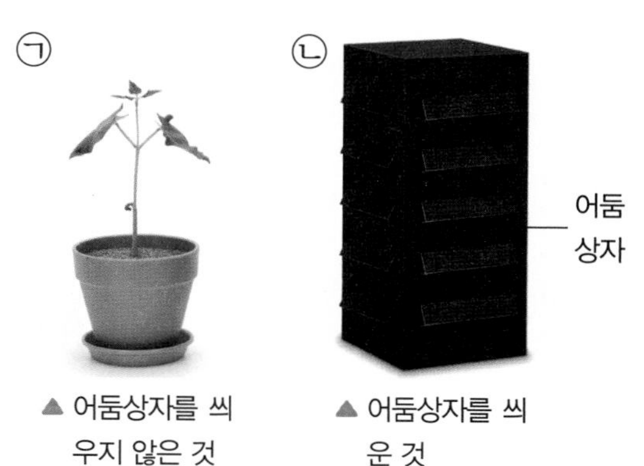
㉠
㉡
어둠
상자
▲ 어둠상자를 씌우지 않은 것 ▲ 어둠상자를 씌운 것

완성
22
일차

➋ 식물이 자라는 데 햇빛이 미치는 영향

4 **식물이 자라는 데 필요한 조건 중 위 실험으로 알아보려는 것은 무엇인지 써 봅시다.**

( )

5 **위 실험 결과, 일주일 뒤 잎의 색깔이 진하고 줄기가 굵게 자라는 강낭콩을 골라 기호를 써 봅시다.**

( )

➋ 식물이 자라는 데 필요한 조건

6 **식물이 자라는 데 꼭 필요한 조건을 두 가지 골라 써 봅시다.** (,)

① 어둠상자 ② 강한 바람 ③ 크기가 큰 화분
④ 적당한 양의 물 ⑤ 적당한 양의 햇빛

퀴즈로 마무리하기

| 정답과 해설 • 14쪽

• **식물이 자라는 데 필요한 조건에 대한 옳은 내용이 적힌 징검돌만 밟아서 징검다리를 건너려고 합니다. 밟아야 하는 징검돌을 따라 선을 연결해 봅니다.**

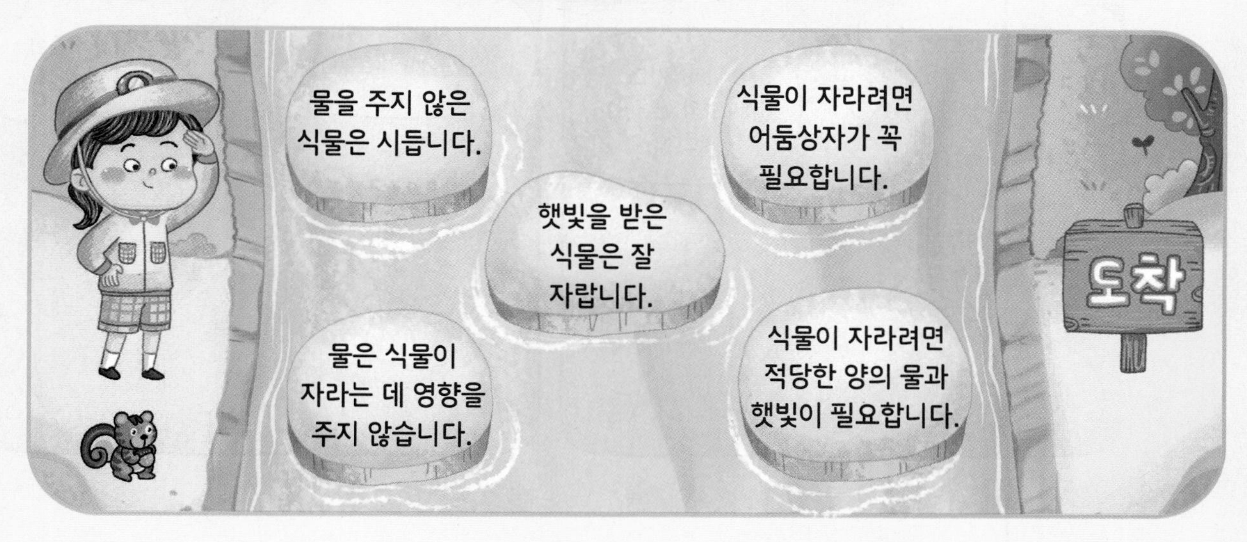
물을 주지 않은 식물은 시듭니다.
식물이 자라려면 어둠상자가 꼭 필요합니다.
햇빛을 받은 식물은 잘 자랍니다.
물은 식물이 자라는 데 영향을 주지 않습니다.
식물이 자라려면 적당한 양의 물과 햇빛이 필요합니다.
도착

여러 가지 식물의 한살이

만화로 생각 열기

탐구로 시작하기

내 교과서 7종 공통

23 일차

활동 여러 가지 식물의 한살이 조사하기

과정 및 결과

1 강낭콩의 한살이를 조사해 봅시다.

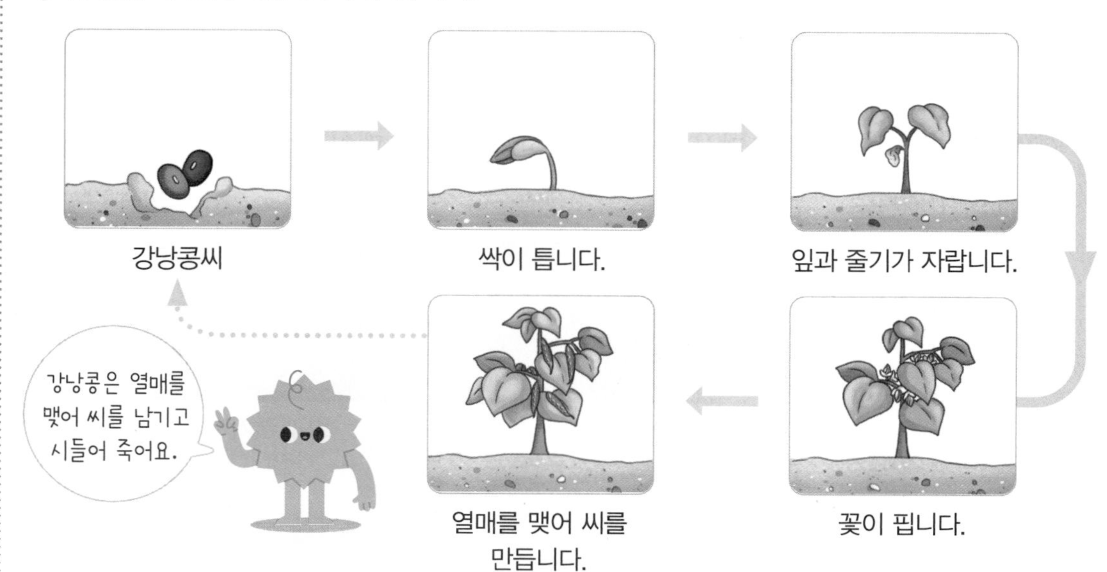

강낭콩씨
싹이 틉니다.
잎과 줄기가 자랍니다.
꽃이 핍니다.
열매를 맺어 씨를 만듭니다.

강낭콩은 열매를 맺어 씨를 남기고 시들어 죽어요.

2 감나무의 한살이를 조사해 봅시다.

감나무는 겨울이 되어도 죽지 않고 여러 해 동안 살아요.

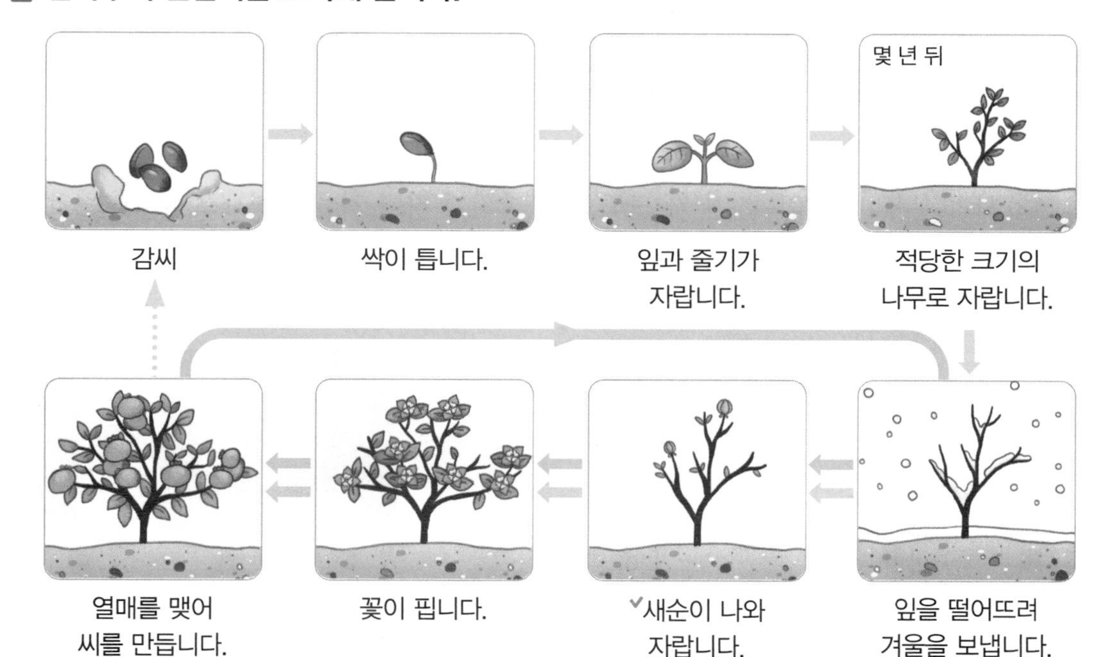

감씨
싹이 틉니다.
잎과 줄기가 자랍니다.
몇 년 뒤
적당한 크기의 나무로 자랍니다.
잎을 떨어뜨려 겨울을 보냅니다.
✓새순이 나와 자랍니다.
꽃이 핍니다.
열매를 맺어 씨를 만듭니다.

✔ **새순** 새로 돋아 나온 연한 싹

정리 강낭콩과 감나무의 한살이를 비교할 때 공통점과 차이점은 무엇일까요?

➜ 공통점: 씨를 만들어 자손을 남깁니다.

➜ 차이점: 강낭콩은 한 해 안에 한살이를 마치고 죽지만, 감나무는 여러 해 동안 살면서 한살이의 일부를 반복합니다.

개념 이해하기

1 식물의 한살이

식물의 씨에서 싹 트고 자라서 꽃이 피고 열매를 맺어 다시 씨를 만드는 과정을 식물의 한살이라고 합니다. → 식물은 씨를 만들어 자손을 남깁니다.

2 벼와 사과나무의 한살이

① 벼의 한살이: 씨가 싹 터서 자라 꽃이 피고 열매를 맺어 씨를 만든 뒤 시들어 죽습니다.

볍씨
싹이 틉니다.
잎과 줄기가 자랍니다.
꽃이 핍니다.
열매를 맺어 씨를 만듭니다.
벼는 한 해 안에 한살이를 마쳐요.

사과씨가 싹 터서 자라 열매를 맺을 수 있는 나무로 자라기까지 10년 정도 걸려요.

② 사과나무의 한살이: 씨가 싹 트고 잎과 줄기가 자라 겨울을 보내고 몇 년 뒤 적당한 크기의 나무로 자라면, 해마다 꽃이 피고 열매를 맺어 씨를 만드는 과정을 반복합니다.

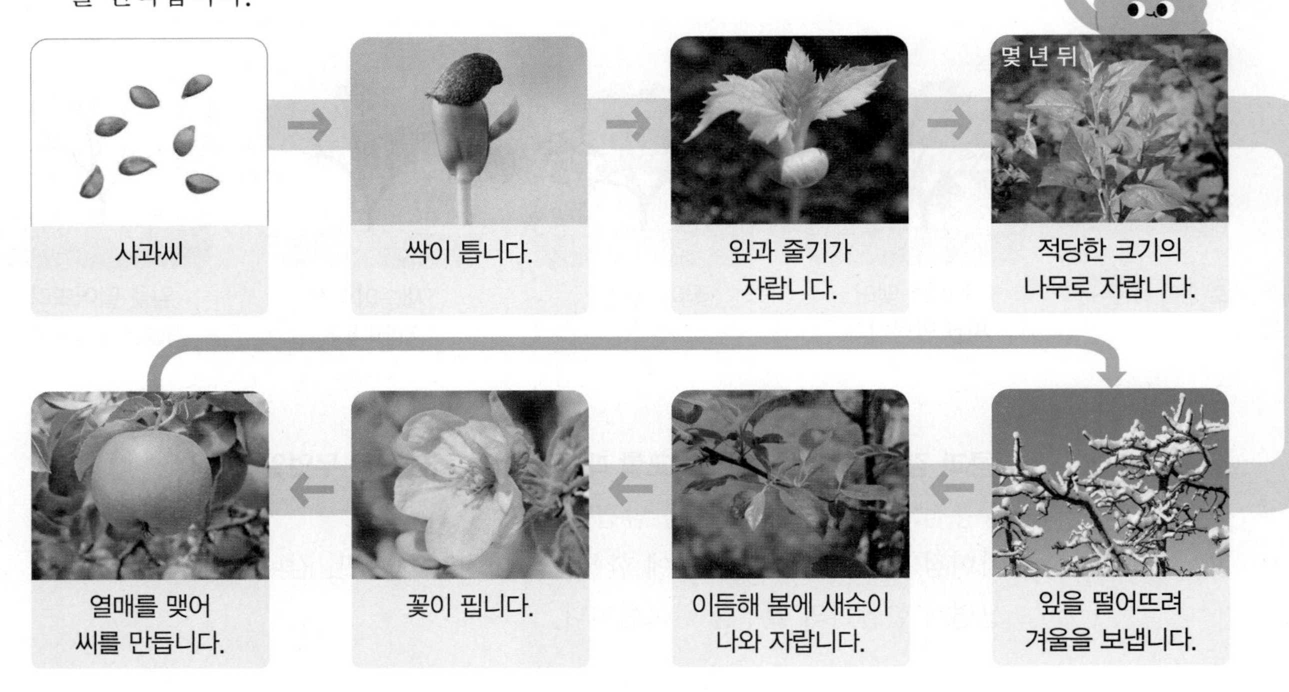

사과씨
싹이 틉니다.
잎과 줄기가 자랍니다.
몇 년 뒤
적당한 크기의 나무로 자랍니다.
잎을 떨어뜨려 겨울을 보냅니다.
이듬해 봄에 새순이 나와 자랍니다.
꽃이 핍니다.
열매를 맺어 씨를 만듭니다.

3 한해살이식물과 여러해살이식물

① 한해살이식물: 한 해 안에 한살이를 마치고 죽는 식물입니다.

예 옥수수, 강낭콩, 봉숭아, 고추, 벼, 무, 해바라기

▲ 옥수수

▲ 강낭콩

▲ 봉숭아

▲ 고추

② 여러해살이식물: 여러 해 동안 살면서 한살이의 일부를 반복하는 식물입니다.

예 감나무, 무궁화, 개나리, 민들레, 사과나무, 복숭아나무 → 나무는 모두 여러해살이 식물입니다.

▲ 감나무

▲ 무궁화

▲ 개나리

▲ 민들레

풀은 대부분 한해살이식물이지만, 민들레나 비비추처럼 여러해살이식물도 있습니다.

③ 한해살이식물과 여러해살이식물의 한살이 비교

구분	한해살이식물	여러해살이식물
공통점	한살이를 거치며 씨를 만들어 자손을 남깁니다.	
차이점	한 해 안에 씨가 싹 터서 자라 꽃을 피우고 열매를 맺어 씨를 만든 뒤 한살이를 마칩니다.	여러 해 동안 살면서 해마다 꽃을 피우고 열매를 맺어 씨를 만드는 과정을 반복합니다.

식물의 종류에 따라 한살이 기간과 과정이 달라요.

핵심 개념 확인하기

| 정답과 해설 • 15쪽

한해살이식물과 여러해살이식물

구분	❶ ☐☐☐☐ 식물	❷ ☐☐☐☐☐ 식물
의미	한 해 안에 한살이를 마치고 죽는 식물	여러 해 동안 살면서 한살이의 일부를 반복하는 식물
식물의 예	벼, 강낭콩, 옥수수, 봉숭아, 고추, 무, 해바라기 등	사과나무, 감나무, 민들레, 무궁화, 개나리, 비비추 등
공통점	한살이를 거치며 ❸ ☐ 를 만들어 자손을 남깁니다.	
차이점	한 해 안에 씨가 싹 터서 자라 열매를 맺어 씨를 만든 뒤 한살이를 ❹ ☐☐☐☐.	여러 해 동안 살면서 꽃을 피우고 열매를 맺어 씨를 만드는 과정을 ❺ ☐☐☐☐☐.

문제로 완성하기

▶ 벼의 한살이

1 **다음은 벼의 한살이 과정을 순서에 관계없이 나타낸 것입니다. 벼의 한살이 과정에 맞게 순서대로 기호를 써 봅시다.**

볍씨 → (　　　　　) → (　　　　　) → (　　　　　) → (　　　　　)

▶ 사과나무의 한살이

2 **오른쪽 사과나무의 한살이에 대한 설명으로 옳은 것은 어느 것입니까? (　　　)**

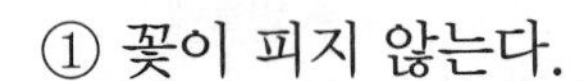

① 꽃이 피지 않는다.
② 자손을 남기지 않는다.
③ 한 해 안에 한살이를 마친다.
④ 열매를 맺어 씨를 만든 뒤 죽는다.
⑤ 적당한 크기의 나무로 자라면 한살이의 일부를 반복한다.

▶ 한해살이식물과 여러해살이식물

3 **다음 (　　) 안에 알맞은 말을 각각 써 봅시다.**

> 한 해 안에 한살이를 마치는 식물을 (㉠)(이)라 하고, 여러 해 동안 살면서 한살이의 일부를 반복하는 식물을 (㉡)(이)라고 한다.

㉠: (　　　　　　　　)
㉡: (　　　　　　　　)

4 **다음 (　　) 안의 알맞은 말에 ○표 해 봅시다.**

> (강낭콩 , 감나무)은/는 씨가 싹 터서 자라 겨울을 보내며 죽지 않고 살아남는다.

5 다음 식물을 한해살이식물과 여러해살이식물로 분류하여 각각 기호를 써 봅시다.

㉠ ▲ 무궁화 ㉡ ▲ 옥수수 ㉢ ▲ 봉숭아

(1) 한해살이식물: (   )

(2) 여러해살이식물: (   )

6 다음 (   ) 안에 공통으로 들어갈 알맞은 말을 써 봅시다.

> 한해살이식물과 여러해살이식물은 모두 (   )이/가 싹 터서 자라 꽃이 피고 열매를 맺어 (   )을/를 만든다.

(   )

퀴즈로 마무리하기

| 정답과 해설 • 15쪽

• **한해살이식물이 적혀 있는 풍선에 매달려 있는 자음자와 모음자를 이용하여 낱말을 만들 수 있습니다. 만들 수 있는 낱말을 써 봅니다.**

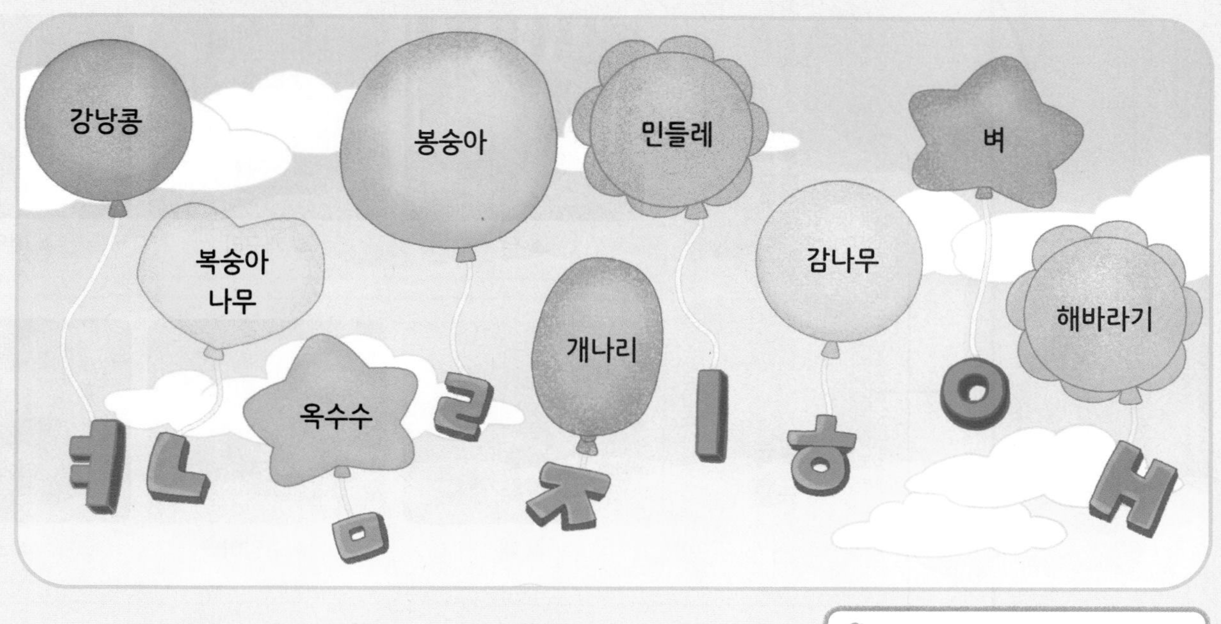

24일차 생각 그물로 정리하기

● 다음 빈칸에 들어갈 내용을 써서 생각 그물을 완성해 보세요.

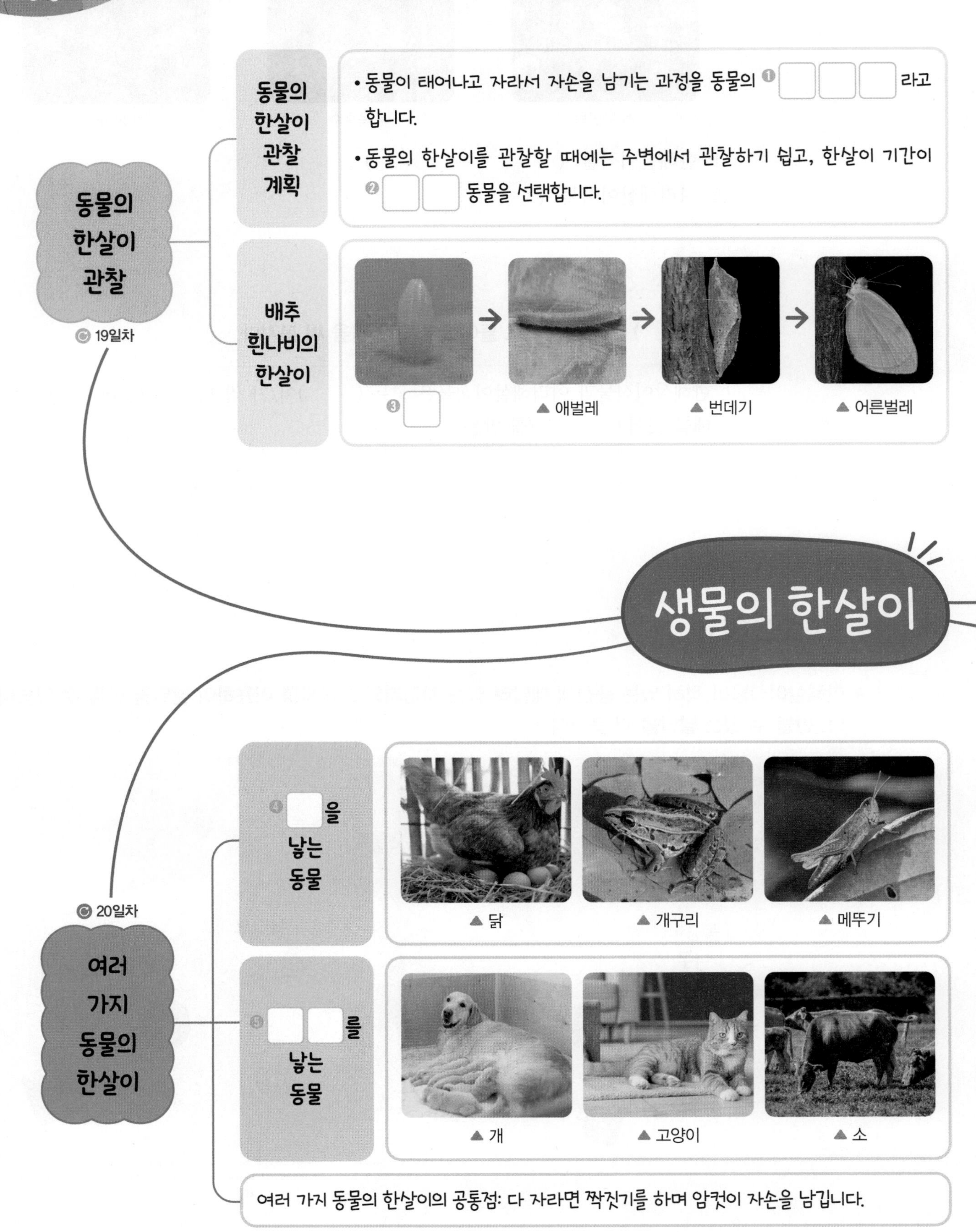

생물의 한살이
동물의 한살이 관찰
19일차
동물의 한살이 관찰 계획
• 동물이 태어나고 자라서 자손을 남기는 과정을 동물의 ❶ ☐☐☐ 라고 합니다.
• 동물의 한살이를 관찰할 때에는 주변에서 관찰하기 쉽고, 한살이 기간이 ❷ ☐☐ 동물을 선택합니다.
배추흰나비의 한살이
❸ ☐
▲ 애벌레
▲ 번데기
▲ 어른벌레
20일차
여러 가지 동물의 한살이
❹ ☐을 낳는 동물
▲ 닭
▲ 개구리
▲ 메뚜기
❺ ☐☐를 낳는 동물
▲ 개
▲ 고양이
▲ 소
여러 가지 동물의 한살이의 공통점: 다 자라면 짝짓기를 하며 암컷이 자손을 남깁니다.

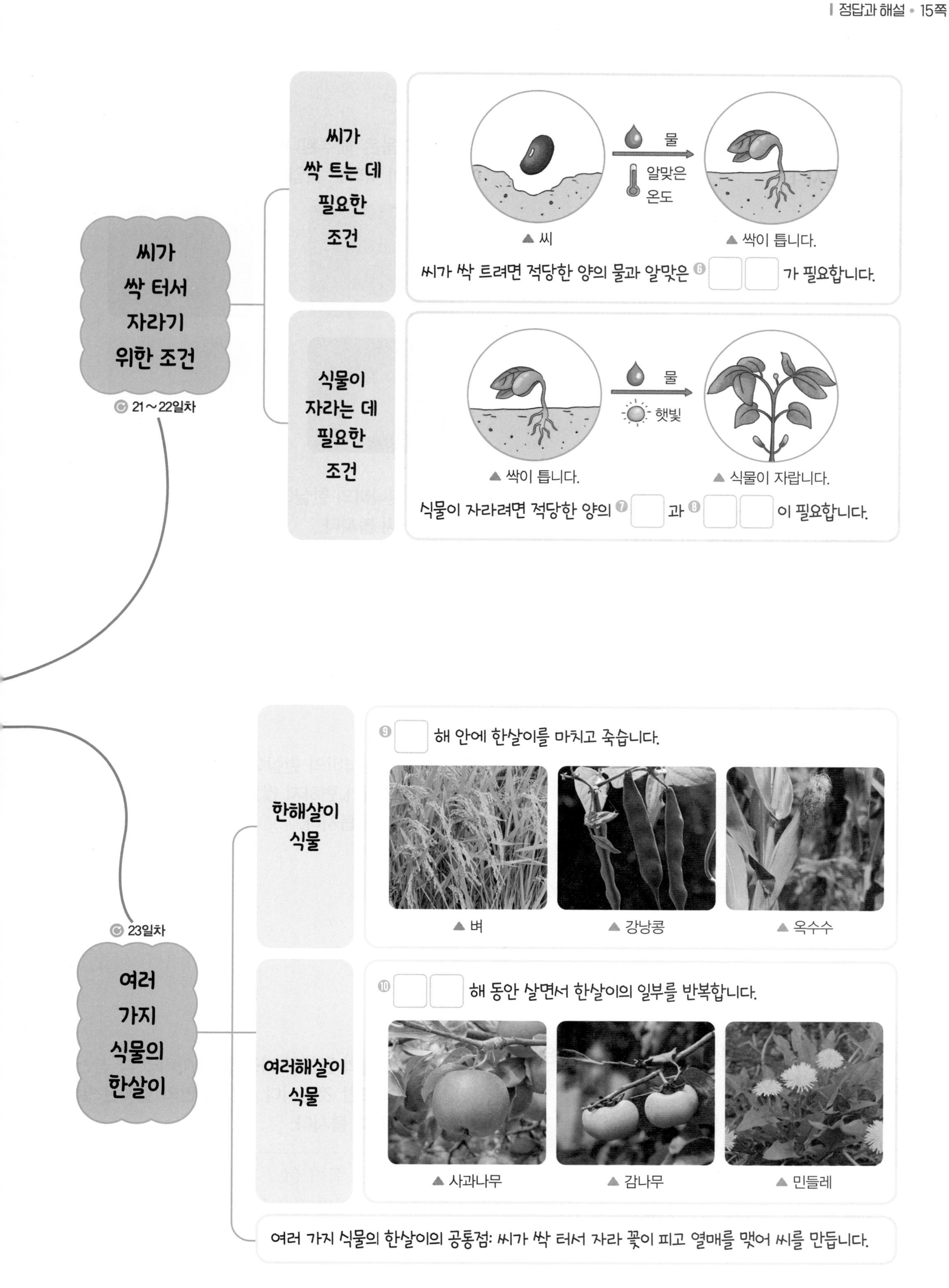
씨가 싹 터서 자라기 위한 조건
21~22일차
씨가 싹 트는 데 필요한 조건
물
알맞은 온도
▲ 씨
▲ 싹이 틉니다.
씨가 싹 트려면 적당한 양의 물과 알맞은 ⑥ [ ][ ] 가 필요합니다.
식물이 자라는 데 필요한 조건
물
햇빛
▲ 싹이 틉니다.
▲ 식물이 자랍니다.
식물이 자라려면 적당한 양의 ⑦ [ ] 과 ⑧ [ ][ ] 이 필요합니다.
23일차
여러 가지 식물의 한살이
한해살이 식물
⑨ [ ] 해 안에 한살이를 마치고 죽습니다.
▲ 벼
▲ 강낭콩
▲ 옥수수
여러해살이 식물
⑩ [ ][ ] 해 동안 살면서 한살이의 일부를 반복합니다.
▲ 사과나무
▲ 감나무
▲ 민들레
여러 가지 식물의 한살이의 공통점: 씨가 싹 터서 자라 꽃이 피고 열매를 맺어 씨를 만듭니다.

(맞은 개수 개)

1 한살이를 관찰하기에 알맞은 동물을 두 가지 골라 써 봅시다. (,)

① 곰 ② 고래
③ 바다거북 ④ 장수풍뎅이
⑤ 배추흰나비

2 배추흰나비를 기를 때 주의할 점으로 옳은 것을 보기 에서 골라 기호를 써 봅시다.

보기
㉠ 배추흰나비 알이나 애벌레는 손으로 집어서 옮긴다.
㉡ 먹이가 되는 식물이 시들지 않도록 물을 충분히 준다.
㉢ 해충을 없애기 위해 사육 상자 주변에 살충제를 뿌린다.

( )

중요

3 배추흰나비의 한살이를 관찰한 내용으로 옳은 것은 어느 것입니까? ( )

① 애벌레는 움직이지 않는다.
② 알은 허물을 벗으며 크기가 커진다.
③ 번데기의 몸 색깔은 주변 색깔과 비슷하다.
④ 애벌레가 다 자라면 바로 어른벌레가 된다.
⑤ 어른벌레는 날개 한 쌍, 다리 두 쌍이 있다.

[4~5] 다음은 배추흰나비의 한살이 과정을 순서에 관계없이 나타낸 것입니다.

㉠ 
㉡ 
㉢ 
㉣ 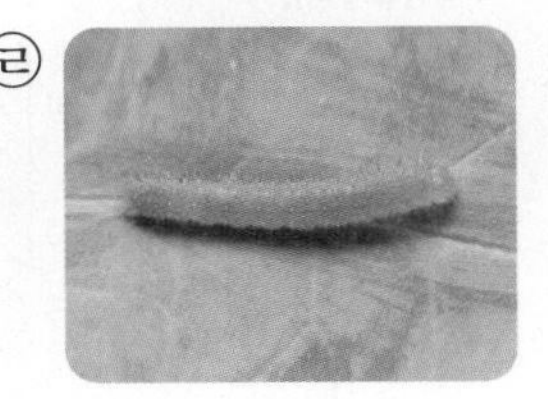

중요

4 배추흰나비의 한살이 과정에 맞게 순서대로 기호를 써 봅시다.

㉠ → ( ) → ( ) → ( )

5 위 배추흰나비의 한살이 과정 중 먹이를 먹지 않고 크기가 변하지 않는 단계를 두 가지 골라 기호를 써 봅시다.

( )

6 다음은 닭의 한살이 과정 중 병아리와 다 자란 닭을 비교한 것입니다. ( ) 안의 알맞은 말에 ○표 해 봅시다.

병아리는 몸이 ㉠ (깃털 , 솜털)로 덮여 있고, 다 자란 닭은 몸이 ㉡ (깃털 , 솜털)로 덮여 있다.

7 **다음 동물들의 한살이를 비교할 때 공통점으로 옳은 것은 어느 것입니까?** (　　　)

▲ 장수풍뎅이

▲ 개구리

▲ 메뚜기

▲ 연어

① 알을 낳는다.
② 새끼를 낳는다.
③ 한살이 기간이 같다.
④ 번데기 단계를 거친다.
⑤ 알을 낳는 장소가 같다.

8 **개의 한살이 과정 중 갓 태어난 강아지에 대한 설명으로 옳지 않은 것은 어느 것입니까?** (　　　)

① 귀가 막혀 있다.
② 어미젖을 먹는다.
③ 눈을 뜨지 못한다.
④ 걷거나 뛰지 못한다.
⑤ 이빨로 먹이를 씹어 먹는다.

서술형

9 **다음 닭과 개가 자손을 남기는 방법을 비교하여 차이점을 써 봅시다.**

▲ 닭

▲ 개

____

____

24 일차

중요

10 **다음 실험으로 알 수 있는 것은 어느 것입니까?** (　　　)

페트리접시 두 개에 탈지면을 깔고 강낭콩을 올려놓은 뒤, 한쪽 페트리접시에만 물을 주면서 일주일 동안 강낭콩의 변화를 관찰합니다.

▲ 물을 주지 않은 것

▲ 물을 준 것

① 씨가 싹 트려면 탈지면이 필요하다.
② 온도는 씨가 싹 트는 데 영향을 미친다.
③ 씨가 싹 트려면 알맞은 온도가 필요하다.
④ 씨가 싹 트려면 적당한 양의 물이 필요하다.
⑤ 물은 씨가 싹 트는 데 영향을 미치지 않는다.

11 다음은 씨가 싹 트는 데 필요한 조건을 알아보는 실험입니다. 이 실험에 대해 옳게 말한 사람의 이름을 써 봅시다.

강낭콩을 올려놓은 페트리접시 두 개에 물을 충분히 주고 어둠상자에 넣은 뒤 한 페트리접시는 냉장고에, 다른 페트리접시는 따뜻한 곳에 두었습니다.

▲ 냉장고에 넣은 것

▲ 따뜻한 곳에 둔 것

- 은비: 다르게 한 조건은 물의 양이야.
- 가람: 일주일 뒤 냉장고에 넣은 강낭콩만 싹이 터.
- 은수: 씨가 싹 트는 데 온도가 미치는 영향을 알아보는 실험이야.

( )

12 씨가 싹 트는 데 꼭 필요한 조건을 보기 에서 두 가지 골라 기호를 써 봅시다.

보기
㉠ 강한 바람
㉡ 알맞은 온도
㉢ 크기가 큰 화분
㉣ 적당한 양의 물

( )

[13~14] 비슷한 크기로 자란 강낭콩 화분 두 개를 햇빛이 잘 드는 창가에 놓은 뒤, 한 화분에만 물을 주면서 일주일 동안 강낭콩의 변화를 관찰하였습니다.

㉠ 
▲ 물을 주지 않은 것

㉡ 
▲ 물을 준 것

13 위 실험 결과 잘 자라는 강낭콩을 골라 기호를 써 봅시다.

( )

서술형

14 위 실험 결과로 알 수 있는 식물이 자라는 데 필요한 조건을 써 봅시다.

____

____

중요

15 식물이 자라는 데 햇빛이 미치는 영향을 알아보는 실험을 할 때 다르게 할 조건은 어느 것입니까? ( )

① 온도 ② 물의 양
③ 흙의 양 ④ 햇빛의 양
⑤ 식물의 종류

16 식물이 자라는 데 햇빛이 미치는 영향을 알아보는 실험 결과입니다. 햇빛을 받은 강낭콩은 어느 것인지 기호를 써 봅시다.

㉠ 
▲ 잘 자라지 않았습니다.

㉡  
▲ 잘 자랐습니다.

(   )

17 다음과 같은 한살이 과정을 거치는 식물은 어느 것입니까? (   )

> 한 해 안에 씨가 싹 터서 자라 열매를 맺어 씨를 만든 뒤 한살이를 마친다.

① 
▲ 민들레

② 
▲ 강낭콩

③ 
▲ 무궁화

④ 
▲ 감나무

중요

18 사과나무의 한살이에 대한 설명으로 옳은 것을 보기 에서 골라 기호를 써 봅시다.

보기

㉠ 겨울이 되면 시들어 죽는다.
㉡ 열매를 맺어 씨를 만든 후 한살이를 마친다.
㉢ 여러 해 동안 살면서 해마다 한살이의 일부를 반복한다.

(   )

서술형

19 벼와 사과나무 한살이의 공통점을 써 봅시다.

____

____

20 여러 가지 식물의 한살이에 대한 설명으로 옳은 것은 어느 것입니까? (   )

① 여러해살이식물은 한 해만 산다.
② 식물의 한살이 기간은 모두 같다.
③ 식물은 씨를 만들어 자손을 남긴다.
④ 한해살이식물은 해마다 새순이 나와서 자란다.
⑤ 개나리는 한해살이식물이고, 옥수수는 여러해살이식물이다.

MEMO

생생한 과학의 즐거움!
과학은 역시!

과학은 역시 오투!!

2022 개정 교육과정

생생한 과학의 즐거움!

과학은 역시!

오투 정답과 해설

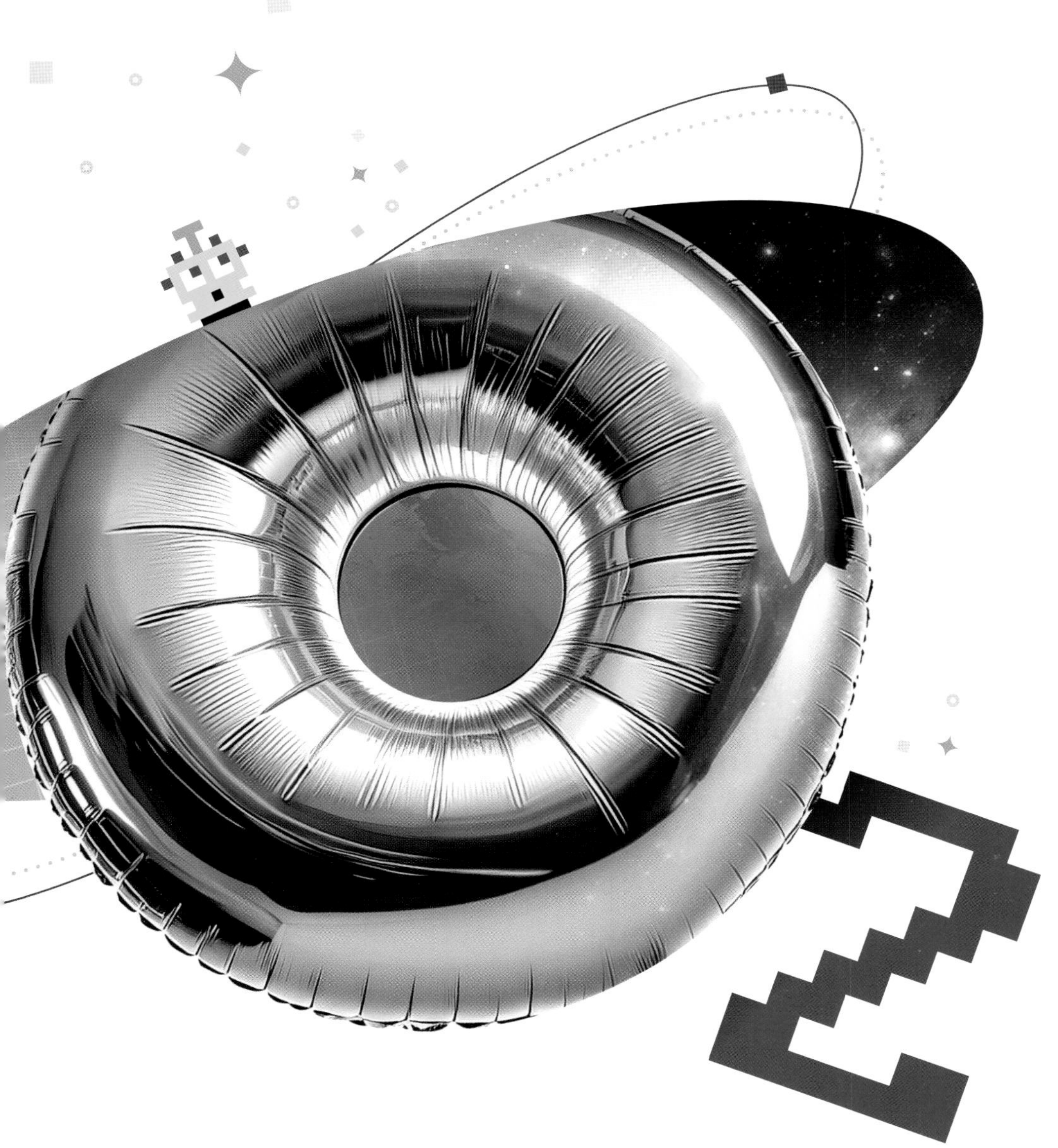

초등과학

3-1

visang

ABOVE IMAGINATION

우리는 남다른 상상과 혁신으로
교육 문화의 새로운 전형을 만들어
모든 이의 행복한 경험과 성장에 기여한다

오투

정답과 해설

초등과학

3·1

정답과 해설 진도책

1. 힘과 우리 생활

01일차 힘과 관련된 현상

핵심 개념 확인하기 11쪽

❶ 움직임 ❷ 모양 ❸ 큰

문제로 완성하기 12~13쪽

1 ③, ⑤ **2** ㉡ **3** 현아
4 (1) ㉡ (2) ㉠ **5** ㉢

퀴즈로 마무리하기

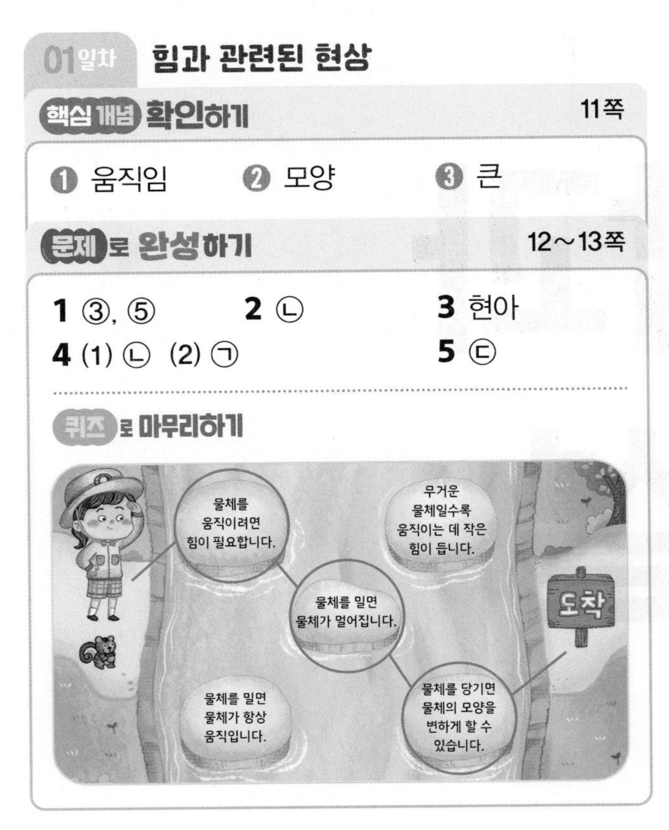

물체를 움직이려면 힘이 필요합니다.
무거운 물체일수록 움직이는 데 작은 힘이 듭니다.
물체를 밀면 물체가 멀어집니다.
도착
물체를 밀면 물체가 항상 움직입니다.
물체를 당기면 물체의 모양을 변하게 할 수 있습니다.

1 그네를 미는 모습, 반죽을 누르는 모습, 나무판을 치는 모습은 물체를 미는 모습입니다. 물체에 힘을 주어 물체의 움직임이 변한 경우에 물체가 멀어지면 물체를 민 것이고, 물체가 가까워지면 물체를 당긴 것입니다.

2 물체를 밀면 물체가 멀어지고 물체를 당기면 물체가 가까워집니다.

3 문이 열리거나 공이 날아가는 것은 물체의 움직임이 변한 경우입니다.

오답 바로잡기

- 선재: 힘을 주어 문을 당겼더니 문이 열렸어.
  ↳ 문이 열리는 것은 문의 움직임이 변한 것입니다.
- 지수: 힘을 주어 공을 던졌더니 공이 날아갔어.
  ↳ 공이 날아간 것은 공의 움직임이 변한 것입니다.

4 상자에 넣은 책의 개수가 많을수록 무겁습니다.

5 물체를 밀거나 당겨 움직일 때 무거운 물체일수록 움직이는 데 큰 힘이 듭니다. 상자에 들어 있는 책이 많을수록 무거운 물체이므로 책의 수가 많을수록 움직일 때 큰 힘이 듭니다.

02일차 수평 잡기로 무게 비교하기

핵심 개념 확인하기 17쪽

❶ 수평 ❷ 무게 ❸ 같고
❹ 가까운 ❺ 많은

문제로 완성하기 18~19쪽

1 수평 **2** ④ **3** ④
4 ㉠ **5** 윤서 **6** 풀

퀴즈로 마무리하기

1 수평 잡기로는 물체의 무게를 비교할 수 없습니다.
2 두 물체를 받침점에서 양쪽으로 같은 거리에 올려놓았을 때 기울어진 쪽의 물체가 더 무겁습니다.
3 두 물체를 받침점에서 양쪽으로 같은 거리에 올려놓고 어느 쪽으로 기울어지는지 관찰하면 물체의 무게를 비교할 수 있습니다.
4 두 물체를 받침점에서 양쪽으로 같은 거리에 올려놓았을 때 수평을 이루면 두 물체의 무게는 다릅니다.
5 두 물체를 받침점에서 양쪽으로 다른 거리에 올려놓았을 때 수평을 이루면 받침점에 가까운 물체가 더 무겁습니다.

10

1 어느 한쪽으로 기울지 않고 평평한 상태를 수평이라고 합니다.

2 무게는 물체가 가볍고 무거운 정도로, 지구가 물체를 당기는 힘의 크기입니다.

3 무게가 같은 두 물체로 수평을 잡으려면 받침점에서 양쪽으로 같은 거리에 물체를 각각 올려놓아야 합니다. 따라서 왼쪽 4와 받침점에서 같은 거리인 오른쪽 4에 물체를 올려놓아야 합니다.

4 받침점에서 양쪽으로 같은 거리에 두 물체를 올려놓을 때 나무판이 기울어진다면 기울어진 쪽의 물체가 더 무거운 물체입니다. ㉠과 ㉡을 각각 왼쪽과 오른쪽 3에 올려놓았을 때 ㉠ 쪽으로 나무판이 기울어졌으므로 ㉠이 ㉡보다 무거운 물체입니다.

5 받침점에서 양쪽으로 다른 거리에 앉을 때 시소가 수평을 이루었다면 받침점에 가까이 있는 사람이 더 무겁습니다. 윤서가 준우보다 받침점에 가까이 앉아 있으므로 윤서가 준우보다 무겁습니다.

6 양팔저울이 수평을 이루는 데 필요한 클립의 수가 많을수록 무거운 물체입니다. 따라서 클립의 수가 가장 많은 풀이 가장 무거운 물체입니다.

03일차 저울이 필요한 까닭

핵심 개념 확인하기 23쪽

❶ 저울 ❷ 단위 ❸ 무게
❹ 영점 ❺ 단위

문제로 완성하기 24~25쪽

1 ①, ③ **2** ㉡ **3** ④
4 ㉢, ㉡, ㉠, ㉣ **5** ㉡

퀴즈로 마무리하기

❶저	울	줄	구
❷단	면	❸그	램
소	위	❹영	점
❺체	중	계	❻가
육	력	산	격

1 무게의 단위에는 g(그램), kg(킬로그램) 등이 있습니다.

오답 바로잡기

② m
└> 길이를 비교하는 단위로, 미터라고 읽습니다.
④ cm
└> 길이를 비교하는 단위로, 센티미터라고 읽습니다.
⑤ km
└> 길이를 비교하는 단위로, 킬로미터라고 읽습니다.

2 물체를 손으로 들어 보면 어떤 물체가 더 무거운지는 알 수 있으나 무게 차이를 정확하게 알 수 없습니다. 손으로 들었을 때 사람마다 느끼는 물체의 무게가 다를 수 있기 때문입니다.

3 물체의 무게를 정확하게 비교하려면 저울이 필요합니다.

4 전자저울로 물체의 무게를 잴 때 전자저울을 평평한 곳에 놓고 수평을 맞추고, 전원 단추를 눌러 전자저울을 작동합니다. 그리고 영점 단추를 눌러 영점을 맞춘 후 물체를 올립니다. 이때 화면에 나타난 숫자를 단위와 함께 읽습니다.

5 체중계는 몸무게를 잴 때 사용하는 저울입니다.

04일차 용수철저울로 물체의 무게 비교하기

핵심 개념 확인하기 29쪽

❶ 0 ❷ 용수철 ❸ 눈금
❹ 단위

문제로 완성하기 30~31쪽

1 ② **2** ㉢ **3** ㉡, ㉢, ㉠, ㉣
4 ㉡ **5** ㉡

퀴즈로 마무리하기

1 ㉠은 손잡이, ㉡은 영점 조절 나사, ㉢은 표시 자, ㉣은 눈금, ㉤은 고리입니다.

2 ㉢ 표시 자는 용수철저울에 물체를 걸었을 때 물체의 무게에 해당하는 숫자의 눈금을 가리키는 부분입니다.

3 용수철저울로 물체의 무게를 잴 때에는 스탠드를 평평한 곳에 놓고 용수철저울을 건 뒤 영점을 확인합니다. 이때 영점이 맞지 않으면 영점 조절 나사를 돌려 표시 자가 눈금 '0'을 가리키도록 합니다. 그리고 용수철저울에 물체를 건 뒤 표시 자가 움직이지 않을 때 표시 자와 눈높이를 맞추고 눈금을 단위와 함께 읽습니다.

4 용수철저울의 눈금을 읽을 때에는 표시 자가 움직이지 않을 때 표시 자와 눈높이를 맞추고 읽습니다.

5 용수철저울에 물체를 걸면 물체가 무거울수록 용수철이 많이 늘어나 표시 자가 아래로 내려갑니다. 필통의 무게는 100 g이고, 사인펜의 무게는 130 g이므로 더 무거운 물체는 사인펜입니다.

05일차 힘을 줄여 주는 지레와 빗면

핵심 개념 확인하기 35쪽

❶ 지레 ❷ 빗면 ❸ 작은

문제로 완성하기 36~37쪽

1 ㉡ 2 ② 3 빗면
4 (1) ㉠ (2) ㉡ 5 ③

퀴즈로 마무리하기

병	빗	그	음
뚜	면	지	료
껑	미	레	수
도	구	수	영

1 긴 막대의 한쪽 끝을 눌러 물체를 들어 올리면 직접 들어 올릴 때보다 작은 힘이 느껴집니다.

2 막대의 한 곳을 받치고 작은 힘으로 물체를 움직이게 하는 도구는 지레입니다.

3 비스듬히 기울어진 면을 이용해 작은 힘으로 물체를 움직일 때 이용하는 도구는 빗면입니다.

4 빗면을 이용해 물체를 들어 올리면 직접 들어 올릴 때보다 작은 힘이 듭니다. 용수철저울로 잰 물체의 무게가 ㉠은 200 g, ㉡은 150 g이므로 ㉠이 필통을 직접 들어 올린 결과이고 ㉡이 빗면을 이용해 들어 올린 결과입니다.

5 장도리, 가위, 손톱깎이는 지레를 이용하는 예이고, 나사못은 빗면을 이용하는 예입니다.

06일차

생각 그물로 정리하기 38~39쪽

❶ 힘 ❷ 큰 ❸ 같은
❹ 가까이 ❺ 같습니다 ❻ 무겁습니다
❼ 저울 ❽ 용수철 ❾ 작은
❿ 지레

단원 평가하기 40~43쪽

1 ③ 2 ㉠ 3 ㉠, ㉢, ㉡
4 모범 답안 무게가 같은 두 물체로 수평을 잡으려면 두 물체를 받침점에서 양쪽으로 같은 거리에 놓아야 한다.
5 ㉡ 6 ③ 7 ⑤
8 (1) 풀 (2) 지우개 9 ⑤
10 ② 11 ④ 12 ㉡
13 ㉠, ㉢ 14 ㉡ 15 ①
16 모범 답안 무게를 재기 전에 영점을 맞추어야 물체의 무게를 정확하게 잴 수 있기 때문이다.
17 ④ 18 ㉠ 19 ④
20 모범 답안 작은 힘으로 높은 산을 오를 수 있다.

1 ①은 용수철 장난감을 당기는 모습, ②는 바퀴가 달린 가방을 당기는 모습, ④는 문을 당기는 모습입니다.

2 물체를 밀면 물체가 멀어집니다.

3 무거운 물체를 당겨 움직일 때는 가벼운 물체를 당겨 움직일 때보다 큰 힘이 필요합니다.

4 받침점의 왼쪽 1, 오른쪽 1에 물체를 올려놓을 때 수평을 잡은 모습을 통해 무게가 같은 두 물체를 받침점에서 양쪽으로 같은 거리에 놓아야 수평을 잡을 수 있다는 사실을 알 수 있습니다.

채점 기준	
상	물체의 무게가 같다는 사실과 받침점에 양쪽으로 같은 거리에 놓아야 한다는 사실을 모두 썼다.
하	물체의 무게가 같다는 사실은 언급하지 않고 받침점에서 같은 거리에 놓아야 한다고만 썼다.

5 무게가 다른 두 물체로 수평을 잡으려면 무거운 물체를 가벼운 물체보다 받침점에 더 가까이 놓아야 합니다.

6 수평 잡기로 물체의 무게를 비교하려면 받침점에서 양쪽으로 같은 거리에 물체를 각각 올려놓고 어느 쪽으로 기우는지 확인합니다.

7 나무판이 풀 쪽으로 기울어진 것으로 보아 풀의 무게가 집게의 무게보다 더 무겁고, 나무판이 집게 쪽으로 기울어진 것으로 보아 집게의 무게가 지우개의 무게보다 더 무겁습니다.

8 양팔저울이 수평을 이루는 데 필요한 클립의 수가 많을수록 무거운 물체입니다.

9 사람마다 느끼는 물체의 무게가 다르기 때문에 손으로 물체의 무게를 비교하는 것은 정확하지 않습니다.

10 물체의 무게를 정확하게 비교할 때 필요한 도구는 저울입니다.

11 물체의 무게를 정확하게 잴 수 있는 도구는 저울입니다. 자는 길이를 재는 도구입니다.

12 ㉠ 지우개의 무게는 18 g이고, ㉡ 컵의 무게는 50 g입니다. 따라서 컵이 지우개보다 더 무겁습니다.

13 몸무게의 변화를 알고 싶을 때와 무게에 따라 택배 요금을 정할 때 저울을 사용해 무게를 잽니다.

14 용수철저울의 표시 자를 눈금 '0'에 맞추려면 영점 조절 나사(㉡)를 돌립니다.

15 큰 눈금 한 칸은 50 g, 작은 눈금 한 칸은 10 g을 나타냅니다. 용수철저울마다 눈금이 나타내는 무게는 다릅니다.

16 영점을 조절하지 않으면 물체의 정확한 무게를 잴 수 없습니다.

채점 기준	
상	영점을 조절을 해야 물체의 무게를 정확하게 잴 수 있다고 썼다.
하	무게를 잘 잴 수 있다고 썼다.

17 ㉠ 물체의 무게는 50 g, ㉡ 물체의 무게는 120 g, ㉢ 물체의 무게는 200 g입니다. 따라서 가장 무거운 것은 ㉢의 물체이고, 가장 가벼운 것은 ㉠의 물체입니다.

18 가위는 지레를 이용하는 예이고 나사못과 사다리차는 빗면을 이용하는 예입니다.

오답 바로잡기

㉡ 나사못을 돌려 작은 힘으로 못을 박을 수 있다.
→ 나사못은 빗면을 이용하는 예입니다.

㉢ 사다리차를 이용해 작은 힘으로 짐을 높은 곳까지 옮길 수 있다.
→ 사다리차는 빗면을 이용하는 예입니다.

19 손톱깎이는 지레를 이용하는 예입니다.

20 빗면과 같은 도구를 이용하면 작은 힘으로 무거운 물체를 움직일 수 있습니다.

채점 기준	
상	작은 힘으로 물체를 움직일 수 있다고 썼다.
하	물체를 편리하게 움직일 수 있다고 썼다.

2. 동물의 생활

07일차 특징에 따른 동물 분류

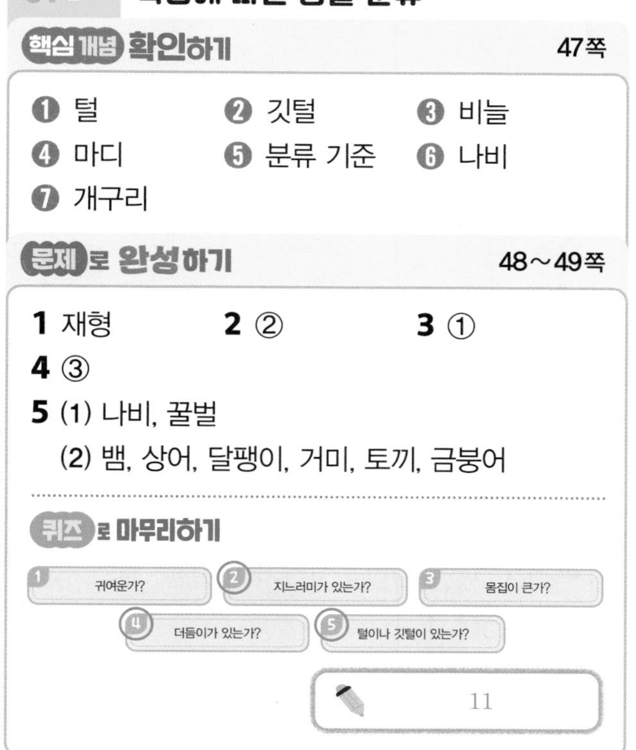

핵심 개념 확인하기 47쪽

❶ 털 ❷ 깃털 ❸ 비늘
❹ 마디 ❺ 분류 기준 ❻ 나비
❼ 개구리

문제로 완성하기 48~49쪽

1 재형 2 ② 3 ①
4 ③
5 (1) 나비, 꿀벌
(2) 뱀, 상어, 달팽이, 거미, 토끼, 금붕어

퀴즈로 마무리하기

1 귀여운가?
2 지느러미가 있는가?
3 몸집이 큰가?
4 더듬이가 있는가?
5 털이나 깃털이 있는가?
11

1 개미는 한 쌍의 더듬이가 있고, 세 쌍의 다리가 있습니다.

2 참새는 몸이 깃털로 덮여 있으며 한 쌍의 날개가 있어 날아다닙니다.

3 몸집이 큰 정도로 동물을 분류하였을 때 사람마다 분류 결과가 다를 수 있으므로 '몸집이 큰가?'는 분류 기준으로 알맞지 않습니다.

4 나비, 거미, 토끼, 꿀벌은 다리가 있는 동물이고, 뱀, 상어, 달팽이, 금붕어는 다리가 없는 동물입니다. '귀여운가?'는 분류 결과가 사람마다 다를 수 있으므로 분류 기준으로 알맞지 않습니다.

5 나비, 꿀벌은 날개가 있는 동물이고, 뱀, 상어, 달팽이, 거미, 토끼, 금붕어는 날개가 없는 동물입니다.

08일차 땅에 사는 동물

핵심 개념 확인하기 53쪽

❶ 땅 ❷ 특징 ❸ 기어서
❹ 날개

문제로 완성하기 54~55쪽

1 ⑤ 2 ①, ③ 3 ㉣
4 ㉡ 5 ⑤

퀴즈로 마무리하기

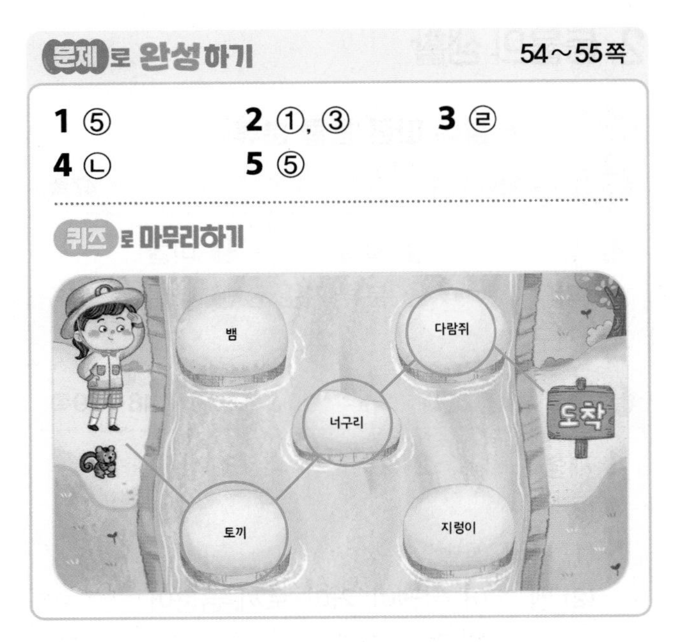

1 다람쥐는 땅 위에 사는 동물이며, 두 쌍의 다리가 있고 볼주머니에 먹이를 담아 옮깁니다.

오답 바로잡기

① 땅속에 산다.
→ 다람쥐는 땅 위에 삽니다. 땅속에는 지렁이, 두더지, 땅강아지, 매미 애벌레 등이 삽니다.

② 주둥이가 길쭉하다.
→ 고라니의 특징입니다.

③ 한 쌍의 다리가 있다.
→ 다람쥐는 두 쌍의 다리가 있습니다.

④ 큰 귀로 작은 소리도 잘 듣는다.
→ 토끼의 특징입니다.

2 뱀과 개미는 땅 위와 땅속을 오가며 삽니다. 꿀벌, 고라니, 딱따구리는 땅 위에 삽니다.

3 부엉이는 깃털 색깔이 나뭇가지 색깔과 비슷하여 숲에서 눈에 잘 띄지 않습니다.

4 땅강아지는 삽처럼 넓적한 앞다리를 이용해 땅속에 굴을 팝니다.

5 고라니와 다람쥐는 다리가 있어 걷거나 뛰어다닙니다. 꿀벌과 딱따구리는 날개가 있어 날아다닙니다. 지렁이는 다리가 없어 긴 몸통으로 땅속을 기어다닙니다.

09일차 물에 사는 동물

핵심 개념 확인하기 59쪽

❶ 강 ❷ 갯벌 ❸ 물갈퀴

문제로 완성하기 60~61쪽

1 ㉠, ㉢, ㉤ 2 ㉡ 3 ②
4 ④ 5 ㉠: 곡선, ㉡: 지느러미

퀴즈로 마무리하기

1 물방개, 다슬기, 붕어는 강이나 호수의 물속에 사는 동물이고, 수달, 개구리, 오리는 강가나 호숫가에서 물과 땅을 오가며 사는 동물입니다.

2 수달은 몸이 털로 덮여 있고, 두 쌍의 다리가 있습니다. 강가나 호숫가에서 물과 땅을 오가며 살고, 발가락 사이에 물갈퀴가 있어 물속에서 헤엄칠 수 있습니다.

3 물 위로 올라와 숨을 쉬는 것은 돌고래와 바다거북입니다. 상어는 아가미로 숨을 쉽니다.

4 게는 갯벌에 살고, 피라미와 왜가리는 강이나 호수에 삽니다. 오징어와 바다거북은 바다에 삽니다.

5 붕어와 피라미는 강이나 호수의 물속에 사는 동물입니다. 붕어와 피라미는 모두 몸이 부드러운 곡선 모양이며, 지느러미가 있어 물속에서 헤엄칠 수 있습니다.

10일차 사막이나 극지방, 높은 산에 사는 동물

핵심 개념 확인하기 65쪽

❶ 물 ❷ 추위 ❸ 바위

문제로 완성하기 66~67쪽

1 ㉢, ㉣ **2** 호재
3 ㉠: 극지방, ㉡: 털 **4** ②
5 ④

퀴즈로 마무리하기

❶ 북	❷ 극	곰		
	지			❸ 사
	방		❹ 사	막
		❺ 바		여
	❻ 추	위		우

1 사막은 비가 적게 내려 건조하며, 물이 부족합니다. 낮에 덥고 밤에 추우며, 모래바람이 심하게 붑니다.

오답 바로잡기

㉠ 바위가 많다.
↳ 바위가 많은 환경은 높은 산입니다.
㉡ 눈과 얼음이 많다.
↳ 눈과 얼음이 많은 환경은 극지방입니다.

2 온몸이 딱딱한 껍데기로 되어 있어 몸에 있는 물을 잘 지킬 수 있는 동물은 사막 전갈입니다.

3 북극곰과 북극여우는 바람이 강하게 불고 매우 추운 극지방에 사는 동물입니다. 북극곰과 북극여우는 몸이 털로 빽빽하게 덮여 있어 추위를 견딜 수 있습니다.

4 높은 산에 사는 동물은 산양입니다. 사막여우와 사막 뱀은 사막에 살고, 바다코끼리와 황제펭귄은 극지방에 사는 동물입니다.

5 사막에 사는 사막여우는 큰 귀로 몸속의 열을 내보냅니다. 귀가 작아서 몸속의 열이 빠져나가는 것을 막는 것은 극지방에 사는 북극여우입니다.

11일차 동물의 특징을 이용한 생활용품

핵심 개념 확인하기 71쪽

❶ 빨판 ❷ 오리 ❸ 수리
❹ 피부 ❺ 접착테이프

문제로 완성하기 72~73쪽

1 ② **2** 상어 **3** ㉠
4 ③ **5** ㉣

퀴즈로 마무리하기

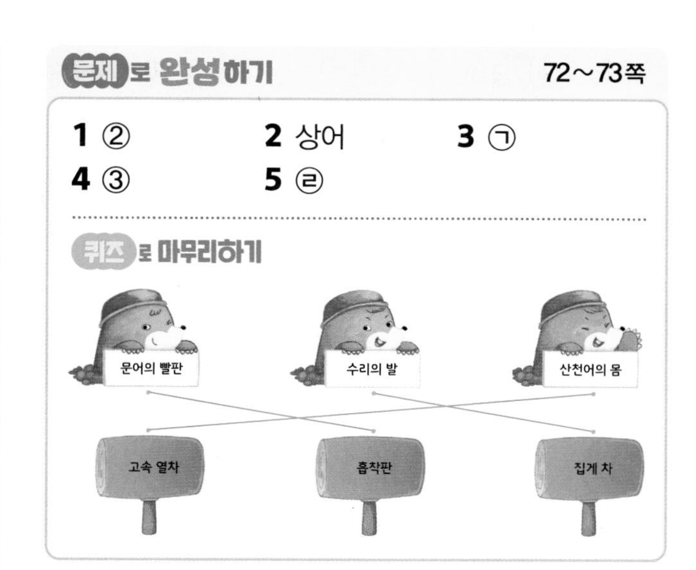

1 산양의 발굽이 바위나 절벽에서 잘 미끄러지지 않는 특징을 이용하여 산을 미끄러지지 않고 오를 수 있는 등산화 바닥을 만들었습니다.

2 상어의 피부에 작은 돌기가 있어 물이 잘 흐르게 하는 특징을 이용하여 물속에서 빠르게 헤엄칠 수 있는 전신 수영복을 만들었습니다.

3 수리의 발이 먹이를 잘 잡고 놓치지 않는 특징을 이용하여 무거운 물건을 집어 올려 옮길 수 있는 집게 차를 만들었습니다.

4 문어의 빨판이 다른 물체에 잘 붙는 특징을 이용하여 거울이나 벽에 잘 붙을 수 있는 흡착판을 만들었습니다.

5 동물의 특징을 이용한 생활용품의 예에는 문어 빨판의 특징을 이용한 흡착 판, 산천어 몸의 특징을 이용한 고속 열차, 두더지 앞다리의 특징을 이용한 굴착기, 도마뱀붙이 발바닥의 특징을 이용한 접착테이프 등이 있습니다.

12일차

생각 그물로 정리하기 74~75쪽

❶ 특징 ❷ 분류 기준 ❸ 다리
❹ 날개 ❺ 다리 ❻ 지느러미
❼ 물갈퀴 ❽ 물 ❾ 빨판
❿ 생활용품

단원 평가하기 76~79쪽

1 ④ 2 ㉠: 마디, ㉡: 공
3 ㉢
4 모범 답안 사람마다 분류한 결과가 다를 수 있기 때문이다.
5 ③ 6 ⑤ 7 ㉠
8 모범 답안 앞다리가 삽처럼 넓적하며 발톱이 두꺼워 땅속에 굴을 팔 수 있다.
9 ⑤ 10 승윤 11 ㉡, ㉢
12 ①
13 모범 답안 몸이 부드러운 곡선 모양이다. 지느러미가 있어 물속에서 헤엄칠 수 있다.
14 ④ 15 ㉠: 커서, ㉡: 작아서
16 ⑤ 17 ㉡ 18 ②
19 ② 20 ㉢

1 달팽이는 화단에서 관찰할 수 있으며, 등에 딱딱한 껍데기가 있습니다. 더듬이가 있으며, 다리가 없어 배를 땅에 대고 기어서 움직입니다.

2 공벌레는 화단에서 볼 수 있고 다리가 일곱 쌍이 있습니다. 몸에 여러 개의 마디가 있고, 건드리면 몸을 공처럼 둥글게 만듭니다.

3 고양이는 두 쌍의 다리가 있으므로 '다리가 있다.'로 분류해야 합니다.

4 분류 기준은 누가 분류해도 같은 결과가 나오는 것으로 정해야 합니다. '귀여운가?'는 분류 결과가 사람마다 다를 수 있으므로 분류 기준으로 알맞지 않습니다.

채점 기준
'귀여운가'가 알맞은 분류 기준이 아닌 까닭을 사람마다 분류 결과가 다르기 때문이라고 옳게 썼다.

5 두더지, 지렁이, 땅강아지는 땅속에 사는 동물입니다. 토끼, 너구리, 부엉이, 딱따구리는 땅 위에 사는 동물입니다.

6 고라니는 땅 위에 살고 몸이 털로 덮여 있습니다. 주둥이가 길쭉하고 다리로 걷거나 뛰어다니며, 수풀이 우거진 곳에 몸을 숨깁니다.

7 부엉이와 딱따구리는 한 쌍의 날개가 있어 날아다닙니다. 부엉이와 딱따구리처럼 날아다니는 동물은 먹이를 구하거나 쉬기 위해 머무는 곳이 다양합니다.

8 두더지는 앞다리가 삽처럼 넓적하며 발톱이 두꺼워 앞다리로 땅속에 굴을 파고 삽니다. 이처럼 땅속에 사는 동물은 땅속에서 살기에 알맞은 생김새와 생활 방식이 있습니다.

채점 기준	
상	두더지가 땅속에 굴을 팔 수 있는 까닭을 앞다리와 발톱의 생김새와 관련지어 썼다.
하	두더지의 앞다리와 발톱의 생김새는 언급하지 않고 앞다리로 땅속에 굴을 팔 수 있다고만 썼다.

9 수달과 오리는 강이나 호수에 사는 동물로, 물과 땅을 오가며 삽니다.

오답 바로잡기

① 바다에 산다.
↳ 수달과 오리는 모두 강이나 호수에 삽니다.
② 지느러미가 있다.
↳ 수달과 오리는 모두 지느러미가 없습니다.
③ 아가미로 숨을 쉰다.
↳ 수달과 오리는 모두 아가미가 없습니다.
④ 한 쌍의 날개가 있다.
↳ 수달은 날개가 없습니다.

10 개구리는 땅에서는 긴 뒷다리를 이용해 뛰어다니고, 물속에서는 물갈퀴로 헤엄칩니다.

11 게와 조개는 갯벌에 사는 동물이고, 오징어와 상어는 바다에 사는 동물입니다.

12 오징어는 다리가 열 개이며 다리에 빨판이 있습니다.

오답 바로잡기

② 이빨이 매우 날카롭다.
↳ 상어의 특징입니다.
③ 물 위로 올라와 숨을 쉰다.
↳ 돌고래와 바다거북의 특징입니다.
④ 발가락 사이에 물갈퀴가 있다.
↳ 개구리, 수달, 오리의 특징입니다.
⑤ 물속 바위에 붙어 있거나 기어다닌다.
↳ 전복과 다슬기의 특징입니다.

13 고등어와 돌고래는 모두 몸이 부드러운 곡선 모양이며, 지느러미가 있어 물속에서 헤엄칠 수 있습니다.

채점 기준
고등어와 돌고래가 물에서 살기에 알맞은 공통적인 특징을 곡선 모양의 몸, 지느러미와 관련지어 옳게 썼다.

14 사막 딱정벌레는 물구나무를 서서 몸에 맺힌 물방울을 모아 마시기 때문에 물이 부족한 사막에서 살 수 있습니다.

오답 바로잡기

① 눈썹이 길다.
└> 낙타의 특징입니다.
② 귓속에 털이 많다.
└> 사막여우의 특징입니다.
③ 콧구멍을 여닫을 수 있다.
└> 낙타의 특징입니다.
⑤ 몸의 일부를 들고 옆으로 기어 뜨거운 땅에 몸이 닿는 부분을 줄인다.
└> 사막 뱀의 특징입니다.

15 사막에 사는 사막여우는 몸에 비해 귀가 커서 몸속의 열을 내보낼 수 있고, 극지방에 사는 북극여우는 귀가 작아서 몸속의 열이 빠져나가는 것을 막습니다.

16 눈과 얼음이 많으며, 바람이 강하게 불고 매우 추운 곳은 극지방입니다. 극지방에는 북극곰, 북극여우, 황제펭귄, 순록, 바다코끼리 등이 삽니다. 낙타와 사막 뱀은 사막, 토끼는 땅, 잣까마귀는 높은 산에 사는 동물입니다.

17 황제펭귄은 매우 추운 극지방에 살며, 몸을 서로 맞대어 바람과 추위를 견디기도 합니다. 또한 몸이 깃털로 덮여 있고, 지방층이 두꺼워 추위를 견딜 수 있습니다.

오답 바로잡기

㉠ 모래바람이 심하게 부는 곳에 산다.
└> 모래바람이 심하게 부는 환경은 사막입니다. 황제펭귄은 매우 추운 극지방에 삽니다.
㉢ 귀가 작아서 몸속의 열이 빠져나가는 것을 막는다.
└> 북극여우의 특징입니다.

18 산양은 높은 산에 살고 털 색깔이 바위 색깔과 비슷해서 눈에 잘 띄지 않습니다. 발굽이 넓게 벌어지고, 부드러운 발굽 바닥이 있어 바위에서 미끄러지지 않고 이동할 수 있습니다. 수달은 강이나 호수, 북극곰은 극지방, 다람쥐는 땅, 갯지렁이는 갯벌에 사는 동물입니다.

19 산천어의 몸은 부드러운 곡선 모양이어서 빠르게 헤엄칠 수 있습니다. 이러한 특징을 이용하여 빠르게 움직일 수 있는 고속 열차를 만들었습니다.

20 발에 물갈퀴가 있어 물속에서 헤엄을 잘 치는 오리의 특징을 이용하여 물속에서 빠르게 헤엄칠 수 있는 물놀이용 물갈퀴를 만들었습니다.

3. 식물의 생활

13일차 우리 주변의 식물과 잎의 특징에 따른 식물 분류

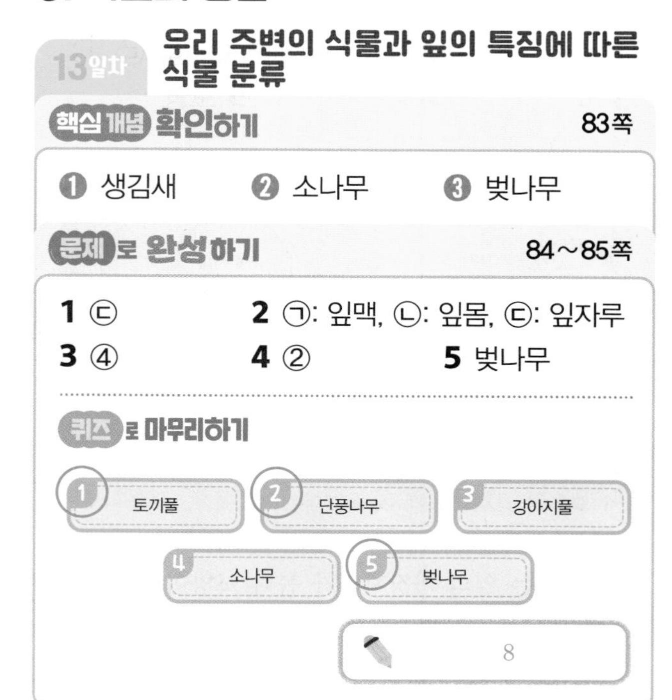

핵심 개념 확인하기 83쪽
❶ 생김새 ❷ 소나무 ❸ 벚나무
문제로 완성하기 84~85쪽
1 ㉢
2 ㉠: 잎맥, ㉡: 잎몸, ㉢: 잎자루
3 ④
4 ②
5 벚나무
퀴즈로 마무리하기
1 토끼풀
2 단풍나무
3 강아지풀
4 소나무
5 벚나무
8

1 회양목은 꽃이 노란색이고, 가지는 초록색입니다. 회양목은 잎이 작고 둥급니다.

2 ㉠은 잎몸에서 선처럼 보이는 잎맥, ㉡은 잎을 이루는 넓은 부분인 잎몸, ㉢은 잎몸과 줄기 사이에 있는 부분인 잎자루입니다.

3 토끼풀 잎은 끝이 둥글고, 세 개씩 납니다. 그리고 가장자리가 톱니 모양입니다.

4 '잎의 크기가 큰가?'는 사람마다 분류 결과가 다를 수 있으므로 알맞은 분류 기준이 아닙니다.

5 벚나무 잎은 달걀 모양이므로 '그렇지 않다.'로 분류해야 합니다.

14일차 들이나 산에 사는 식물

핵심 개념 확인하기 89쪽

❶ 민들레 ❷ 밤나무 ❸ 뿌리
❹ 단단 ❺ 줄기

문제로 완성하기 90~91쪽

1 ⑤ 2 (1) ㉠, ㉣, ㉤ (2) ㉡, ㉢, ㉥
3 ㉥ 4 ④ 5 도영

퀴즈로 마무리하기

나무는 풀보다 키가 작습니다.
땅에 뿌리를 내리고 삽니다.
나무는 줄기가 굵고 단단합니다.
대부분 줄기와 잎이 쉽게 구분됩니다.
명아주와 민들레는 나무입니다.
도착

1 민들레는 잎의 가장자리가 톱니 모양이고, 잎이 땅에 붙어서 납니다. 꽃은 노란색이고, 꽃줄기는 가늘고 연합니다.

2 꿀풀, 애기똥풀, 명아주는 풀이고, 밤나무, 소나무, 단풍나무는 나무입니다.

3 단풍나무는 잎이 손바닥 모양이고, 잎의 가장자리가 톱니 모양입니다. 또한 줄기가 굵고 단단하며 키가 크고, 땅에 뿌리를 내립니다.

4 강아지풀은 풀, 은행나무는 나무입니다. 강아지풀은 줄기가 가늘지만, 은행나무는 줄기가 굵고 단단하며, 키가 큽니다. 강아지풀과 은행나무처럼 들이나 산에 사는 풀과 나무는 모두 땅에 뿌리를 내리고 살고, 대부분 줄기와 잎이 쉽게 구분됩니다.

오답 바로잡기

① 나무이다.
→ 은행나무는 나무이고, 강아지풀은 풀입니다.
② 키가 작다.
→ 은행나무는 키가 큽니다.
③ 줄기가 가늘다.
→ 은행나무는 줄기가 굵고 단단합니다.
⑤ 겨울에도 잎이 초록색을 유지한다.
→ 소나무의 특징입니다.

5 들이나 산에 사는 식물은 대부분 줄기와 잎이 쉽게 구분되고, 땅에 뿌리를 내리고 삽니다. 나무는 풀보다 줄기가 굵고 단단합니다. 풀은 겨울이 되면 씨를 남기거나 땅속 부분으로 겨울을 나지만, 나무는 대부분 가을에 잎을 떨어뜨리고 뿌리와 줄기가 살아남아 겨울을 납니다.

15일차 강이나 연못에 사는 식물

핵심 개념 확인하기 95쪽

❶ 연꽃 ❷ 수련 ❸ 부레옥잠
❹ 검정말 ❺ 물

문제로 완성하기 96~97쪽

1 공기 방울 2 ㉢ 3 ④
4 ②, ③ 5 ㉠

퀴즈로 마무리하기

강	❶뿌	잎	❷공
물	자	리	기
루	❸줄	꽃	주
가	시	기	머
❹연	못	땅	니

1 자른 부레옥잠의 잎자루를 물속에서 손가락으로 누르면 잎자루에서 공기 방울이 나와 위로 올라갑니다.

2 부레옥잠은 잎자루 속 공기주머니에 공기가 들어 있기 때문에 물에 떠서 살 수 있습니다.

3 수련은 잎이 넓고 둥급니다. 물속의 땅에 뿌리를 내리고, 잎과 꽃이 물 위에 떠 있습니다.

4 잎이 물 위로 높이 자라는 식물은 연꽃과 부들입니다. 검정말은 물속에 잠겨서 사는 식물, 마름은 잎이 물 위에 떠 있는 식물, 개구리밥은 물에 떠서 사는 식물입니다.

5 물에 떠서 사는 부레옥잠, 개구리밥, 가래 등의 식물은 수염 모양의 뿌리가 물속으로 뻗어 있습니다.

16일차 사막이나 갯벌, 높은 산에 사는 식물

핵심 개념 확인하기 101쪽

❶ 알로에 ❷ 물 ❸ 퉁퉁마디
❹ 햇빛 ❺ 암매 ❻ 바람

문제로 완성하기 102~103쪽

1 ① 2 ㉡ 3 ④
4 ㉢ 5 ㉠: 작고, ㉡: 강한

퀴즈로 마무리하기

1 선인장의 줄기는 굵고 통통합니다.

2 선인장은 줄기에 물을 저장해서 물이 부족한 사막에서 살 수 있습니다.

3 용설란은 사막에 사는 식물입니다. 잎이 두껍고, 잎의 가장자리가 흰색을 띠며 가시가 있습니다. 용설란은 잎에 물을 저장하여 물이 부족한 사막에서 살 수 있습니다.

4 바닷가 주변이라서 햇빛과 바람이 강하고 소금기가 많은 곳은 갯벌입니다. 갯벌에 사는 식물은 통보리사초입니다. 암매와 한라솜다리는 높은 산에 사는 식물입니다.

5 높은 산은 기온이 낮고, 바람이 강하게 부는 곳입니다. 높은 산에 사는 식물은 대부분 키가 작고, 모여 살거나 줄기가 누워서 자라므로 강한 바람을 견딜 수 있습니다.

17일차 식물의 특징을 이용한 생활용품

핵심 개념 확인하기 107쪽

❶ 찍찍이 테이프 ❷ 물
❸ 낙하산 ❹ 단풍나무 ❺ 철조망

문제로 완성하기 108~109쪽

1 현주 2 ㉡ 3 ③
4 ⑤ 5 ㉢

퀴즈로 마무리하기

비로야자 잎 — 주름 캔
단풍나무 열매 — 헬리콥터의 프로펠러
민들레 씨 — 낙하산

1 연잎에 물을 한 방울씩 떨어뜨리면 물이 연잎에 스며들지 않고 잎 표면을 굴러다닙니다. 그리고 떨어뜨린 물방울들이 모여서 큰 물방울이 되어 굴러다닙니다.

2 연잎의 표면에 작은 돌기가 많아 물에 젖지 않는 특징을 이용하여 물이 스며들지 않는 옷감을 만들었습니다. 헬리콥터의 프로펠러는 단풍나무 열매가 바람을 타고 빙글빙글 멀리 날아가는 특징을 이용하여 만든 것이고, 주름 캔은 비로야자의 잎에 주름이 있어 잘 늘어나지 않는 특징을 이용하여 만든 것입니다.

3 찍찍이 테이프는 우엉 열매의 가시 끝이 갈고리 모양으로 생겨 옷이나 털에 잘 붙는 특징을 이용하여 만들었습니다.

4 날개가 하나인 선풍기는 단풍나무 열매의 생김새를 이용하여 만들었습니다.

5 솔방울이 물에 젖으면 오므라들고 마르면 벌어지는 특징을 이용하여 물이 스며드는 것을 막아 주는 옷을 만들었습니다.

18일차

생각 그물로 정리하기 110~111쪽

❶ 생김새 ❷ 잎 ❸ 톱니
❹ 나무 ❺ 뿌리 ❻ 물 위
❼ 물속 ❽ 물 ❾ 바람
❿ 찍찍이 테이프

단원 평가하기 112~115쪽

1 ㉠: 단단하고, ㉡: 분홍색
2 ① 3 ㉢
4 모범 답안 바늘 모양이다. 잎이 두 개씩 뭉쳐난다. 가장자리가 매끈하다. 끝이 뾰족하다.
5 ②, ③ 6 ③ 7 ㉡
8 모범 답안 대부분 줄기와 잎이 쉽게 구분된다. 땅에 뿌리를 내리고 산다.
9 ㉡ 10 공기주머니 11 ⑤
12 한솔 13 ⑤ 14 ③
15 모범 답안 굵은 줄기에 물을 저장한다. 잎이 가시 모양이어서 물이 빠져나가는 것을 줄여 주고, 동물로부터 자신을 보호한다.
16 잎 17 ②, ④
18 모범 답안 우엉 열매의 가시 끝이 갈고리 모양으로 생겨 옷이나 털에 잘 붙는 특징을 이용하여 만들었다.
19 ⑤ 20 ㉡, ㉣

1 산철쭉은 줄기가 단단하며, 꽃이 분홍색이고, 안쪽에 진홍색 점이 있습니다.

2 벚나무, 단풍나무, 강아지풀은 모두 잎의 끝이 뾰족합니다.

3 벚나무와 단풍나무는 잎의 가장자리가 톱니 모양이지만 강아지풀은 잎의 가장자리가 매끈합니다.

4 소나무 잎은 바늘 모양이고, 잎이 두 개씩 뭉쳐납니다. 잎의 가장자리가 매끈하고, 끝이 뾰족합니다.

채점 기준
소나무 잎의 특징을 잎의 전체적인 모양, 끝 모양, 가장자리 모양 등과 관련지어 옳게 썼다.

5 꿀풀과 애기똥풀은 모두 들이나 산에 사는 풀입니다. 모두 줄기가 가늘고 연하며, 땅에 뿌리를 내립니다.

6 민들레와 명아주는 풀이고, 밤나무와 떡갈나무는 나무입니다.

7 밤나무는 가을에 가시 돋친 밤송이가 열립니다.

8 들이나 산에 사는 식물은 대부분 줄기와 잎이 쉽게 구분되고, 땅에 뿌리를 내리고 삽니다.

채점 기준
들이나 산에 사는 식물의 특징을 줄기와 잎, 뿌리와 관련지어 옳게 썼다.

9 부레옥잠은 잎이 둥글고, 잎자루가 볼록하게 부풀어 있습니다.

10 부레옥잠은 잎자루 속 공기주머니에 공기가 들어 있어 물에 떠서 살 수 있습니다.

11 부들과 연꽃은 잎이 물 위로 높이 자라는 식물이고, 수련과 마름은 잎이 물 위에 떠 있는 식물입니다.

12 잎이 물 위에 떠 있는 식물은 물속의 땅에 뿌리를 내립니다.

13 검정말, 붕어마름과 같이 물속에 잠겨서 사는 식물은 줄기와 잎이 물의 흐름에 따라 잘 휘어집니다.

오답 바로잡기

① 잎이 크다.
↳ 검정말과 붕어마름은 잎이 작습니다.
② 두꺼운 잎에 물을 저장한다.
↳ 사막에 사는 알로에와 용설란의 특징입니다.
③ 대부분 줄기와 잎이 쉽게 구분된다.
↳ 들이나 산에 사는 식물의 특징입니다.
④ 공기가 들어 있는 공기주머니가 있다.
↳ 검정말과 붕어마름은 공기주머니가 없습니다.

14 수련은 강이나 연못, 갯메꽃은 갯벌, 눈잣나무는 높은 산에 사는 식물입니다.

15 선인장은 물이 부족한 환경에서 살기에 알맞은 생김새와 생활 방식이 있습니다.

채점 기준
선인장이 사막에서 살기에 알맞은 특징을 줄기, 가시와 관련지어 옳게 썼다.

16 물이 부족하고 건조한 사막에 사는 알로에와 용설란은 두꺼운 잎에 물을 저장할 수 있습니다.

17 퉁퉁마디와 해홍나물은 줄기나 잎이 통통하고 광택이 나서 소금기가 많은 갯벌에서 살 수 있습니다.

18 가시 끝이 갈고리 모양으로 생겨 옷이나 털에 잘 붙는 특징을 이용하여 찍찍이 테이프를 만들었습니다.

채점 기준
가시 끝이 갈고리 모양으로 생겨 옷이나 털에 잘 붙는 우엉 열매의 특징을 이용하였다고 옳게 썼다.

19 철조망은 장미의 가시가 뾰족해서 동물이 가까이 오는 것을 막는 특징을 이용하여 만들었습니다.

20 단풍나무 열매의 생김새와 바람을 타고 빙글빙글 멀리 날아가는 특징을 이용하여 헬리콥터의 프로펠러와 드론의 날개를 만들었습니다.

4. 생물의 한살이

19일차 동물의 한살이 관찰

핵심 개념 확인하기 119쪽

❶ 자손 ❷ 옥수수 ❸ 애벌레
❹ 세(3) ❺ 곤충

문제로 완성하기 120~121쪽

1 ④ 2 (1) ㉡ (2) ㉠ 3 ㉠, ㉣
4 유림 5 ④ 6 번데기

퀴즈로 마무리하기

■	■	❷ 번	■
❶ 알	껍	데	기
■	■	기	■
■	❸ 다	■	❹ 한
❺ 머	리	■	살
■	■	❻ 먹	이

1 배추흰나비 알이나 애벌레를 함부로 손으로 만지지 않고, 알이나 애벌레를 옮길 때에는 알이나 애벌레가 붙은 잎을 함께 옮깁니다.

2 케일잎에 배추흰나비 알이 붙어 있고, 알에서 나온 애벌레는 케일을 먹으며 자랍니다. 그리고 배추흰나비를 기르는 사육 상자에 방충망을 씌우는 까닭은 배추흰나비 애벌레와 어른벌레가 멀리 달아나는 것을 막고 다른 동물로부터 보호하기 위해서입니다.

3 배추흰나비 알은 먹이를 먹지 않고 크기가 변하지 않으며, 잎에 붙어 움직이지 않습니다. 배추흰나비 애벌레는 잎을 갉아 먹고 크기가 커지며, 기어다닙니다. 배추흰나비 알은 노란색을 띠고, 애벌레는 잎을 먹으면서 몸이 초록색으로 변합니다.

4 배추흰나비 번데기는 한곳에 붙어 움직이지 않으며, 먹이를 먹지 않고 크기가 변하지 않습니다. 허물을 벗으며 점점 커지는 것은 배추흰나비 애벌레, 노란색이고 옥수수 모양인 것은 배추흰나비 알의 특징입니다.

5 배추흰나비 어른벌레는 몸이 머리, 가슴, 배의 세 부분으로 구분됩니다.

6 배추흰나비는 알 → 애벌레 → 번데기 → 어른벌레의 한살이를 거칩니다.

20일차 여러 가지 동물의 한살이

핵심 개념 확인하기 125쪽

❶ 알 ❷ 강아지 ❸ 알
❹ 새끼 ❺ 다릅니다 ❻ 암컷

문제로 완성하기 126~127쪽

1 유미 2 ㉣, ㉢, ㉡ 3 알
4 ㉢ 5 ㉠: 소, ㉡: 비슷하다
6 ⑤

퀴즈로 마무리하기

병	❸ 강	❹ 암	수
망	아	지	컷
솜	지	리	❶ 올
❷ 깃	털	챙	대
먹	이	살	한

1 개구리는 알을 낳는 동물이고, 개구리의 한살이 과정은 알 → 올챙이 → 개구리입니다.

2 닭은 알 → 병아리 → 큰 병아리 → 다 자란 닭의 한살이를 거칩니다.

3 메뚜기, 장수풍뎅이, 연어는 모두 알을 낳는 동물입니다.

4 다 자란 개는 이빨로 먹이를 씹어 먹고, 짝짓기를 하여 암컷이 새끼를 낳을 수 있습니다.

오답 바로잡기

㉠ 갓 태어난 강아지는 먹이를 씹어 먹는다.
↳ 갓 태어난 강아지는 어미젖을 먹습니다.
㉡ 큰 강아지는 눈을 뜨지 못하고 귀도 막혀 있다.
↳ 갓 태어난 강아지는 눈을 뜨지 못하고 귀도 막혀 있지만, 큰 강아지는 눈을 뜨고 귀도 열려 소리를 들을 수 있습니다.

5 소, 고양이, 개, 고래, 말, 박쥐와 같이 새끼를 낳는 동물은 새끼와 어미의 모습이 비슷하고, 새끼는 어미 젖을 먹고 자랍니다. 오리는 알을 낳는 동물입니다.

6 동물은 모두 다 자란 암컷이 알이나 새끼를 낳아 자손을 남긴다는 공통점이 있습니다. 동물 중에는 알을 낳는 동물도 있고 새끼를 낳는 동물도 있으며, 동물에 따라 자라는 과정과 기간이 다릅니다.

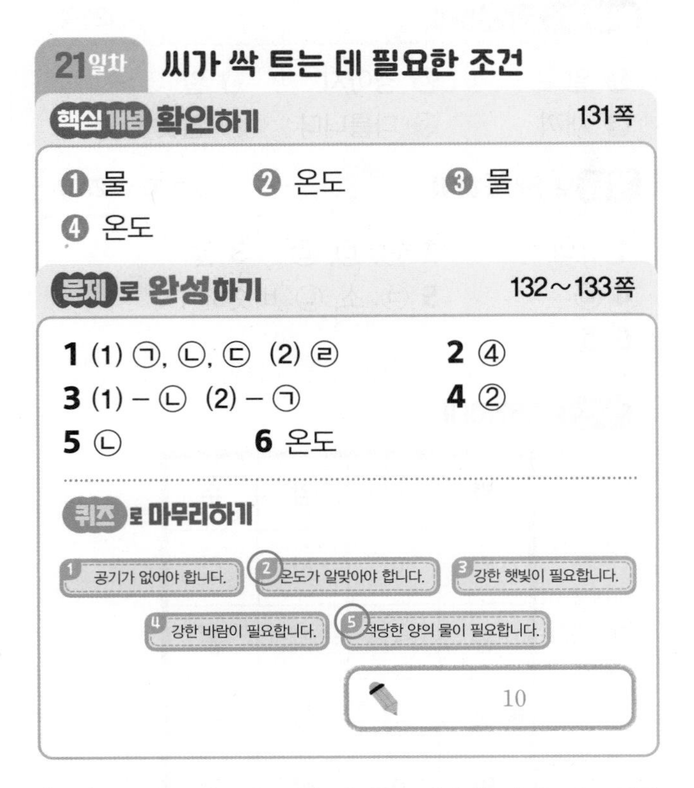

21일차 씨가 싹 트는 데 필요한 조건

핵심 개념 확인하기 131쪽

❶ 물 ❷ 온도 ❸ 물
❹ 온도

문제로 완성하기 132~133쪽

1 (1) ㉠, ㉡, ㉢ (2) ㉣
2 ④
3 (1) – ㉡ (2) – ㉠
4 ②
5 ㉡
6 온도

퀴즈로 마무리하기

1 공기가 없어야 합니다.
2 온도가 알맞아야 합니다.
3 강한 햇빛이 필요합니다.
4 강한 바람이 필요합니다.
5 적당한 양의 물이 필요합니다.
10

1 씨가 싹 트는 데 물이 미치는 영향을 알아보는 실험에서 다르게 할 조건은 물의 양입니다. 물의 양을 제외하고 온도, 공기, 빛의 양, 페트리접시의 크기 등 나머지 조건은 모두 같게 해야 합니다.

2 물을 주지 않은 강낭콩과 물을 준 강낭콩의 변화를 비교하였으므로, 씨가 싹 트는 데 물이 미치는 영향을 알아보는 실험입니다.

3 물을 주지 않은 강낭콩은 싹이 트지 않지만, 물을 준 강낭콩은 싹이 틉니다.

4 냉장고에 넣은 강낭콩과 따뜻한 곳에 둔 강낭콩의 변화를 관찰하여 씨가 싹 트는 데 온도가 미치는 영향을 알아보는 실험입니다. 따라서 실험에서 다르게 한 조건은 온도입니다.

5 온도가 낮은 냉장고에 넣은 강낭콩은 싹이 트지 않지만, 따뜻한 곳에 둔 강낭콩은 온도가 알맞아 싹이 틉니다.

6 실험 결과 따뜻한 곳에 둔 강낭콩만 싹이 튼 것으로 보아, 씨가 싹 트려면 알맞은 온도가 필요하다는 것을 알 수 있습니다.

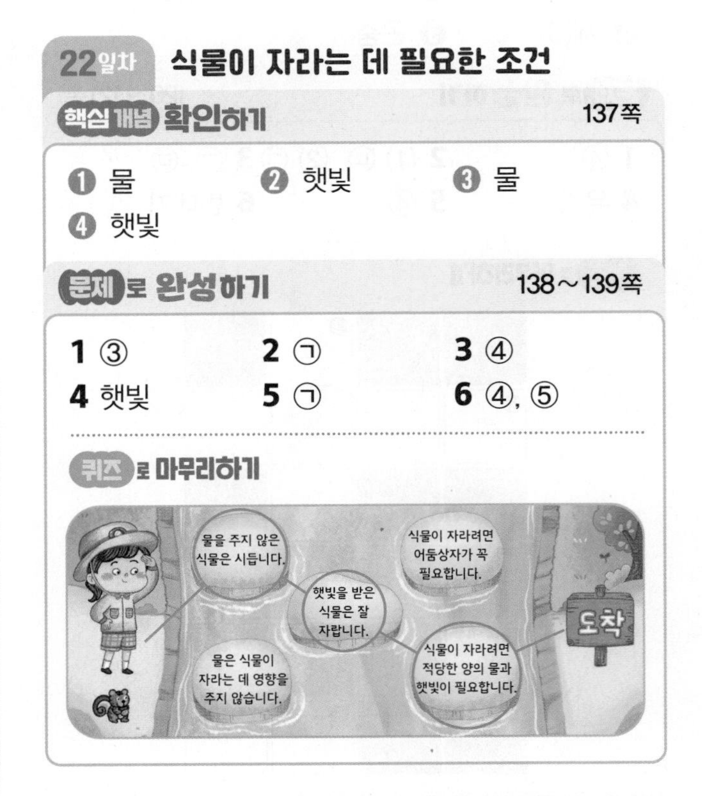

22일차 식물이 자라는 데 필요한 조건

핵심 개념 확인하기 137쪽

❶ 물 ❷ 햇빛 ❸ 물
❹ 햇빛

문제로 완성하기 138~139쪽

1 ③
2 ㉠
3 ④
4 햇빛
5 ㉠
6 ④, ⑤

퀴즈로 마무리하기

1 두 강낭콩 화분 중 한 화분에만 물을 주면서 강낭콩의 변화를 관찰하여 식물이 자라는 데 물이 미치는 영향을 알아보는 실험입니다. 따라서 실험에서 다르게 한 조건은 강낭콩 화분에 주는 물의 양입니다.

2 물을 준 강낭콩은 잘 자라지만, 물을 주지 않은 강낭콩은 잘 자라지 못하고 시듭니다.

3 실험 결과 물은 준 강낭콩만 잘 자라는 것으로 보아, 식물이 자라려면 적당한 양의 물이 필요하다는 것을 알 수 있습니다.

4 두 강낭콩 화분 모두 물을 준 뒤, 한 화분에만 어둠상자를 씌워 햇빛을 받지 못하게 하여 식물이 자라는 데 햇빛이 미치는 영향을 알아보는 실험입니다.

5 어둠상자를 씌우지 않아 햇빛을 받은 강낭콩(㉠)은 잎의 색깔이 진하고 줄기가 굵게 잘 자랍니다. 그러나 어둠상자를 씌워 햇빛을 받지 못한 강낭콩(㉡)은 잎의 색깔이 연하고 줄기가 가늘게 자랍니다.

6 식물이 자라는 데는 적당한 양의 물과 햇빛 등이 필요합니다.

23일차 여러 가지 식물의 한살이

핵심 개념 확인하기 143쪽

❶ 한해살이 ❷ 여러해살이 ❸ 씨
❹ 마칩니다 ❺ 반복합니다

문제로 완성하기 144~145쪽

1 ㉣, ㉠, ㉢, ㉡ **2** ⑤
3 ㉠: 한해살이식물, ㉡: 여러해살이식물
4 감나무 **5** (1) ㉡, ㉢ (2) ㉠
6 씨

퀴즈로 마무리하기

열매

1 볍씨에서 싹이 터서 잎과 줄기가 자라고, 잎과 줄기가 어느 정도 자라면 꽃이 피며, 꽃이 지면 열매를 맺어 씨를 만든 뒤 시들어 죽습니다.

2 사과나무는 적당한 크기의 나무로 자라면 해마다 열매를 맺어 씨를 만드는 과정을 반복합니다.

오답 바로잡기

① 꽃이 피지 않는다.
② 자손을 남기지 않는다.
↳ 사과나무는 꽃이 피고 열매를 맺어 씨를 만들어 자손을 남깁니다.
③ 한 해 안에 한살이를 마친다.
↳ 사과나무는 여러 해 동안 삽니다.
④ 열매를 맺어 씨를 만든 뒤 죽는다.
↳ 사과나무는 이듬해 봄에 새순이 나와 자랍니다.

3 한해살이식물은 한 해 안에 씨가 싹 터서 자라 꽃을 피우고 열매를 맺어 씨를 만든 뒤 죽습니다. 여러해살이식물은 씨가 싹 터서 자란 후 여러 해 동안 살면서 해마다 한살이의 일부를 반복합니다.

4 강낭콩은 씨를 만든 뒤 겨울이 오기 전에 죽습니다.

5 무궁화는 여러해살이식물이고, 옥수수와 봉숭아는 한해살이식물입니다.

6 식물은 씨를 만들어 자손을 남깁니다.

24일차

생각 그물로 정리하기 146~147쪽

❶ 한살이 ❷ 짧은 ❸ 알
❹ 알 ❺ 새끼 ❻ 온도
❼ 물 ❽ 햇빛 ❾ 한
❿ 여러

단원 평가하기 148~151쪽

1 ④, ⑤ **2** ㉡ **3** ③
4 ㉣, ㉡, ㉢ **5** ㉠, ㉡
6 ㉠: 솜털, ㉡: 깃털 **7** ①
8 ⑤
9 모범 답안 닭은 알을 낳고, 개는 새끼를 낳는다.
10 ④ **11** 은수 **12** ㉡, ㉣
13 ㉡
14 모범 답안 식물이 자라려면 적당한 양의 물이 필요하다.
15 ④ **16** ㉡ **17** ②
18 ㉢
19 모범 답안 씨가 싹 터서 자라 꽃이 피고 열매를 맺어 씨를 만든다.
20 ③

1 동물의 한살이를 관찰하려면 장수풍뎅이, 배추흰나비, 개구리와 같이 주변에서 쉽게 구할 수 있고 한살이 기간이 짧은 동물이 알맞습니다.

2 배추흰나비 알이나 애벌레는 손으로 직접 만지지 않고, 알이나 애벌레를 옮길 때에는 알이나 애벌레가 붙은 잎을 함께 옮깁니다. 그리고 사육 상자 주변에 살충제를 뿌리지 않습니다.

3 배추흰나비 번데기의 몸 색깔은 주변 환경과 비슷하게 변합니다.

오답 바로잡기

① 애벌레는 움직이지 않는다.
↳ 애벌레는 기어다니며 움직입니다.
② 알은 허물을 벗으며 크기가 커진다.
↳ 알은 크기가 변하지 않습니다.
④ 애벌레가 다 자라면 바로 어른벌레가 된다.
↳ 다 자란 애벌레는 번데기로 변하고 번데기에서 어른벌레가 나옵니다.
⑤ 어른벌레는 날개 한 쌍, 다리 두 쌍이 있다.
↳ 어른벌레는 날개 두 쌍, 다리 세 쌍이 있습니다.

4 배추흰나비는 알(㉠) → 애벌레(㉣) → 번데기(㉡) → 어른벌레(㉢)의 한살이를 거칩니다.

5 배추흰나비 알과 번데기는 먹이를 먹지 않고 크기가 변하지 않으며, 움직이지 않습니다.

6 병아리는 몸이 노란 솜털로 덮여 있고, 닭으로 자라면서 솜털이 깃털로 바뀝니다.

7 장수풍뎅이, 개구리, 메뚜기, 연어는 모두 알을 낳는 동물입니다.

8 갓 태어난 강아지는 눈을 뜨지 못하고 귀도 막혀 있으며, 이빨이 없고 어미젖을 먹습니다.

9 동물은 알이나 새끼를 낳아 자손을 남기는데, 닭은 알을 낳고 개는 새끼를 낳습니다.

채점 기준	
상	닭과 개가 자손을 남기는 방법을 비교하여 옳게 썼다.
하	닭이나 개가 자손을 남기는 방법 중 한 가지만 옳게 썼다.

10 실험 결과 물을 주지 않은 강낭콩은 싹이 트지 않고, 물을 준 강낭콩은 싹이 틉니다. 실험 결과를 바탕으로 씨가 싹 트는 데 적당한 양의 물이 필요하다는 것을 알 수 있습니다.

11 냉장고에 넣은 강낭콩과 따뜻한 곳에 둔 강낭콩을 비교하여 씨가 싹 트는 데 온도가 미치는 영향을 알아보는 실험입니다.

오답 바로잡기

- 은비: 다르게 한 조건은 물의 양이야.
  ↳ 다르게 한 조건은 온도입니다.
- 가람: 일주일 뒤 냉장고에 넣은 강낭콩만 싹이 터.
  ↳ 일주일 뒤 냉장고에 넣은 강낭콩은 온도가 너무 낮아서 싹이 트지 않고, 따뜻한 곳에 둔 강낭콩은 온도가 알맞아서 싹이 틉니다.

12 씨가 싹 트려면 적당한 양의 물과 알맞은 온도가 필요합니다.

13 물을 주지 않은 강낭콩은 시들고, 물을 준 강낭콩은 잘 자랍니다.

14 실험 결과 물을 준 강낭콩만 잘 자라는 것으로 보아, 식물이 자라려면 적당한 양의 물이 필요하다는 것을 알 수 있습니다.

채점 기준
식물이 자라려면 적당한 양이 물이 필요하다는 내용을 포함하여 옳게 썼다.

15 식물이 자라는 데 햇빛이 미치는 영향을 알아볼 때는 햇빛의 양을 다르게 하고 온도, 물의 양, 흙의 양, 식물의 종류, 식물이 자란 정도 등 나머지 조건은 같게 해야 합니다.

16 햇빛을 받은 강낭콩(㉡)은 잎의 색깔이 진하고 줄기가 굵게 자라지만, 햇빛을 받지 못한 강낭콩(㉠)은 잎의 색깔이 연하고 줄기가 가늘게 자랍니다. 실험 결과를 바탕으로 식물이 자라려면 적당한 양의 햇빛이 필요하다는 것을 알 수 있습니다.

17 강낭콩과 같은 한해살이식물은 한 해 안에 씨가 싹 터서 자라 꽃을 피우고 열매를 맺어 씨를 만든 뒤 죽습니다. 민들레, 무궁화, 감나무는 여러해살이식물입니다.

18 사과나무는 여러 해 동안 살면서 해마다 새순이 나와 자라서 꽃이 피고 열매를 맺어 씨를 만드는 과정을 반복하는 여러해살이식물입니다.

오답 바로잡기

㉠ 겨울이 되면 시들어 죽는다.
↳ 사과나무는 씨가 싹 터서 자란 후 겨울에도 죽지 않고 이듬해 봄에 새순이 나와 자랍니다.

㉡ 열매를 맺어 씨를 만든 후 한살이를 마친다.
↳ 사과나무와 같은 여러해살이식물은 열매를 맺어 씨를 만든 후에도 죽지 않고 여러 해 동안 한살이를 이어 갑니다.

19 벼와 사과나무 둘 다 씨가 싹 터서 꽃이 피고 열매를 맺어 씨를 만드는 한살이를 거치며 자손을 남긴다는 공통점이 있습니다.

채점 기준
벼와 사과나무 둘 다 씨를 만들어 한살이를 이어 간다는 내용을 포함하여 옳게 썼다.

20 식물에 따라 한살이 기간이나 유형은 다르지만, 모든 식물은 씨를 만들어 자손을 남깁니다.

오답 바로잡기

① 여러해살이식물은 한 해만 산다.
↳ 여러해살이식물은 여러 해 동안 삽니다.

② 식물의 한살이 기간은 모두 같다.
↳ 식물에 따라 한살이 기간이 다릅니다.

④ 한해살이식물은 해마다 새순이 나와서 자란다.
↳ 한해살이식물은 한 해 안에 씨를 만든 뒤 한살이를 마치고 죽습니다.

⑤ 개나리는 한해살이식물이고, 옥수수는 여러해살이식물이다.
↳ 여러 해 동안 살면서 해마다 새순이 나와 자라는 개나리는 여러해살이식물이고, 한 해 안에 한살이를 마치는 옥수수는 한해살이식물입니다.

1. 힘과 우리 생활

단원 정리 2~3쪽

❶ 힘	❷ 무거운	❸ 수평
❹ 가까이	❺ 기울어진	❻ 무게
❼ 전자저울	❽ 표시 자	❾ 지레
❿ 빗면		

쪽지 시험 4쪽

1 힘	2 무거운	3 같은
4 무거운	5 무게	6 저울
7 눈금	8 표시 자	9 작은
10 지레, 빗면		

단원 평가 5~7쪽

1 ㉠ 2 ②

3 ㉡, 모범 답안 빈 카트가 물체가 담긴 카트보다 더 가볍기 때문이다.

4 누리 5 ⑤ 6 받침점

7 ㉡ 8 ④

9 모범 답안 무게는 가위, 집게, 지우개 순으로 무겁다.

10 ⑤ 11 ㉡ 12 ③

13 ㉡ 14 ③ 15 용수철저울

16 ⑤

17 모범 답안 물병이 든 상자를 지레를 이용해 들어 올리면 손으로 들어 올릴 때보다 작은 힘이 든다.

18 ㉡ 19 ④ 20 ③

1 힘을 주어 문을 당기면 문을 움직일 수 있습니다. 이때 문은 힘을 주는 사람에게 가까워집니다.

2 힘을 주어 페트병의 모양과 용수철의 길이를 변화시킨 경우입니다.

3 물체를 밀어 움직일 때 무거운 물체일수록 큰 힘이 듭니다.

채점 기준	
상	밀어 움직일 때 가장 작은 힘이 드는 것의 기호와 그 까닭을 카트의 무게와 관련지어 옳게 썼다.
하	밀어 움직일 때 가장 작은 힘이 드는 것의 기호와 그 까닭 중 한 가지만 옳게 썼다.

4 물체의 무거운 정도에 따라 물체를 밀거나 당겨 움직일 때 드는 힘의 크기가 달라집니다.

5 무게가 같은 물체를 받침점에서 양쪽으로 같은 거리에 놓으면 나무판이 수평을 잡습니다.

6 무게가 같은 물체로 수평을 잡으려면 물체를 받침점에서 양쪽으로 같은 거리에 놓아야 합니다.

7 무거운 물체를 가벼운 물체보다 받침점에 더 가까이 놓아야 수평을 잡을 수 있습니다. 따라서 받침점에 더 멀리 있는 ㉡이 더 가벼운 물체입니다.

8 나무판의 받침점에서 양쪽으로 같은 거리에 두 물체를 올려놓았을 때 나무판이 기울어지면 기울어진 쪽에 놓인 물체가 더 무거운 물체입니다.

9 지우개 대신 가위를 올려놓았더니 나무판이 가위 쪽으로 기울어졌다면, 가위가 집게보다 무겁다는 것입니다.

채점 기준	
상	물체의 무게를 옳게 비교해 썼다.
하	물체의 무게를 비교해 쓰지 못했다.

10 양팔저울이 수평을 이루는 데 필요한 클립의 개수가 많을수록 무거운 물체입니다.

11 물체를 손으로 들어 보는 것만으로는 물체의 무게를 정확하게 비교할 수 없습니다. 물체의 무게를 정확하게 비교하려면 저울이 필요합니다.

12 전자저울을 사용해 물체의 무게를 잴 때는 영점을 맞춘 뒤 전자저울에 물체를 올려놓아야 합니다.

13 무게의 단위에는 g과 kg이 있으며 각각 '그램'과 '킬로그램'이라고 읽습니다.

14 우체국에서는 택배 물품의 무게를 저울로 측정해 무게별로 요금을 정합니다.

15 고리에 물체를 걸고 표시 자가 가리키는 눈금을 단위와 함께 읽어 물체의 무게를 재는 도구는 용수철저울입니다.

16 용수철저울의 영점 조절 나사는 무게를 재기 전에 표시 자가 눈금 '0'을 가리킬 수 있도록 하는 나사입니다.

17 지레와 같은 도구를 이용해 물체를 들어 올리면 손으로 직접 들어 올릴 때보다 작은 힘이 느껴집니다.

채점 기준	
상	물체를 들어 올릴 때 드는 힘의 크기를 옳게 비교해 썼다.
하	물체를 들어 올릴 때 드는 힘의 크기를 비교해 쓰지 못했다.

18 비스듬히 기울어진 빗면을 이용해 작은 힘으로 물체를 들어 올리는 모습입니다.

19 지레를 이용하는 도구인 장도리를 이용하면 단단하게 박힌 못을 작은 힘으로 쉽게 뺄 수 있습니다.

20 손톱깎이는 지레를 이용하는 도구입니다.

서술형 평가 8쪽

1 모범 답안 그네를 밀면 그네가 멀어지고, 그네를 당기면 그네가 가까워진다.
2 (1) ㉡ (2) 모범 답안 몸무게가 같은 두 사람이 시소의 받침점에서 양쪽으로 같은 거리에 앉으면 수평을 잡을 수 있기 때문이다.
3 모범 답안 저울을 사용하면 물체의 무게를 정확하게 비교할 수 있을 뿐 아니라 무게 차이도 알 수 있다.
4 (1) 10 (2) 모범 답안 필통의 무게는 110 g이고, 컵의 무게는 280 g이므로 컵이 필통보다 더 무겁다.

1 물체를 밀면 물체가 멀어지고, 물체를 당기면 물체가 가까워집니다.

채점 기준	
상	그네가 움직이는 방향을 옳게 썼다.
하	그네가 움직이는 방향을 쓰지 못했다.

2 무게가 같은 두 물체를 받침점에서 양쪽으로 같은 거리에 놓으면 수평을 잡을 수 있습니다.

채점 기준	
상	시소의 수평을 잡을 수 있는 위치와 그렇게 생각한 까닭을 모두 옳게 썼다.
하	시소의 수평을 잡을 수 있는 위치와 그렇게 생각한 까닭 중 한 가지만 옳게 썼다.

3 저울에 나타나는 숫자와 단위를 확인하면 물체의 무게를 정확하게 비교할 수 있습니다.

채점 기준
손으로 물체의 무게를 비교할 때와 저울로 물체의 무게를 비교할 때의 차이점을 옳게 썼다.

4 표시 자가 가리키는 눈금을 단위와 함께 읽어서 물체의 무게를 확인합니다.

채점 기준	
상	필통과 컵의 무게를 옳게 비교해 썼다.
하	필통과 컵의 무게를 비교하여 쓰지 못했다.

수행 평가 9쪽

1 (1) 모범 답안 물체의 무게를 정확하게 재기 위해서이다. (2) 모범 답안 우유의 무게가 가장 무겁고, 필통, 가위, 지우개의 순으로 무겁다.
2 (1) 모범 답안 병따개는 병뚜껑을 딸 때 이용하고, 경사로는 휠체어나 유아차를 움직일 때 이용한다.
(2) 모범 답안 작은 힘으로도 쉽게 물체를 움직일 수 있다.

1 (1) 저울로 무게를 잴 때 영점 조절을 하지 않으면 물체의 정확한 무게를 잴 수 없습니다.

채점 기준
영점을 맞춘 뒤 물체의 무게를 재는 까닭을 옳게 썼다.

(2) 전자저울 화면에 나타난 숫자가 클수록 무거운 물체입니다.

채점 기준
화면에 나타난 숫자와 단위를 확인해 물체의 무게를 옳게 비교해 썼다.

2 (1) 병따개는 지레를 이용한 도구로 병뚜껑을 딸 때 이용하고, 경사로는 빗면을 이용한 도구로 휠체어나 유아차를 움직일 때 이용합니다.

채점 기준	
상	병따개의 쓰임과 경사로의 쓰임을 모두 옳게 썼다.
하	병따개의 쓰임과 경사로의 쓰임 중 한 가지만 옳게 썼다.

(2) 지레나 빗면과 같은 도구를 이용하면 작은 힘으로 물체를 움직일 수 있어 일상생활이 편리해집니다.

채점 기준	
상	물체를 움직일 때 드는 힘의 크기 변화를 언급하여 도구의 편리한 점을 썼다.
하	물체를 움직일 때 드는 힘의 크기 변화를 언급하지 않고 편리하다고만 썼다.

2. 동물의 생활

단원 정리 10~11쪽

❶ 비늘 ❷ 분류 기준 ❸ 날개
❹ 있는 ❺ 없는 ❻ 바다
❼ 지느러미 ❽ 낙타 ❾ 털
❿ 특징

쪽지 시험 12쪽

1 연못 2 같은 3 고양이
4 두더지 5 기어서 6 다슬기
7 지느러미 8 혹 9 북극곰
10 문어 (빨판)

단원 평가 13~15쪽

1 ①
2 ㉡, 모범 답안 몸이 깃털로 덮여 있다.
3 ④ 4 ③, ④ 5 ②
6 꿀벌, 나비 7 ②
8 민정 9 ⑤
10 (1) ㉢, ㉥ (2) ㉡, ㉤ (3) ㉠, ㉣
11 ㉢, ㉤ 12 ㉠
13 모범 답안 발에 있는 물갈퀴로 물속에서 헤엄칠 수 있다.
14 ㉠ 15 ㉡ 16 ③
17 ②
18 모범 답안 먹이를 잘 잡고 놓치지 않는 특징을 이용한 것이다.
19 ㉡ 20 ②

1 고양이는 집 주변, 참새는 나무, 개구리, 금붕어는 연못, 개미, 나비, 달팽이는 화단에서 주로 볼 수 있습니다.

2 참새는 몸이 깃털로 덮여 있습니다.

채점 기준	
상	㉡을 옳게 고르고, '몸이 깃털로 덮여 있다.'고 옳게 고쳐 썼다.
하	㉡은 옳게 골랐으나, '몸이 깃털로 덮여 있다.'고 옳게 고쳐 쓰지 못했다.

3 공벌레는 화단에서 주로 볼 수 있고, 건드리면 몸을 둥글게 만드는 특징이 있습니다.

4 누가 분류해도 같은 결과가 나오는 것이 분류 기준으로 알맞습니다.

5 다리가 있는 동물과 다리가 없는 동물로 분류했습니다.

6 금붕어, 지렁이, 개구리, 고양이는 날개가 없습니다.

7 땅 위에 사는 동물은 토끼, 부엉이, 딱따구리입니다. 개미는 땅 위와 땅속을 오가며 사는 동물이고, 지렁이, 땅강아지, 매미 애벌레는 땅속에 사는 동물입니다.

8 두더지는 앞다리가 삽처럼 넓적하며 발톱이 두꺼워 땅속에 굴을 팔 수 있습니다.

9 고라니, 다람쥐, 너구리는 땅 위에 살고 몸이 털로 덮여 있으며, 다리가 있어 걷거나 뛰어서 이동합니다.

10 게와 조개는 갯벌, 전복과 오징어는 바다, 붕어와 다슬기는 강이나 호수의 물속에 삽니다.

11 게는 걸어서 이동하고, 전복, 조개, 다슬기는 기어서 이동합니다.

12 게는 마디가 있는 다리로 갯벌 위를 걸어 다닙니다.

13 수달은 발가락 사이에 물갈퀴가 있어 물속에서 헤엄칠 수 있습니다.

채점 기준
물갈퀴가 있어서 물속에서 빠르게 헤엄칠 수 있다고 옳게 썼다.

14 비가 내려 건조하며, 물이 부족한 곳은 사막입니다. 사막여우는 몸에 비해 귀가 커서 몸속의 열을 내보낼 수 있기 때문에 더운 사막에서 살 수 있습니다. 황제펭귄은 극지방, 잣까마귀는 높은 산에서 삽니다.

15 사막 전갈은 온몸이 딱딱한 껍데기로 되어 있어 물을 잘 지킬 수 있기 때문에 물이 부족한 사막에서 살 수 있습니다.

16 북극곰은 추위를 견딜 수 있는 특징을 가지고 있어 극지방에서 살 수 있습니다.

17 산양은 높은 산, 북극여우와 바다코끼리는 극지방, 사막 뱀은 사막에서 살 수 있습니다.

18 집게 차는 먹이를 잘 잡고 놓치지 않는 수리 발의 특징을 이용해 만들었습니다.

채점 기준
먹이를 잘 잡고 놓치지 않는 수리 발의 특징을 옳게 썼다.

19 등산화의 바닥은 바위나 절벽에서 잘 미끄러지지 않는 산양 발굽의 특징을 이용해 만들었습니다.

20 오리는 발에 물갈퀴가 있어 물속에서 헤엄을 잘 칠 수 있습니다. 이러한 특징을 이용해 물놀이용 물갈퀴를 만들었습니다.

서술형 평가 16쪽

1 (1) 화단 (2) 모범 답안 몸이 머리, 가슴, 배로 구분된다. 세 쌍의 다리가 있다. 등
2 뱀, 지렁이 모범 답안 다리가 없어 긴 몸통으로 기어서 이동한다.
3 (1) ㉠ (2) 모범 답안 발바닥이 넓어 모래에 잘 빠지지 않는다. 등에 있는 혹에 지방을 저장해 물과 먹이를 먹지 않고 며칠 동안 살 수 있다. 등
4 ㉡, 모범 답안 다른 물체에 잘 붙는다.

1 개미는 화단에서 주로 볼 수 있고, 몸이 검은색이며 한 쌍의 더듬이와 세 쌍의 다리가 있습니다. 몸이 머리, 가슴, 배로 구분되고, 검은색을 띱니다.

채점 기준	
상	개미를 볼 수 있는 곳을 옳게 쓰고, 개미의 특징 두 가지를 모두 옳게 썼다.
하	개미를 볼 수 있는 곳만 옳게 썼다.

2 뱀과 지렁이는 다리가 없어 긴 몸통으로 기어서 이동합니다. 토끼와 고라니는 다리로 걷거나 뛰어서 이동합니다.

채점 기준	
상	다리가 없는 동물을 모두 옳게 고르고, 다리가 없는 동물의 이동 방법을 옳게 썼다.
하	다리가 없는 동물은 모두 옳게 골랐으나, 다리가 없는 동물의 이동 방법을 옳게 쓰지 못했다.

3 낙타는 발바닥이 넓어 모래에 잘 빠지지 않고, 혹에 지방을 저장해 물과 먹이를 먹지 않고 며칠 동안 살 수 있습니다. 또 눈썹과 귀 주위의 털이 길고 콧구멍을 여닫을 수 있어 모래 먼지가 들어가는 것을 막을 수 있습니다. 황제펭귄은 추위를 잘 견딜 수 있는 특징이 있어 극지방에서 삽니다.

채점 기준	
상	㉠을 옳게 고르고, 사막에서 살기에 알맞은 특징을 옳게 썼다.
하	㉠만 옳게 고르고, 사막에서 살기에 알맞은 특징을 옳게 쓰지 못했다.

4 흡착판은 어느 곳에나 잘 붙는 문어 빨판의 특징을 이용해 만들었습니다.

채점 기준	
상	문어 빨판의 특징을 이용해 만든 생활용품의 기호를 옳게 쓰고, 이용한 특징을 옳게 썼다.
하	문어 빨판의 특징을 이용해 만든 생활용품의 기호만 옳게 썼다.

수행 평가 17쪽

1 (1) 모범 답안 다리가 있는가? 날개가 있는가? 더듬이가 있는가? 지느러미가 있는가? 등 (2) 모범 답안 ㉠: 다리가 있는가?, ㉡: 꿀벌, 거미, 참새 ㉢: 뱀, 금붕어
2 (1) 모범 답안 붕어와 피라미는 강이나 호수에서 살고, 상어와 돌고래는 바다에서 산다. (2) 모범 답안 몸이 부드러운 곡선 모양이다. 지느러미가 있어 물속에서 헤엄칠 수 있다.

1 (1) 분류 기준은 누가 분류해도 같은 결과가 나오는 것으로 정해야 합니다.

채점 기준	
상	알맞은 분류 기준을 두 가지 모두 옳게 썼다.
하	알맞은 분류 기준을 한 가지만 옳게 썼다.

(2) 꿀벌, 거미, 참새는 다리가 있고, 뱀과 금붕어는 다리가 없습니다.

채점 기준	
상	정한 분류 기준에 따라 동물을 모두 옳게 분류하여 썼다.
하	정한 분류 기준에 따라 동물을 일부만 옳게 분류하여 썼다.

2 (1) 붕어와 피라미는 강이나 호수의 물속에 살고, 상어와 돌고래는 바다에 삽니다.

채점 기준	
상	네 가지 동물이 사는 곳을 모두 옳게 썼다.
하	네 가지 동물 중 일부만 사는 곳을 옳게 썼다.

(2) 붕어, 상어, 피라미, 돌고래는 몸이 부드러운 곡선 모양이고, 지느러미가 있어 물속에서 빠르게 헤엄칠 수 있어 물속에서 살기에 알맞습니다.

채점 기준
물에서 살기에 알맞은 특징을 공통적인 생김새와 관련지어 옳게 썼다.

3. 식물의 생활

단원 정리 18~19쪽

❶ 잎 ❷ 생김새 ❸ 뿌리
❹ 크 ❺ 물속 ❻ 수염
❼ 줄기 ❽ 햇빛 ❾ 바람
❿ 특징

쪽지 시험 20쪽

1 분류 기준 2 소나무 3 잎
4 풀, 나무 5 부들 6 부레옥잠
7 물 8 통통마디 9 우엉 열매
10 철조망

단원 평가 21~23쪽

1 ㉡
2 모범 답안 손바닥 모양으로 갈라져 있다. 가장자리가 톱니 모양이다. 끝이 뾰족하다. 등
3 정아 4 ⑤ 5 ㉡, ㉢
6 ② 7 ㉠: 풀, ㉡: 나무
8 ㉡ 9 ③
10 모범 답안 잎자루에서 공기 방울이 나와 위로 올라간다.
11 ㉢ 12 ② 13 ㉠
14 ㉠: 줄기, ㉡: 물 15 ⑤
16 ③ 17 ① 18 ③
19 ㉡
20 모범 답안 가시가 뾰족해서 동물이 가까이 오는 것을 막는 특징을 이용해 만들었다.

1 토끼풀은 키가 작고, 하얀색 꽃잎이 여러 개 뭉쳐 있습니다. 잎이 세 개씩 붙어 있습니다.

2 단풍나무 잎은 손바닥 모양으로 갈라져 있고, 가장자리는 톱니 모양이며 끝이 뾰족합니다. 또, 잎자루가 있고 잎맥이 그물 모양입니다.

채점 기준	
상	단풍나무 잎 생김새의 특징을 두 가지 모두 옳게 썼다.
하	단풍나무 잎 생김새의 특징을 한 가지만 옳게 썼다.

3 강아지풀 잎은 가늘고 길쭉하며 끝이 뾰족하고, 잎자루가 없습니다. 또, 잎맥이 나란한 모양입니다.

4 소나무와 강아지풀은 잎의 모양이 가늘고 길쭉하지만, 토끼풀과 단풍나무는 그렇지 않습니다.

5 소나무, 강아지풀은 잎의 가장자리가 매끈합니다.

6 갯메꽃은 갯벌에 사는 식물입니다.

7 풀은 나무보다 키가 작고 줄기가 가늡니다.

8 민들레는 나무가 아니고 풀입니다.

9 들이나 산에 사는 식물은 대부분 줄기와 잎이 쉽게 구분되고, 땅에 뿌리를 내리고 삽니다.

10 부레옥잠의 잎자루에서 공기 방울이 나와 위로 올라가는 것을 통해 부레옥잠의 잎자루 속 공기주머니에 공기가 들어 있다는 것을 알 수 있는 실험입니다.

채점 기준
잎자루 속 공기주머니에서 공기 방울이 나온다고 옳게 썼다.

11 마름은 잎이 물에 떠 있는 식물이고, 검정말은 물속에 잠겨서 사는 식물입니다.

12 부들, 연꽃, 갈대는 잎이 물 위로 높이 자라는 식물입니다. 수련과 마름은 잎이 물 위에 떠 있는 식물이고, 부레옥잠은 물에 떠서 사는 식물, 나사말, 검정말, 붕어마름은 물속에 잠겨서 사는 식물입니다.

13 수련, 마름, 가래는 잎이 물 위에 떠 있는 식물입니다.

14 선인장은 줄기에 물을 저장해 물이 부족한 사막에서 살 수 있습니다.

15 사막에서 사는 식물은 굵은 줄기나 두꺼운 잎에 물을 저장하여 물이 부족한 사막에서 살 수 있습니다.

16 용설란, 알로에, 바오바브나무는 사막에서 살고, 통보리사초는 갯벌에서 삽니다. 통보리사초는 바닷가 모래땅에 뿌리를 깊게 내려서 강한 바람에도 잘 자라기 때문에 갯벌에서 살 수 있습니다.

17 기온이 낮고, 바람이 강하게 부는 환경은 높은 산입니다. 높은 산에 사는 식물은 암매입니다.

18 민들레 씨가 바람을 타고 날아가는 모습을 이용해 낙하산을 만들었습니다.

19 우엉 열매의 가시 끝이 갈고리 모양으로 생겨 옷이나 털에 잘 붙는 특징을 이용해 찍찍이 테이프를 만들었습니다.

20 장미의 가시가 뾰족해서 동물이 가까이 오는 것을 막는 특징을 이용해 철조망을 만들었습니다.

채점 기준
철조망에 이용한 장미 가시의 특징을 옳게 썼다.

서술형 평가 24쪽

1 모범 답안 ㉠, ㉣은 잎의 끝이 뾰족한 것으로 분류하고, ㉡, ㉢은 그렇지 않은 것으로 분류한다.
2 (1) ㉠: 나무, ㉡: 풀 (2) 모범 답안 줄기와 잎이 쉽게 구분되고, 땅에 뿌리를 내리고 산다.
3 ㉡, 모범 답안 줄기가 가늘고 부드러워 물의 흐름에 따라 잘 휘어진다.
4 (1) 연잎 (2) 모범 답안 연잎의 표면에 작은 돌기가 많아 물에 젖지 않는 특징을 이용했다.

1 소나무와 벚나무는 잎의 끝이 뾰족하지만, 토끼풀과 은행나무는 잎의 끝이 뾰족하지 않습니다.

	채점 기준
상	㉠~㉣을 모두 옳게 분류하여 썼다.
하	㉠~㉣ 중 일부만 옳게 분류하여 썼다.

2 들이나 산에 사는 식물은 크게 풀과 나무로 구분할 수 있습니다. 대부분 줄기와 잎이 쉽게 구분되고, 땅에 뿌리를 내리고 삽니다.

	채점 기준
상	(1)에서 풀과 나무를 구분하여 쓰고, (2)에서 보기의 낱말을 모두 사용하여 풀과 나무의 공통점을 옳게 썼다.
하	(1)에서 풀과 나무를 옳게 구분하여 썼으나, (2)에서 보기의 낱말 중 일부만 사용하여 풀과 나무의 공통점을 옳게 썼다.

3 물속에 잠겨서 사는 검정말은 줄기가 가늘고 부드러워 물의 흐름에 따라 잘 휘어집니다. 연꽃은 잎이 물 위로 높이 자라는 식물입니다. 이처럼 강이나 연못에 사는 식물은 물이 많은 환경에서 살기에 알맞은 생김새와 생활 방식이 있습니다.

	채점 기준
상	㉡을 옳게 고르고, 검정말이 물에서 살 수 있는 까닭을 옳게 썼다.
하	㉡은 옳게 골랐으나, 검정말이 물에서 살 수 있는 까닭을 옳게 쓰지 못했다.

4 연잎의 표면에 작은 돌기가 많아 물에 젖지 않는 특징을 이용해 물이 스며들지 않는 옷감을 만들었습니다. 이처럼 식물의 특징을 이용하면 우리 생활에 편리한 생활용품을 만들 수 있습니다.

	채점 기준
상	물이 스며들지 않는 옷감을 만들 때 사용한 식물의 이름을 옳게 쓰고, 이용한 식물의 특징을 옳게 썼다.
하	물이 스며들지 않는 옷감을 만들 때 사용한 식물의 이름만 옳게 썼다.

수행 평가 25쪽

1 (1) 공기주머니 (2) 모범 답안 부레옥잠은 잎자루 속 공기주머니에 공기가 들어 있어 물에 떠서 살 수 있다.
2 (1) 선인장, 바오바브나무 (2) 모범 답안 굵은 줄기에 물을 저장한다.

1 (1) 부레옥잠의 잎자루를 자른 면에는 공기주머니가 빽빽하게 연결되어 있습니다.

채점 기준
'공기주머니'를 옳게 썼다.

(2) 부레옥잠의 잎자루에는 동글동글하고 작은 공기주머니가 빽빽하게 연결되어 있습니다. 부레옥잠은 공기주머니에 공기가 들어 있어 물에 떠서 살 수 있습니다.

채점 기준
부레옥잠이 물에 떠서 살 수 있는 까닭을 공기주머니와 관련지어 옳게 썼다.

2 (1) 사막에 사는 식물은 선인장, 바오바브나무입니다. 한라솜다리는 높은 산에 살고, 해홍나물은 갯벌에 삽니다.

	채점 기준
상	사막에 사는 식물을 모두 옳게 썼다.
하	사막에 사는 식물 중 일부만 옳게 썼다.

(2) 선인장과 바오바브나무는 굵은 줄기에 물을 저장합니다. 또, 선인장은 잎이 가시 모양이어서 물이 빠져나가는 것을 줄여 주고, 바오바브나무는 뿌리를 땅 속 깊이 뻗어서 물을 흡수합니다. 이처럼 사막에 사는 식물은 물이 부족한 환경에서 살기에 알맞은 생김새와 생활 방식이 있습니다.

채점 기준
선인장과 바오바브나무가 사막에서 살기에 알맞은 공통적인 특징을 줄기와 관련지어 옳게 썼다.

4. 생물의 한살이

단원 정리 26~27쪽

❶ 한살이 ❷ 알 ❸ 허물
❹ 알 ❺ 새끼 ❻ 물
❼ 온도 ❽ 물 ❾ 햇빛
❿ 씨

쪽지 시험 28쪽

1 짧은 2 애벌레 3 가슴
4 병아리 5 새끼 6 물
7 씌우지 않은 8 한살이 9 한해살이식물
10 민들레

단원 평가 29~30쪽

1 ② 2 ①
3 모범 답안 ㉠은 크기가 변하지만, ㉣은 크기가 변하지 않는다.
4 (1) – ㉢ (2) – ㉡ (3) – ㉠
5 모범 답안 새끼를 낳아 자손을 남긴다.
6 ④ 7 ㉡
8 모범 답안 ㉠은 잘 자라지 않고, ㉡은 잘 자란다.
9 ㉠ 10 소현 11 ③
12 ④

1 사육 상자를 만들어 배추흰나비를 기르는 동안 먹이가 되는 식물이 시들지 않도록 물을 충분히 줍니다.

2 ㉠은 애벌레, ㉡은 알, ㉢은 어른벌레, ㉣은 번데기입니다. 배추흰나비 번데기는 한곳에 붙어 움직이지 않고, 먹이를 먹지 않으며 크기가 변하지 않습니다.

3 배추흰나비 애벌레(㉠)는 허물을 벗으며 몸의 크기가 커지지만, 번데기(㉣)는 크기가 변하지 않습니다.

채점 기준	
상	배추흰나비의 애벌레와 번데기의 크기 변화를 비교하여 옳게 썼다.
하	배추흰나비의 애벌레와 번데기의 크기 변화 중 한 가지만 옳게 썼다.

4 알은 단단한 껍데기에 싸여 있고, 병아리는 몸이 솜털로 덮여 있습니다. 병아리가 닭으로 자라면서 몸이 깃털로 덮이고, 볏과 꽁지깃이 납니다.

5 고양이와 소는 새끼를 낳아 자손을 남기는 동물로, 다 자라면 짝짓기를 하여 암컷이 새끼를 낳습니다.

채점 기준	
상	새끼를 낳아 자손을 남긴다는 내용을 포함하여 옳게 썼다.
하	암컷이 자손을 낳는다고만 쓰고 새끼를 낳는다는 내용을 포함하지 않았다.

6 씨가 싹 트는 데 물이 미치는 영향을 알아보려면 물의 양만 다르게 하고, 물의 양을 제외한 나머지 조건은 같게 해야 합니다.

7 따뜻한 곳에 둔 강낭콩은 온도가 알맞아 ㉡처럼 싹이 틉니다.

8 물을 주지 않은 강낭콩은 잘 자라지 않고 시들지만, 물을 준 강낭콩은 잘 자랍니다. 실험 결과를 바탕으로 식물이 자라려면 적당한 양의 물이 필요하다는 것을 알 수 있습니다.

채점 기준	
상	㉠과 ㉡ 강낭콩의 변화를 모두 옳게 썼다.
하	㉠과 ㉡ 강낭콩의 변화 중 한 가지만 옳게 썼다.

9 식물이 자라려면 적당한 양의 물과 햇빛 등이 필요하고, 식물이 자라는 데 필요한 조건 중 하나라도 맞지 않으면 식물이 잘 자라지 못합니다.

10 벼는 한 해 안에 한살이를 마치고 죽는 한해살이식물로, 겨울이 오기 전에 열매를 맺어 씨를 만들고 한살이를 마칩니다.

11 사과나무는 씨가 싹이 트고 잎과 줄기가 자라 겨울을 보내고, 몇 년 뒤 적당한 크기의 나무로 자라면 해마다 꽃이 피고 열매를 맺어 씨를 만드는 과정을 반복하는 여러해살이식물입니다. 봉숭아, 고추, 옥수수는 한해살이식물입니다.

12 식물은 씨가 싹 터서 자라 꽃이 피고 열매를 맺어 씨를 만드는 과정을 거치며 대를 이어 갑니다.

오답 바로잡기

① 한살이 과정이 같다.
→ 식물에 따라 한살이 과정이 다릅니다.
② 한살이 기간이 같다.
→ 식물에 따라 한살이 기간이 다릅니다.
③ 열매를 맺고 씨를 만든 뒤 시들어 죽는다.
→ 한해살이식물만의 특징입니다.
⑤ 여러 해 동안 살면서 한살이의 일부를 반복한다.
→ 여러해살이식물만의 특징입니다.

서술형 평가 31쪽

1 (1) 어른벌레 (2) 모범 답안 몸이 머리, 가슴, 배의 세 부분으로 구분된다. 다리가 세 쌍 있다. 등
2 모범 답안 다 자라면 짝짓기를 하여 암컷이 알을 낳는다. 새끼와 어미의 모습이 비슷하지 않다. 등
3 (1) 햇빛의 양 (2) 모범 답안 식물이 자라려면 적당한 양의 햇빛이 필요하다.
4 모범 답안 벼는 한 해 안에 한살이를 마치지만, 감나무는 여러 해 동안 살면서 해마다 한살이의 일부를 반복한다.

1 날개를 이용해 날아다니는 배추흰나비 어른벌레의 모습입니다. 배추흰나비와 같이 몸이 머리, 가슴, 배의 세 부분으로 구분되고 다리가 세 쌍인 동물을 곤충이라고 합니다.

채점 기준	
상	배추흰나비의 한살이 단계를 쓰고, 배추흰나비 어른벌레에서 볼 수 있는 곤충의 특징을 옳게 썼다.
하	배추흰나비의 한살이 단계를 썼지만, 배추흰나비 어른벌레에서 볼 수 있는 곤충의 특징을 쓰지 못했다.

2 메뚜기와 장수풍뎅이는 둘 다 알을 낳는 동물로, 다 자라면 짝짓기를 하여 암컷이 알을 낳습니다. 또한, 메뚜기와 장수풍뎅이는 새끼와 어미의 모습이 비슷하지 않습니다.

채점 기준
메뚜기와 장수풍뎅이의 한살이를 비교하여 공통점을 옳게 썼다.

3 강낭콩이 자라는 데 햇빛이 미치는 영향을 알아보는 실험에서 다르게 한 조건은 햇빛의 양입니다. 실험 결과 어둠상자를 씌우지 않아 햇빛을 받은 강낭콩만 잘 자란 것으로 보아, 식물이 자라려면 적당한 양의 햇빛이 필요하다는 것을 알 수 있습니다.

채점 기준	
상	실험에서 다르게 한 조건을 쓰고, 실험 결과로 알 수 있는 식물이 자라는 데 필요한 조건을 옳게 썼다.
하	실험에서 다르게 한 조건을 썼지만, 실험 결과로 알 수 있는 식물이 자라는 데 필요한 조건을 제대로 쓰지 못했다.

4 벼와 같은 한해살이식물은 한 해 안에 씨가 싹 트고 자라 열매를 맺고 씨를 만든 뒤 죽지만, 감나무와 같은 여러해살이식물은 여러 해 동안 살면서 해마다 꽃이 피고 열매를 맺어 씨를 만드는 과정을 반복합니다.

채점 기준	
상	벼와 감나무의 한살이 기간을 비교한 내용을 포함해 옳게 썼다.
하	벼와 감나무는 한살이 기간이 다르다고만 썼다.

수행 평가 32쪽

1 (1) 모범 답안 개구리는 알을 낳고, 개와 고래는 새끼를 낳는다. (2) 모범 답안 다 자라면 짝짓기를 하여 암컷이 자손을 남긴다.
2 (1) 모범 답안 ㉠은 싹이 트지 않고, ㉡은 싹이 튼다. (2) 모범 답안 씨가 싹 트려면 적당한 양의 물이 필요하다.

1 (1) 개구리는 알을 낳는 동물이고, 개와 고래는 새끼를 낳는 동물입니다.

채점 기준	
상	개, 개구리, 고래 모두 알을 낳는 동물과 새끼를 낳는 동물로 옳게 분류했다.
하	개, 개구리, 고래 중 한두 가지만 알을 낳는 동물과 새끼를 낳는 동물로 옳게 분류했다.

(2) 동물은 알이나 새끼를 낳아 자손을 남기면서 한살이를 이어 갑니다.

채점 기준	
상	암컷이 자손을 남긴다는 내용을 포함하여 세 동물의 공통점을 옳게 썼다.
하	개, 개구리, 고래의 공통점을 설명했지만, 일부 옳지 않은 내용을 포함하여 썼다.

2 (1) 물을 주지 않은 강낭콩과 물을 준 강낭콩을 관찰해 씨가 싹 트는 데 물이 미치는 영향을 알아보는 실험입니다. 실험 결과 물을 주지 않은 강낭콩은 싹이 트지 않고, 물을 준 강낭콩은 싹이 틉니다.

채점 기준	
상	실험 결과를 옳게 썼다.
하	강낭콩 ㉠과 ㉡의 변화 중 한 가지만 옳게 썼다.

(2) 물을 준 강낭콩만 싹이 튼 것으로 보아, 씨가 싹 트려면 적당한 양의 물이 필요하다는 것을 알 수 있습니다.

채점 기준	
상	실험 결과로 알 수 있는 씨가 싹 트는 데 필요한 조건을 옳게 썼다.
하	적당한 양의 물 외에 씨가 싹 트는 데 필요한 다른 조건을 함께 썼다.

오·투·시·리·즈 생생한 시각자료와 탁월한 콘텐츠로 과학 공부의 즐거움을 선물합니다.

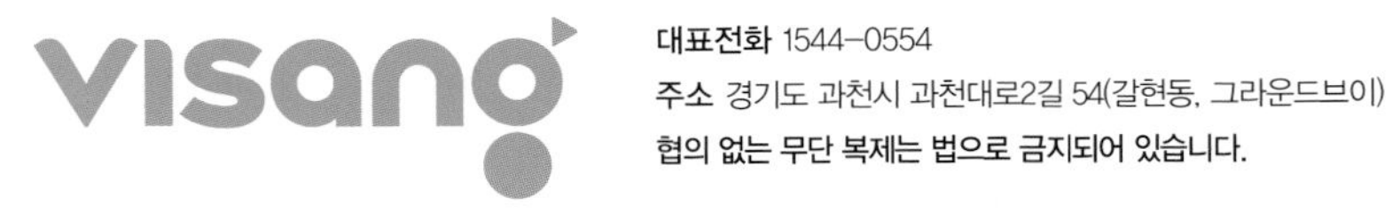

대표전화 1544-0554
주소 경기도 과천시 과천대로2길 54(갈현동, 그라운드브이)

2022 개정 교육과정

생생한 과학의 즐거움!

과학은 역시!

오투 실전책

초등과학

3-1

책 속의 가접 별책 (특허 제 0557442호)
'실전책'은 본책에서 쉽게 분리할 수 있도록 제작되었으므로
유통 과정에서 분리될 수 있으나 파본이 아닌 정상제품입니다.

단원 평가 대비

- 단원 정리
- 서술형 평가
- 쪽지 시험
- 수행 평가
- 단원 평가

visang

ABOVE IMAGINATION

우리는 남다른 상상과 혁신으로
교육 문화의 새로운 전형을 만들어
모든 이의 행복한 경험과 성장에 기여한다

오투 실전책

초등과학

3·1

단원 정리

1. 힘과 우리 생활

개념 ① 힘과 관련된 현상

개념 ② 수평 잡기

• 무게가 같은 물체로 수평 잡기

우리는 무게가 같아.

받침점으로부터 양쪽으로 같은 거리에 앉아야 수평을 잡을 수 있어.

4 3 2 1 0 1 2 3 4

• 무게가 다른 물체로 수평 잡기

개념 ③ 수평 잡기로 무게 비교하기

시소가 친구 쪽으로 기울어진 것을 보니 친구가 더 무겁네.
시소가 내 쪽으로 기울었네.

1 힘과 관련된 현상

① ❶ [　　　] 을 주어 물체를 밀거나 당길 때 나타나는 현상

• 물체를 움직일 수 있습니다.

물체를 밀 때	물체를 당길 때
물체가 멀어집니다.	물체가 가까워집니다.

• 물체의 모양을 변하게 할 수 있습니다.

② **무거운 물체와 가벼운 물체를 밀거나 당길 때의 특징**: 물체를 밀거나 당겨 움직일 때 ❷ [　　　] 물체일수록 움직이는 데 더 큰 힘이 듭니다.

2 수평 잡기

① ❸ [　　　]: 어느 한쪽으로 기울지 않고 평평한 상태

② **무게**: 물체가 가볍고 무거운 정도로, 지구가 물체를 당기는 힘의 크기

③ **수평 잡기**

무게가 같은 물체로 수평 잡기	무게가 다른 물체로 수평 잡기
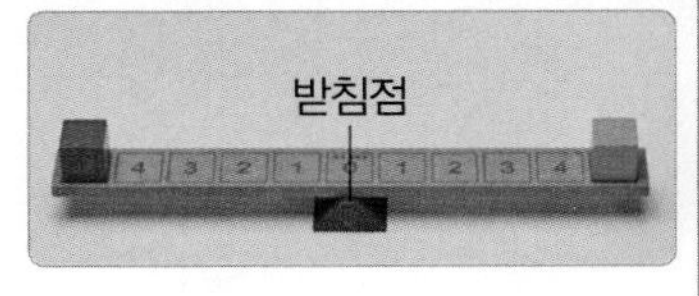	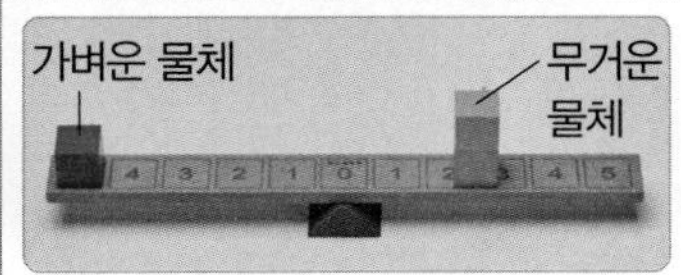
두 물체를 받침점에서 양쪽으로 같은 거리에 놓아야 합니다.	무거운 물체를 가벼운 물체보다 받침점에 더 ❹ [　　　] 놓아야 합니다.

3 수평 잡기로 무게 비교하기

① **두 물체를 받침점에서 양쪽으로 같은 거리에 놓고 수평 확인하기**

수평을 이루는 경우	기울어지는 경우
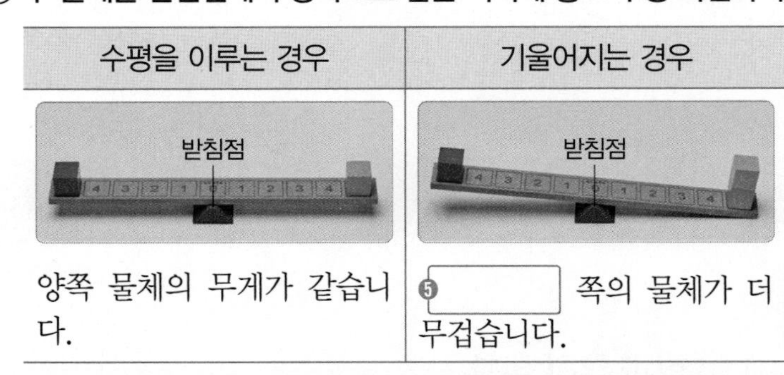	
양쪽 물체의 무게가 같습니다.	❺ [　　　] 쪽의 물체가 더 무겁습니다.

② **수평을 이룰 때 두 물체와 받침점 사이의 거리 확인하기**: 나무판이 수평을 이룰 때 받침점에 가까운 물체가 더 무겁습니다.

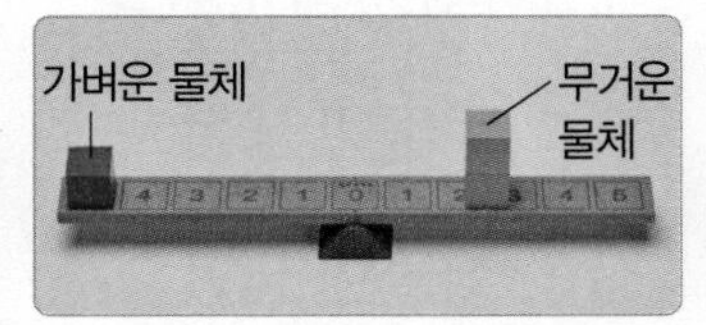

③ **양팔저울이 수평을 이루는 데 필요한 클립의 수 비교하기**: 양팔저울이 수평을 이루는 데 필요한 클립의 수가 더 많은 물체가 더 무겁습니다.

4 저울이 필요한 까닭

① **저울**: 물체의 ⑥ [ ] 를 정확하게 잴 수 있는 도구

② **무게의 단위**: g(그램), kg(킬로그램) 등

③ **저울이 필요한 까닭**: 저울을 사용하면 물체의 무게를 정확하게 비교할 수 있기 때문입니다.

④ ⑦ [ ] **로 물체의 무게를 재는 방법**

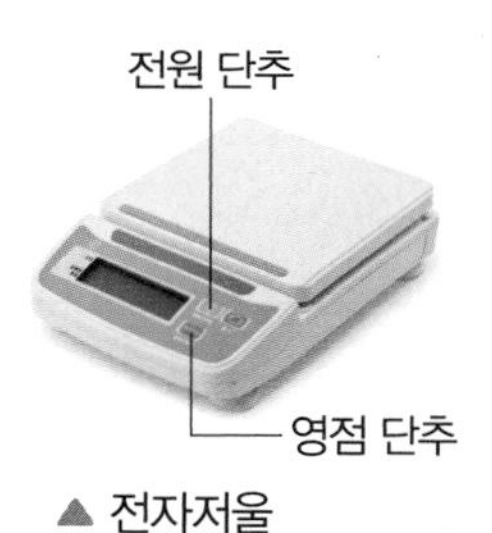

전원 단추
영점 단추

▲ 전자저울

무게를 재는 방법	전자저울을 평평한 곳에 놓고 저울의 수평 맞추기 ➜ 전원 단추를 눌러 저울 작동하기 ➜ 영점 단추를 눌러 영점 맞추기 ➜ 물체를 올리고 화면에 나타난 숫자를 단위와 함께 읽기

개념 ④ 저울이 필요한 까닭

• 저울이 필요한 까닭

저울을 사용하면 무게를 정확하게 비교할 수 있어.
30 kg
35 kg

• 전자저울로 물체의 무게를 재는 방법

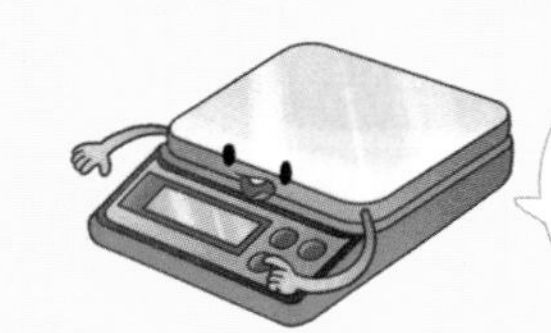

영점 단추를 눌러서 영점을 맞춘 뒤 물체의 무게를 재야 물체의 무게를 정확하게 잴 수 있어.

5 용수철저울로 물체의 무게 비교하기

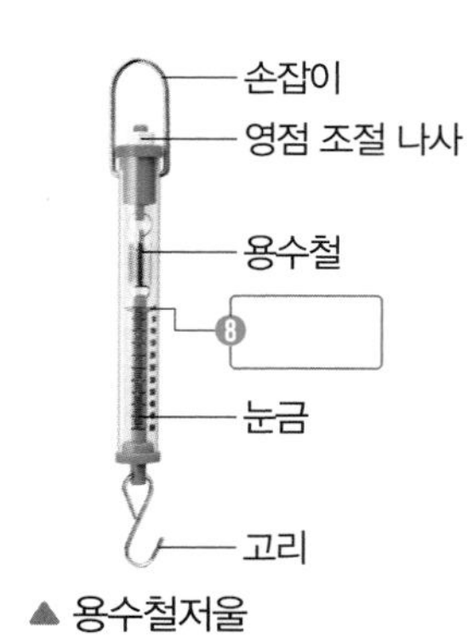

손잡이
영점 조절 나사
용수철
⑧
눈금
고리

▲ 용수철저울

무게를 재는 방법	스탠드를 평평한 곳에 놓고 용수철저울 걸기 ➜ 영점 조절 나사를 돌려 표시 자를 눈금 '0'에 맞추기 ➜ 물체를 고리에 걸기 ➜ 표시 자가 움직이지 않을 때 표시 자와 눈높이를 맞추고 표시 자가 가리키는 눈금을 단위와 함께 읽기

개념 ⑤ 용수철저울로 물체의 무게 비교하기

영점 조절 나사를 돌려 표시 자를 눈금 '0'에 맞춰야 해.
표시 자와 눈높이를 맞추고 눈금을 읽어야지.

6 힘을 줄여 주는 지레와 빗면

① **지레와 빗면**

지레	막대의 한 곳을 받치고 작은 힘으로 물체를 움직이게 하는 도구
빗면	비스듬히 기울어진 면을 이용해 작은 힘으로 물체를 움직일 때 이용하는 도구

② **지레와 빗면의 이용**: 작은 힘으로도 쉽게 물체를 움직일 수 있어 우리 생활에 편리하게 쓰입니다.

⑨ [ ] 를 이용하는 예	⑩ [ ] 을 이용하는 예

▲ 장도리 ▲ 손톱깎이 ▲ 경사로 ▲ 사다리차

개념 ⑥ 힘을 줄여 주는 지레와 빗면

가위
지레나 빗면과 같은 도구를 이용하면 작은 힘으로 물체를 자르거나 움직일 수 있어.
사다리차

쪽지 시험 1. 힘과 우리 생활

이름	맞은 개수

1 ( )을/를 주어 물체를 밀거나 당기면 물체가 움직입니다.

2 힘을 주어 물체를 밀거나 당겨 물체가 움직일 때 (무거운, 가벼운) 물체일수록 큰 힘이 듭니다.

3 시소를 탈 때 몸무게가 같은 두 사람이 수평을 잡으려면 받침점에서 양쪽으로 (같은, 다른) 거리에 앉아야 합니다.

4 나무판의 받침점에서 양쪽으로 같은 거리에 두 물체를 각각 올려놓았을 때 나무판이 한쪽으로 기울어지면 기울어진 쪽에 놓인 물체가 (무거운, 가벼운) 물체입니다.

5 물체가 가볍고 무거운 정도를 ( )(이)라고 합니다.

6 물체의 무게를 정확하게 비교하기 위해서는 ( )이/가 필요합니다.

7 용수철저울의 ( )은/는 표시 자가 가리키는 부분으로 물체의 무게를 나타냅니다.

8 용수철저울로 물체의 무게를 정확하게 비교하려면 용수철저울에 물체를 걸기 전에 영점 조절 나사를 돌려 ( )을/를 눈금 '0'에 맞추어야 합니다.

9 지레나 빗면을 이용해 물체를 들어 올리면 손으로 물체를 직접 들어 올릴 때보다 (큰, 작은) 힘이 듭니다.

10 가위와 병따개는 (지레, 빗면)을/를 이용하는 예이고, 사다리차와 나사못은 (지레, 빗면)을/를 이용하는 예입니다.

단원 평가 1. 힘과 우리 생활

이름 | 맞은 개수

중요

1 오른쪽은 문을 당기는 모습입니다. 이에 대한 설명으로 옳은 것을 보기 에서 골라 기호를 써 봅시다.

보기
㉠ 문에 힘을 주면 문을 움직일 수 있다.
㉡ 정지해 있던 문이 스스로 움직이는 모습이다.
㉢ 문을 당기면 문이 사람에게서 멀어지는 방향으로 움직인다.

( )

2 다음과 같은 일상생활의 모습을 통해 알 수 있는 사실은 무엇입니까? ( )

- 페트병을 누르면 페트병의 모양이 변한다.
- 용수철을 당기면 용수철이 길게 늘어난다.

① 물체를 당기면 물체가 움직이지 않는다.
② 힘을 주면 물체의 모양이 변하기도 한다.
③ 물체를 밀면 물체의 온도가 변하기도 한다.
④ 정지해 있는 물체는 스스로 움직일 수 있다.
⑤ 물체를 밀면 물체가 가까워지고, 물체를 당기면 물체가 멀어진다.

서술형

3 다음 카트를 각각 밀어 움직일 때 드는 힘이 가장 작은 것을 골라 기호를 쓰고, 그렇게 생각한 까닭을 써 봅시다.

㉠ 
㉡ 
㉢ 

4 물체를 밀거나 당겨 움직일 때 드는 힘의 크기에 대해 옳게 말한 사람의 이름을 써 봅시다.

- 누리: 물체를 당겨 물체가 움직일 때는 무거운 물체일수록 큰 힘이 필요해.
- 솔찬: 물체를 밀거나 당겨 움직일 때 드는 힘의 크기는 물체의 색깔에 따라 달라져.

( )

5 다음은 나무판의 왼쪽 5에 나무토막 두 개를 올려놓은 모습입니다. 나무판의 수평을 잡으려면 무게가 같은 나무토막 두 개를 어느 위치에 놓아야 합니까? ( )

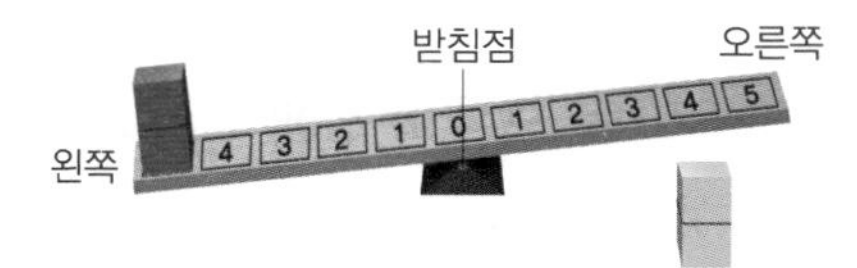

① 왼쪽 2 ② 왼쪽 4 ③ 오른쪽 2
④ 오른쪽 4 ⑤ 오른쪽 5

6 다음 ( ) 안에 알맞은 말을 써 봅시다.

무게가 같은 두 물체를 ( )에서 양쪽으로 같은 거리에 놓으면 수평을 잡을 수 있다.

( )

중요

7 다음은 수평을 잡은 나무판의 모습입니다. 더 가벼운 물체를 골라 기호를 써 봅시다.

( )

8~9 다음은 나무판에 집게와 지우개를 올려놓은 모습입니다.

8 위 나무판이 기울어진 까닭으로 옳은 것은 어느 것입니까? (　　)

① 받침점이 없기 때문이다.
② 집게와 지우개의 무게가 같기 때문이다.
③ 집게와 지우개의 모양이 다르기 때문이다.
④ 집게와 지우개의 무게가 다르기 때문이다.
⑤ 집게와 지우개가 받침점에서 양쪽으로 다른 위치에 놓여 있기 때문이다.

서술형

9 위 나무판의 오른쪽 5에 지우개 대신 가위를 올려놓았더니 나무판이 가위 쪽으로 기울어졌습니다. 집게, 지우개, 가위의 무게를 비교해 써 봅시다.

10 다음 (　) 안에 알맞은 말을 옳게 짝 지은 것은 어느 것입니까? (　　)

> 양팔저울의 한쪽 저울접시에 물체를 올려놓고 다른 쪽 저울접시에 클립을 하나씩 올려 (㉠)을/를 이루는 데 필요한 클립의 개수를 비교하여 물체의 (㉡)을/를 비교할 수 있다.

	㉠	㉡		㉠	㉡
①	수직	힘	②	수직	무게
③	수평	힘	④	수평	크기
⑤	수평	무게			

중요

11 여러 학용품의 무게를 정확하게 비교하는 방법으로 옳은 것을 보기 에서 골라 기호를 써 봅시다.

> 보기
> ㉠ 자로 학용품의 길이를 각각 잰다.
> ㉡ 저울로 학용품의 무게를 각각 잰다.
> ㉢ 양손에 학용품을 한 개씩 들고 무게를 비교한다.

(　　　　　)

12 전자저울에 대한 설명으로 옳지 않은 것은 어느 것입니까? (　　)

① 평평한 곳에 놓고 사용한다.
② 저울을 작동하는 단추가 있다.
③ 물체를 저울에 올려놓은 뒤 영점을 맞춘다.
④ 저울로 잴 수 있는 무게의 범위가 정해져 있다.
⑤ 물체를 저울에 올려놓았을 때 화면에 나타난 숫자가 클수록 무거운 물체이다.

13 다음 저울에 대한 설명으로 옳지 않은 것을 보기 에서 골라 기호를 써 봅시다.

> 보기
> ㉠ 무게의 단위가 나타나 있다.
> ㉡ 저울에 표시된 g는 '킬로그램', kg는 '그램'이라고 읽는다.
> ㉢ 물체의 무게를 정확하게 비교할 때 사용할 수 있는 도구이다.

(　　　　　)

14 우체국에서 택배 물품의 무게를 정확하게 재기 위해 사용하는 것은 어느 것입니까? (   )

① 거울 ② 시계
③ 저울 ④ 돋보기
⑤ 수평계

15~16 다음은 어떤 저울로 물체의 무게를 재는 방법입니다.

(가) 평평한 곳에 스탠드를 놓고 저울을 건다.
(나) (   )을/를 돌려 표시 자를 눈금 '0'에 맞춘다.
(다) 물체를 고리에 걸고 표시 자가 가리키는 눈금을 단위와 함께 읽는다.

15 어떤 저울로 물체의 무게를 재는 방법인지 써 봅시다.

(   )

중요

16 위 (   ) 안에 알맞은 말은 어느 것입니까? (   )

① 손잡이 ② 용수철
③ 전원 단추 ④ 영점 단추
⑤ 영점 조절 나사

서술형

17 물병이 든 상자를 손으로 직접 들어 올릴 때와 지레와 같은 도구를 이용해 들어 올릴 때 드는 힘의 크기를 비교해 써 봅시다.

____

____

중요

18 다음은 용수철저울에 필통을 걸고 들어 올리는 모습입니다. 이에 대한 설명으로 옳은 것을 보기 에서 골라 기호를 써 봅시다.

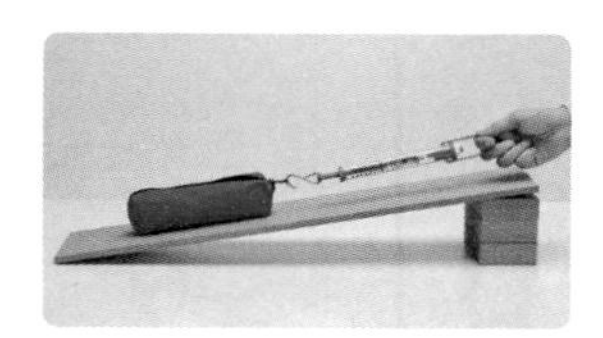

보기
㉠ 지레를 이용하는 모습이다.
㉡ 빗면을 이용하는 모습이다.
㉢ 용수철저울의 고리에 필통을 걸고 손으로 직접 들어 올릴 때와 같은 힘이 든다.

(   )

19 오른쪽과 같이 장도리를 이용할 때의 편리한 점으로 옳은 것은 어느 것입니까? (   )

① 못을 큰 힘으로 구부릴 수 있다.
② 못을 큰 힘으로 어렵게 뺄 수 있다.
③ 못을 큰 힘으로 쉽게 자를 수 있다.
④ 못을 작은 힘으로 쉽게 뺄 수 있다.
⑤ 힘을 들이지 않고 못을 박을 수 있다.

20 지레를 이용하는 도구는 어느 것입니까? (   )

① ▲ 체중계

② 
▲ 나사못

③ ▲ 손톱깎이

④ 

▲ 자석

서술형 평가 1. 힘과 우리 생활

이름 | 맞은 개수

1 힘을 주어 그네를 밀거나 당길 때 그네가 어떤 방향으로 움직이는지 써 봅시다.

2 다음은 누리가 시소에 앉아 시소가 기울어진 모습입니다.

(1) 누리와 몸무게가 같은 솔찬이가 시소에 앉았을 때 수평을 잡을 수 있는 위치를 찾아 기호를 써 봅시다.

( )

(2) 위 (1)번과 같이 생각한 까닭을 써 봅시다.

3 가람이는 크기가 비슷한 두 사과의 무게를 손과 저울로 각각 비교해 보았습니다. 다음 비교한 결과를 보고 알 수 있는 사실을 써 봅시다.

손으로 무게를 비교했을 때	두 사과의 무게가 비슷하게 느껴져 무게가 얼마나 차이 나는지 정확하게 알 수 없었다.
저울로 무게를 비교했을 때	사과의 무게는 각각 200 g과 215 g이었고, 두 사과의 무게는 15 g 차이가 나는 것을 알 수 있었다.

4 다음은 용수철저울로 필통과 컵의 무게를 재어 본 결과입니다.

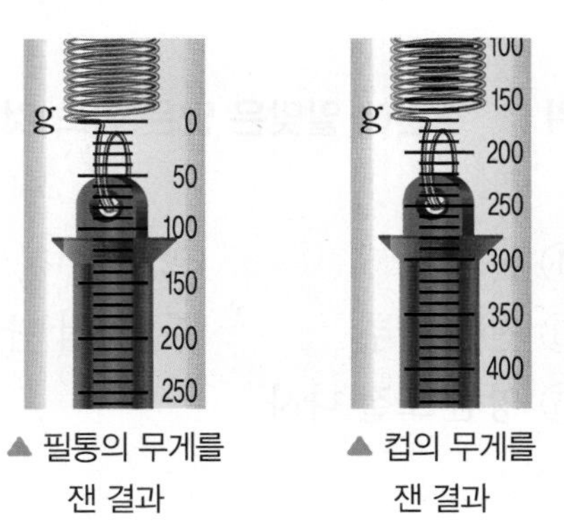

▲ 필통의 무게를 잰 결과 ▲ 컵의 무게를 잰 결과

(1) 용수철저울에 표시되어 있는 작은 눈금 한 칸이 나타내는 무게를 써 봅시다.

( ) g

(2) 필통과 컵의 무게를 비교해 써 봅시다.

수행 평가 1. 힘과 우리 생활

이름	맞은 개수

평가 요소 전자저울을 사용해 물체의 무게 비교하기

1 다음은 전자저울의 영점을 맞춘 뒤 여러 가지 물체의 무게를 재어 본 결과입니다.

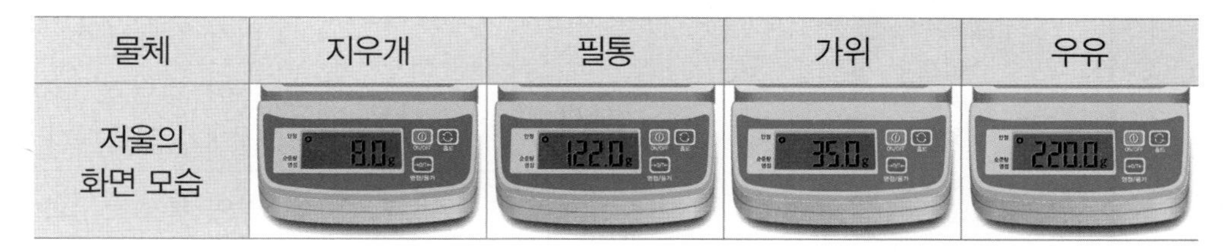

물체	지우개	필통	가위	우유
저울의 화면 모습	8.0 g	122.0 g	35.0 g	220.0 g

(1) 위 실험에서 영점을 맞춘 뒤 물체의 무게를 재는 까닭을 써 봅시다.

(2) 네 물체의 무게를 비교해 써 봅시다.

평가 요소 지레나 빗면과 같은 도구의 쓰임 알아보기

2 다음은 일상생활에서 이용하는 도구들입니다.

▲ 병따개

▲ 경사로

(1) 위 도구들을 일상생활에서 어떻게 이용하는지 각각 써 봅시다.

(2) 위 도구들을 일상생활에서 이용할 때의 편리한 점을 써 봅시다.

단원 정리

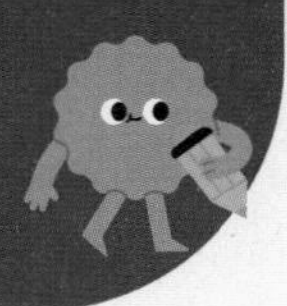

2. 동물의 생활

개념 ① 우리 주변에 사는 동물

1 우리 주변에 사는 동물

동물	볼 수 있는 곳	특징
고양이	집 주변	몸이 털로 덮여 있고, 두 쌍의 다리가 있습니다.
참새	나무	몸이 깃털로 덮여 있고, 한 쌍의 날개가 있습니다.
금붕어	연못	몸이 ❶ (　　) 로 덮여 있고, 지느러미와 아가미가 있습니다.

➜ 우리 주변에는 여러 가지 동물이 살고 있고, 동물마다 생김새와 생활 방식 등 특징이 다양합니다.

개념 ② 특징에 따른 동물 분류

2 특징에 따른 동물 분류

① **동물의 분류 기준:** 동물은 특징에 따라 ❷ (　　) 을 정해 분류할 수 있습니다.

② **특징에 따른 동물 분류**

분류 기준		분류 결과
다리가 있는가?	그렇다.	개구리, 고양이, 나비, 참새
	그렇지 않다.	금붕어, 뱀
❸ (　　) 가 있는가?	그렇다.	나비, 참새
	그렇지 않다.	개구리, 고양이, 금붕어, 뱀

개념 ③ 땅에 사는 동물

3 땅에 사는 동물

① **땅에 사는 동물**

토끼	뱀	두더지
귀가 크고 길쭉하며, 다리로 걷거나 뛰어다닙니다.	몸이 가늘고 길며, 다리가 없어 기어 다닙니다.	몸이 털로 덮여 있고, 앞다리로 땅속에 굴을 팝니다.

➜ 땅에 사는 동물은 땅에서 살기에 알맞은 특징이 있습니다.

② **땅에 사는 동물의 이동 방법**

다리가 ❹ (　　) 동물	다리가 ❺ (　　) 동물	날개가 있는 동물
걷거나 뛰어서 이동합니다.	긴 몸통으로 기어서 이동합니다.	날아서 이동할 수 있습니다.

4 물에 사는 동물

강이나 호수	붕어	지느러미로 헤엄쳐 다니고, 아가미로 숨을 쉽니다.
강이나 호수	다슬기	물속 바위에 붙어 있거나 바닥을 기어다닙니다.
❻ ( )	돌고래	몸이 부드러운 곡선 모양이고, 지느러미로 헤엄쳐 다닙니다.
갯벌	게	마디가 있는 다리로 갯벌을 걸어 다닙니다.

붕어

돌고래

게

➜ 물에 사는 동물은 ❼ ( ), 물갈퀴, 다리로 헤엄쳐 다니는 등 물속에서 살기에 알맞은 특징이 있습니다.

개념 4 물에 사는 동물

5 사막이나 극지방, 높은 산에 사는 동물

사막	❽ ( )	등에 있는 혹에 지방을 저장해 물과 먹이를 먹지 않고 며칠 동안 살 수 있습니다.
극지방	북극곰	몸이 ❾ ( )로 빽빽하게 덮여 있고, 지방층이 두꺼워 추위를 견딜 수 있습니다.
높은 산	산양	털 색깔이 바위 색깔과 비슷해 눈에 잘 띄지 않습니다.

낙타

북극곰

산양

➜ 사막, 극지방, 높은 산에 사는 동물은 각 환경에 알맞은 특징이 있습니다.

개념 5 사막, 극지방, 높은 산에 사는 동물

6 동물의 특징을 이용한 생활용품

문어 빨판

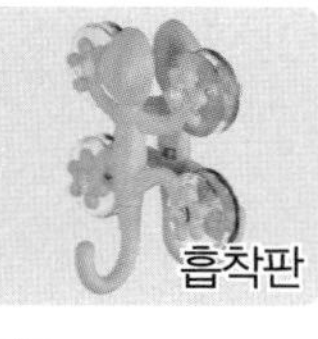
흡착판

수리 발 › 집게 차

➜ 동물의 ❿ ( )을 이용하면 우리 생활에 편리한 생활용품을 만들 수 있습니다.

개념 6 동물의 특징을 이용한 생활용품

쪽지 시험 2. 동물의 생활

이름	맞은 개수

1 학교 (화단, 연못)에서 볼 수 있는 금붕어는 몸이 비늘로 덮여 있으며 지느러미로 헤엄쳐 다닙니다.

2 분류 기준은 누가 분류하더라도 (같은, 다른) 결과가 나오는 것으로 정해야 합니다.

3 '다리가 있는가?'라는 분류 기준으로 동물을 분류할 때 뱀, 고양이, 달팽이 중 '그렇다.'로 분류할 수 있는 것은 어느 것입니까?

4 (고라니, 두더지)는 삽처럼 넓적하게 생긴 앞다리로 땅속에 굴을 파고 삽니다.

5 뱀은 (걷거나 뛰어서, 기어서, 날아서) 이동합니다.

6 게, 다슬기, 돌고래 중 강이나 호수에 사는 동물은 어느 것입니까?

7 붕어는 몸이 부드러운 곡선 모양이고, (물갈퀴, 지느러미)가 있어 물속에서 헤엄칠 수 있습니다.

8 낙타는 등에 있는 (   )에 지방을 저장해 물과 먹이를 먹지 않고 며칠 동안 살 수 있어 사막에서 살기에 알맞습니다.

9 산양, 북극곰, 사막여우 중 극지방에서 살기에 알맞은 동물은 어느 것입니까?

10 거울이나 벽에 잘 붙을 수 있는 흡착판은 어떤 동물의 특징을 이용하여 만든 생활용품입니까?

단원 평가 2. 동물의 생활

이름 | 맞은 개수

1 학교 화단에서 주로 볼 수 있는 동물끼리 옳게 짝 지은 것은 어느 것입니까? ( )

① 개미, 나비　② 개구리, 참새
③ 금붕어, 참새　④ 금붕어, 달팽이
⑤ 금붕어, 고양이

서술형

2 오른쪽 참새의 특징으로 옳지 않은 것을 골라 기호를 쓰고, 옳게 고쳐 써 봅시다.

㉠ 나무에서 주로 볼 수 있고 ㉡ 몸이 비늘로 덮여 있으며, ㉢ 한 쌍의 다리가 있다. 또, ㉣ 한 쌍의 날개가 있어 날아다닌다.

3 다음과 같은 특징이 있는 동물은 어느 것입니까? ( )

- 일곱 쌍의 다리가 있다.
- 화단에서 주로 볼 수 있다.
- 몸에 여러 개의 마디가 있다.
- 건드리면 몸을 공처럼 둥글게 만든다.

① 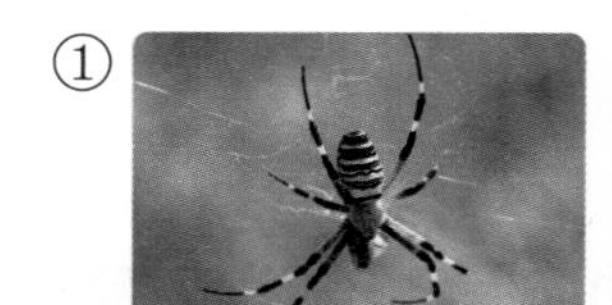
▲ 거미

② 
▲ 토끼

③ 
▲ 달팽이

④ 
▲ 공벌레

4~6 다음은 우리 주변에서 볼 수 있는 여러 가지 동물입니다.

▲ 꿀벌

▲ 나비

▲ 금붕어

▲ 지렁이

▲ 개구리

▲ 고양이

4 위 동물을 특징에 따라 분류하려고 할 때, 분류 기준으로 알맞은 것을 두 가지 골라 써 봅시다. (,)

① 무서운가?
② 몸집이 큰가?
③ 더듬이가 있는가?
④ 지느러미가 있는가?
⑤ 내가 좋아하는 동물인가?

중요

5 위 동물을 다음과 같이 분류했을 때, ( ) 안에 알맞은 말은 어느 것입니까? ( )

분류 기준: ( )이/가 있는가?

그렇다.	그렇지 않다.
꿀벌, 나비, 개구리, 고양이	금붕어, 지렁이

① 깃털　② 다리　③ 더듬이
④ 비늘　⑤ 지느러미

6 위 동물을 '날개가 있는가?'라는 분류 기준으로 분류할 때 '그렇다.'로 분류할 수 있는 동물의 이름을 모두 써 봅시다.

( )

7 땅 위에 사는 동물끼리 옳게 짝 지은 것은 어느 것입니까? (   )

① 개미, 지렁이
② 토끼, 부엉이
③ 토끼, 땅강아지
④ 부엉이, 매미 애벌레
⑤ 딱따구리, 매미 애벌레

8 오른쪽 두더지가 땅에서 살기에 알맞은 특징을 옳게 말한 사람의 이름을 써 봅시다.

- 영수: 몸에 고리 모양의 마디가 많아.
- 진희: 긴 몸통으로 땅속을 기어다니지.
- 민정: 삽처럼 넓적한 앞다리와 두꺼운 발톱으로 땅속에 굴을 파고 살 수 있어.

(   )

✧중요✧

9 다음 동물들의 공통점으로 옳은 것은 어느 것입니까? (   )

▲ 고라니

▲ 다람쥐

▲ 너구리

① 땅속에 산다.
② 몸이 깃털로 덮여 있다.
③ 날아서 이동하기도 한다.
④ 땅에 배를 붙이고 기어다닌다.
⑤ 다리가 있어 걷거나 뛰어다닌다.

10~12 다음은 물에 사는 여러 가지 동물입니다.

㉠ ▲ 게

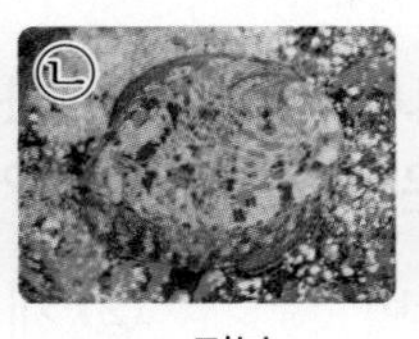
㉡ ▲ 전복

㉢ ▲ 붕어

㉣ ▲ 조개

㉤ ▲ 오징어

㉥ ▲ 다슬기

10 위 동물을 사는 곳에 따라 분류하여 기호를 써 봅시다.

(1) 강이나 호수	(2) 바다	(3) 갯벌

✧중요✧

11 위 동물 중 지느러미로 헤엄쳐 다니는 동물을 두 가지 골라 기호를 써 봅시다.

(   )

12 위 동물 중 다음 설명과 관계있는 동물의 기호를 써 봅시다.

- 다섯 쌍의 다리가 있다.
- 몸이 딱딱한 껍데기로 덮여 있다.

(   )

서술형

13 오른쪽 수달이 강이나 호수에서 살기에 알맞은 특징을 써 봅시다.

14 다음과 같은 특징이 있는 환경에 사는 동물을 골라 기호를 써 봅시다.

- 낮에는 덥고 밤에는 춥다.
- 비가 내려 건조하며, 물이 부족하다.

㉠ ▲ 사막여우

㉡ ▲ 황제펭귄

㉢ ▲ 잣까마귀

( )

중요

15 오른쪽 사막 전갈이 사막에 살기에 알맞은 특징으로 옳은 것을 보기 에서 골라 기호를 써 봅시다.

보기
㉠ 등에 돌기가 있다.
㉡ 온몸이 딱딱한 껍데기로 되어 있어 몸에 있는 물을 잘 지킨다.
㉢ 혹에 지방을 저장해 물과 먹이를 먹지 않고 며칠 동안 살 수 있다.

( )

16 오른쪽 북극곰에 대한 설명으로 옳은 것은 어느 것입니까? ( )

① 사막에서 산다.
② 몸집이 작고 귀가 크다.
③ 몸과 발바닥이 털로 덮여 있다.
④ 넓은 발바닥으로 모래 위를 잘 걷는다.
⑤ 바위가 많은 환경에서 살기에 알맞은 특징을 가지고 있다.

17 동물과 동물이 사는 곳을 옳게 짝 지은 것은 어느 것입니까? ( )

① 산양 – 극지방 ② 황제펭귄 – 극지방
③ 북극여우 – 사막 ④ 바다코끼리 – 사막
⑤ 사막 뱀 – 높은 산

서술형

18 오른쪽 집게 차는 수리 발의 어떤 특징을 이용해 만든 것인지 써 봅시다.

____

____

19 오른쪽 산양 발굽의 특징을 이용해 만든 생활용품을 보기 에서 골라 기호를 써 봅시다.

보기

㉠ ▲ 전신 수영복 ㉡ ▲ 등산화 ㉢ ▲ 접착테이프

( )

20 오른쪽 물놀이용 물갈퀴는 오리발의 어떤 특징을 이용해 만든 것입니까? ( )

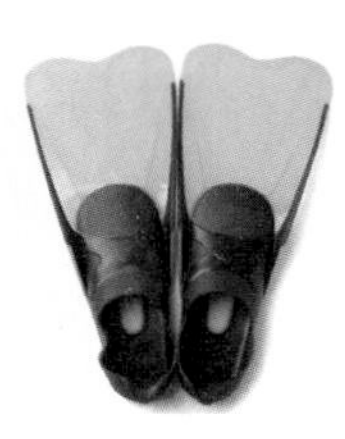

① 다른 물체에 잘 붙는다.
② 물속에서 헤엄을 잘 친다.
③ 바위에서 미끄러지지 않는다.
④ 먹이를 잘 잡고 놓치지 않는다.
⑤ 걸을 때 발이 모래에 잘 빠지지 않는다.

서술형 평가 2. 동물의 생활

이름	맞은 개수

1 다음 개미를 주로 볼 수 있는 곳은 연못, 화단, 나무 중 어디인지 쓰고, 관찰한 개미의 특징을 두 가지 써 봅시다.

(1) 볼 수 있는 곳: (   )

(2) 특징: ______________________

____

2 다음은 땅에 사는 동물입니다. 다리가 없는 동물의 이름을 모두 쓰고, 그 동물들의 이동 방법을 써 봅시다.

▲ 뱀

▲ 토끼

▲ 고라니

▲ 지렁이

____

____

3 다음은 살기 어려울 것 같은 환경에서 사는 동물입니다. 사막에 사는 동물을 골라 기호를 쓰고, 그 동물이 사막에서 살기에 알맞은 특징을 한 가지 써 봅시다.

㉠ ▲ 낙타

㉡ ▲ 황제펭귄

(1) 사막에서 사는 동물: (   )

(2) 특징: ______________________

____

4 오른쪽 문어 빨판의 특징을 이용해 만든 것을 골라 기호를 쓰고, 문어 빨판의 어떤 특징을 이용한 것인지 써 봅시다.

㉠ ▲ 집게 차

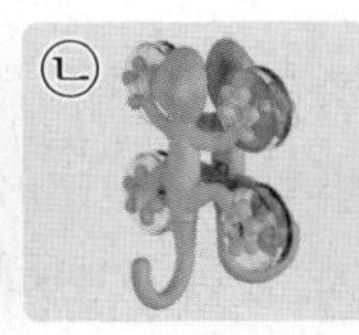

㉡ ▲ 흡착판

㉢ ▲ 고속 열차

____

____

수행 평가 2. 동물의 생활

이름 | 맞은 개수

평가 요소 알맞은 동물 분류 기준을 정하고 분류 기준에 따라 동물 분류하기

1 다음은 여러 가지 동물입니다.

▲ 뱀

▲ 꿀벌

▲ 거미

▲ 참새

▲ 금붕어

(1) 위 동물을 생김새에 따라 분류하려고 할 때, 알맞은 분류 기준을 두 가지 써 봅시다.

---

(2) 분류 기준을 한 가지 정하고, 그 분류 기준에 따라 위 동물을 분류하여 써 봅시다.

평가 요소 물에서 살기에 알맞은 특징 설명하기

2 다음은 물에 사는 여러 가지 동물입니다.

▲ 붕어

▲ 상어

▲ 피라미

▲ 돌고래

(1) 위 동물이 사는 곳을 보기 에서 골라 각각 써 봅시다.

보기		
바다	갯벌	강이나 호수

---

(2) 위 동물이 물에서 살기에 알맞은 공통적인 특징을 한 가지 써 봅시다.

3. 식물의 생활

개념 ① 주변에 사는 식물

난 잎이
작고 둥근
회양목이야.
난 토끼풀!
잎이 세 개씩
붙어 있지!
난 산철쭉이고,
안쪽에 진홍색
점이 있는 분홍색
꽃이 펴.

1 우리 주변에 사는 식물

우리 주변에는 회양목, 토끼풀, 산철쭉 등 다양한 식물이 삽니다.

▲ 회양목

▲ 토끼풀

▲ 산철쭉

➜ 우리 주변에 살고 있는 식물은 꽃과 ❶ (   ), 줄기 등의 생김새가 다양합니다.

개념 ② 잎의 특징에 따른 식물 분류

나는 잎의
모양이 가늘고
길쭉한 것을
골랐어.
그러면 나는
그렇지 않은 것을
골라야지!
벚나무
강아지풀
소나무
토끼풀
단풍나무
은행나무

2 잎의 특징에 따른 식물 분류

① **식물의 분류 기준:** 식물을 잎의 ❷ (   )에 따라 분류할 때에는 잎의 전체적인 모양, 끝 모양, 가장자리 모양, 잎자루의 유무, 잎맥 모양 등을 분류 기준으로 정할 수 있습니다.

② **잎의 특징에 따른 식물 분류**

분류 기준: 잎의 모양이 가늘고 길쭉한가?	
그렇다.	그렇지 않다.
▲ 강아지풀 ▲ 소나무	▲ 토끼풀 ▲ 은행나무 ▲ 벚나무

개념 ③ 들이나 산에 사는 식물

우리는 키가
크고, 줄기는 굵고
단단한 나무!
소나무
단풍나무
명아주
우리는 키가
작고, 줄기는
가는 풀!
민들레

3 들이나 산에 사는 식물

구분	풀	나무
식물	꿀풀, 명아주 등	단풍나무, 떡갈나무 등
공통점	• 대부분 줄기와 잎이 쉽게 구분됩니다. • 땅에 ❸ ( )를 내리고 삽니다.	
차이점	• 나무보다 키가 작고, 줄기가 가늡니다. • 겨울이 되면 씨를 남기거나 땅속 부분으로 겨울을 납니다.	• 풀보다 키가 ❹ ( )고, 줄기가 굵고 단단합니다. • 대부분 가을에 잎을 떨어뜨리고 뿌리와 줄기가 살아남아 겨울을 납니다.

▲ 꿀풀

▲ 명아주

▲ 단풍나무

▲ 떡갈나무

4 강이나 연못에 사는 식물

잎이 물 위로 높이 자라는 식물	잎이 물 위에 떠 있는 식물	물에 떠서 사는 식물	❺ [ ]에 잠겨서 사는 식물
물가나 물속의 땅에 뿌리를 내립니다.	잎과 꽃이 물 위에 떠 있습니다.	❻ [ ] 모양의 뿌리가 물속으로 뻗어 있습니다.	줄기가 물의 흐름에 따라 잘 휘어집니다.

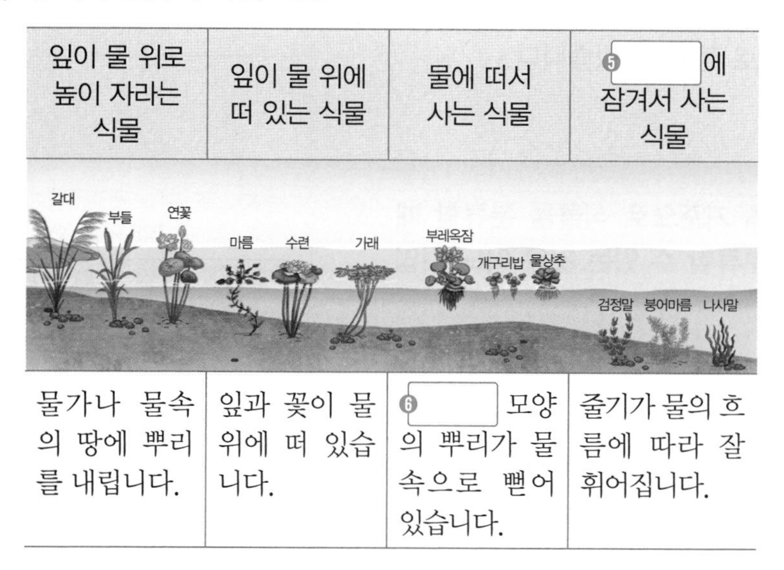

개념 ④ 강이나 연못에 사는 식물

5 사막이나 갯벌, 높은 산에 사는 식물

사막	식물	선인장, 바오바브나무, 알로에, 용설란 등
	특징	굵은 ❼ [ ]나 두꺼운 잎에 많은 양의 물을 저장하고, 잎이 가시 모양이어서 물이 빠져나가는 것을 줄여 줍니다.
갯벌	식물	퉁퉁마디, 해홍나물, 통보리사초 등
	특징	강한 ❽ [ ]과 바람, 소금기가 있는 환경에서 살기에 알맞은 생김새와 생활 방식이 있습니다.
높은 산	식물	한라솜다리, 암매, 눈잣나무 등
	특징	기온이 낮고 강한 ❾ [ ]이 부는 환경에서 살기에 알맞은 생김새와 생활 방식이 있습니다.

▲ 선인장

▲ 알로에

▲ 퉁퉁마디

▲ 한라솜다리

개념 ⑤ 사막이나 갯벌, 높은 산에 사는 식물

6 식물의 특징을 이용한 생활용품

➔ 식물의 ❿ [ ]을 이용하면 우리 생활에 편리한 생활용품을 만들 수 있습니다.

개념 ⑥ 식물의 특징을 이용한 생활용품

이름	맞은 개수

쪽지 시험 3. 식물의 생활

1 식물을 잎의 생김새에 따라 분류할 때에는 잎의 전체적인 모양, 끝 모양, 가장자리 모양 등을 (   )(으)로 정할 수 있습니다.

2 '잎의 모양이 가늘고 길쭉한가?'라는 분류 기준으로 식물을 분류할 때 토끼풀, 소나무, 단풍나무 중 '그렇다.'로 분류할 수 있는 것은 어느 것입니까?

3 들이나 산에 사는 식물은 대부분 줄기와 (   )이/가 쉽게 구분되고, 땅에 뿌리를 내리고 삽니다.

4 (풀, 나무)은/는 (풀, 나무)보다 키가 작고 줄기가 가늡니다.

5 수련, 부들, 검정말 중 잎이 물 위로 높이 자라는 식물은 어느 것입니까?

6 (검정말, 부레옥잠)은 물에 떠서 삽니다.

7 사막에 사는 식물은 굵은 줄기나 두꺼운 잎에 (   )을/를 저장합니다.

8 선인장, 퉁퉁마디, 눈잣나무 중 갯벌에 사는 식물은 어느 것입니까?

9 찍찍이 테이프는 어떤 식물의 특징을 이용해 만든 생활용품입니까?

10 가시가 뾰족해서 동물이 가까이 오는 것을 막는 장미의 특징을 이용해 (낙하산, 철조망)을 만들었습니다.

단원 평가 3. 식물의 생활

이름 | 맞은 개수

1 **다음 설명에 해당하는 식물을 골라 기호를 써 봅시다.**

- 키가 작다.
- 잎이 세 개씩 붙어 있다.

㉠ ▲ 회양목

㉡ ▲ 토끼풀

㉢ ▲ 산철쭉

( )

서술형

2 **오른쪽 단풍나무 잎의 생김새를 관찰하고, 특징을 두 가지 써 봅시다.**

____

____

3 **오른쪽 강아지풀 잎의 생김새를 관찰한 결과를 옳게 말한 사람의 이름을 써 봅시다.**

- 민주: 끝이 물결 모양이야.
- 정아: 가장자리가 매끈하지.
- 나영: 잎맥이 그물 모양이야.
- 윤수: 전체적으로 둥글고 넓게 생겼어.

( )

4~5 **다음은 여러 가지 식물의 잎입니다.**

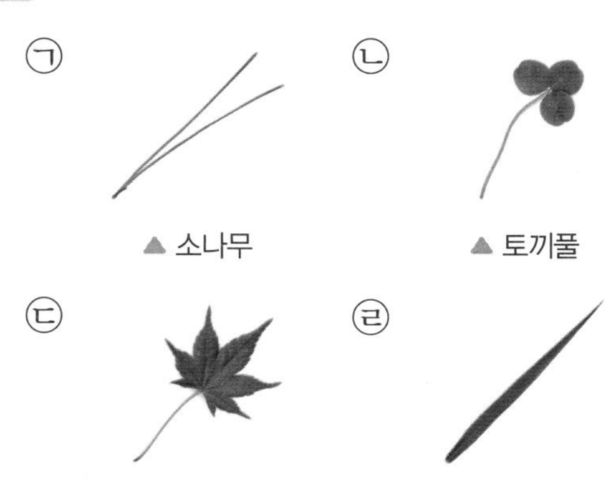
㉠ ▲ 소나무 ㉡ ▲ 토끼풀
㉢ ▲ 단풍나무 ㉣ ▲ 강아지풀

중요

4 **위 식물의 잎을 다음과 같이 분류했을 때 분류 기준으로 옳은 것은 어느 것입니까? ( )**

그렇다.	그렇지 않다.
㉠, ㉣	㉡, ㉢

① 잎이 큰가?
② 잎자루가 있는가?
③ 잎이 갈라져 있는가?
④ 잎의 끝이 뾰족한가?
⑤ 잎의 모양이 가늘고 길쭉한가?

5 **위 식물의 잎을 '잎의 가장자리가 톱니 모양인가?'라는 분류 기준으로 분류할 때 '그렇다.'로 분류할 수 있는 것을 모두 골라 기호를 써 봅시다.**

( )

6 **들이나 산에 사는 식물이 아닌 것은 어느 것입니까? ( )**

① 명아주 ② 갯메꽃 ③ 소나무
④ 은행나무 ⑤ 강아지풀

7 다음 (   ) 안에 알맞은 말을 각각 써 봅시다.

- 들이나 산에 사는 식물은 크게 (㉠) 와/과 (㉡)(으)로 구분할 수 있다.
- (㉡)은/는 (㉠)보다 키가 크며 줄기가 굵고 단단하다.

㉠: (   )
㉡: (   )

8~9 다음은 들이나 산에 사는 식물입니다.

㉠ 
▲ 꿀풀

㉡ 
▲ 민들레

㉢ 
▲ 밤나무

㉣ 
▲ 애기똥풀

8 다음은 위 식물을 풀과 나무로 분류한 결과입니다. 잘못 분류한 것을 골라 기호를 써 봅시다.

풀	나무
㉠, ㉣	㉡, ㉢

(   )

9 위 식물의 공통점으로 옳은 것은 어느 것입니까? (   )

① 잎이 가시 모양이다.
② 줄기가 누워서 자란다.
③ 땅에 뿌리를 내리고 산다.
④ 굵은 줄기에 물을 저장한다.
⑤ 줄기와 잎이 잘 구분되지 않는다.

서술형

10 오른쪽과 같이 자른 부레옥잠의 잎자루를 물속에 넣고 손가락으로 눌렀을 때 나타나는 현상을 써 봅시다.

____

____

11 다음과 같은 특징이 있는 식물을 골라 기호를 써 봅시다.

물에 떠서 살고, 잎이 작고 둥근 모양이다.

㉠ 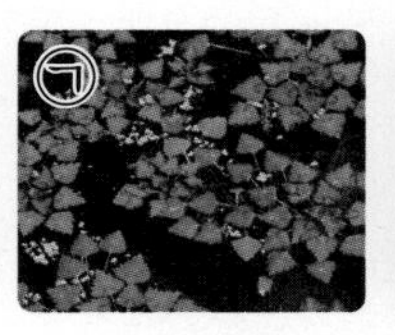
▲ 마름

㉡
▲ 검정말

㉢ 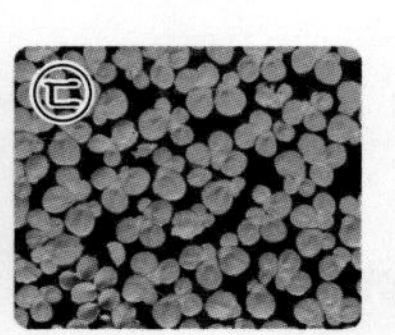
▲ 개구리밥

(   )

12 잎이 물 위로 높이 자라는 식물끼리 옳게 짝지은 것은 어느 것입니까? (   )

① 부들, 수련
② 부들, 연꽃
③ 갈대, 마름
④ 나사말, 부레옥잠
⑤ 검정말, 붕어마름

중요

13 다음 식물의 공통점으로 옳은 것을 보기 에서 골라 기호를 써 봅시다.

수련   마름   가래

보기
㉠ 잎이 물 위에 떠 있다.
㉡ 줄기와 잎이 물의 흐름에 따라 잘 휜다.
㉢ 수염 모양의 뿌리가 물속으로 뻗어 있다.

(   )

14 오른쪽은 선인장의 줄기를 자른 면에 화장지를 대었을 때 화장지가 물에 젖은 모습입니다. 이것으로 알 수 있는 사실에 맞게 (　) 안에 알맞은 말을 각각 써 봅시다.

> 선인장은 굵은 (㉠)에 (㉡)을/를 저장한다.

㉠: (　　　　　　　　)
㉡: (　　　　　　　　)

중요

15 사막에 사는 식물의 특징으로 옳은 것은 어느 것입니까? (　　　)

① 잎이 크고 둥근 모양이다.
② 줄기가 옆으로 뻗어나간다.
③ 줄기가 가늘고 잘 휘어진다.
④ 잎 표면이 단단하고 광택이 난다.
⑤ 굵은 줄기나 두꺼운 잎에 물을 저장한다.

16 사는 곳이 나머지와 다른 식물은 어느 것입니까? (　　　)

①

▲ 용설란

②

▲ 알로에

③

▲ 통보리사초

④

▲ 바오바브나무

17 다음과 같은 특징이 있는 환경에 사는 식물은 어느 것입니까? (　　　)

> 기온이 낮고, 바람이 강하게 분다.

① 암매　② 토끼풀　③ 선인장
④ 통통마디　⑤ 단풍나무

중요

18 오른쪽 낙하산은 어떤 식물의 특징을 이용해 만든 것입니까? (　　　)

① 연잎　② 솔방울
③ 민들레 씨　④ 우엉 열매
⑤ 장미 가시

19 단풍나무 열매의 생김새나 특징을 이용해 만든 생활용품이 아닌 것을 보기 에서 골라 기호를 써 봅시다.

> 보기
> ㉠ 드론의 날개
> ㉡ 찍찍이 테이프
> ㉢ 날개가 하나인 선풍기

(　　　　　　　　)

서술형

20 오른쪽 철조망은 장미의 어떤 특징을 이용해 만든 것인지 써 봅시다.

____

____

서술형 평가 3. 식물의 생활

이름 | 맞은 개수

1 다음 ㉠~㉣을 '잎의 끝이 뾰족한가?'에 따라 두 무리로 분류해 써 봅시다.

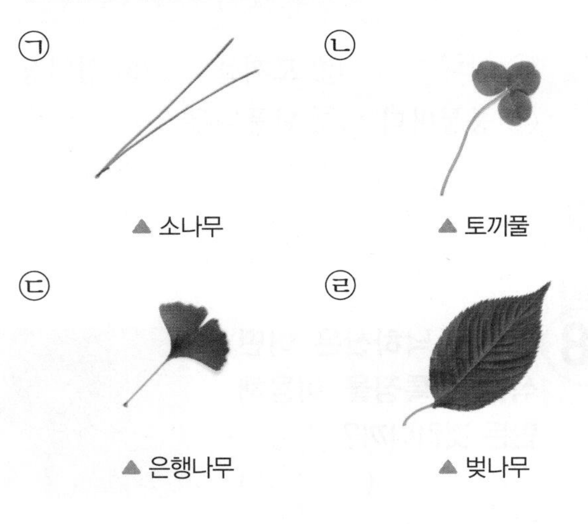
㉠ ▲ 소나무 ㉡ ▲ 토끼풀 ㉢ ▲ 은행나무 ㉣ ▲ 벚나무

2 다음은 들이나 산에 사는 식물입니다.

㉠ ▲ 떡갈나무 ㉡ ▲ 명아주

(1) 위 식물이 풀인지, 나무인지 써 봅시다.

㉠: ( )
㉡: ( )

(2) 위 두 식물의 공통점을 보기 의 낱말을 모두 사용해 써 봅시다.

보기
땅 잎 줄기 뿌리

3 다음 식물 중 물속에 잠겨서 사는 식물을 골라 기호를 쓰고, 그 식물이 물속에 잠겨서 살기에 알맞은 특징을 써 봅시다.

㉠ ▲ 연꽃 ㉡ ▲ 검정말

4 다음 물이 스며들지 않는 옷감을 만들 때 이용한 식물을 보기 에서 골라 쓰고, 식물의 어떤 특징을 이용했는지 써 봅시다.

보기
솔방울 연잎 민들레 씨

(1) 이용한 식물: ( )

(2) 이용한 식물의 특징:

수행 평가 3. 식물의 생활

이름 | 맞은 개수

평가 요소 부레옥잠 관찰하기

1 **다음은 부레옥잠의 잎자루를 가로와 세로로 자른 면의 모습입니다.**

▲ 가로로 자른 모습

▲ 세로로 자른 모습

(1) (   ) 안에 알맞은 말을 써 봅시다.

부레옥잠의 잎자루를 자른 면에는 (   )가 빽빽하게 연결되어 있다.

(   )

(2) 부레옥잠이 물에 떠서 살 수 있는 까닭을 위 (1)번 답과 관련지어 써 봅시다.

____

평가 요소 사막에 사는 식물의 생김새와 생활 방식 설명하기

2 **다음은 다양한 환경에 사는 여러 가지 식물입니다.**

▲ 선인장

▲ 한라솜다리

▲ 해홍나물

▲ 바오바브나무

(1) 위 식물 중 사막에서 사는 식물을 두 가지 골라 이름을 써 봅시다.

(   )

(2) 위 (1)번 답의 식물이 사막에서 살기에 알맞은 공통적인 특징을 써 봅시다.

____

단원 정리

4. 생물의 한살이

개념 ① 동물의 한살이 관찰

방충망은 애벌레나 어른벌레를 보호해요.
케일은 애벌레의 먹이가 돼요.
배추흰나비 알

1 동물의 한살이 관찰

① **동물의 ❶ [　　]**: 동물이 태어나고 자라서 자손을 남기는 과정

② **한살이를 관찰하기에 알맞은 동물**: 배추흰나비처럼 주변에서 관찰하기 쉽고, 한살이 기간이 짧은 동물이 알맞습니다.

③ **배추흰나비의 한살이 관찰 계획 세우기**

필요한 것	먹이가 되는 식물(예 케일), 방충망, 돋보기 등
주의할 점	• 알이나 애벌레를 손으로 만지지 않습니다. • 먹이가 되는 식물이 시들지 않도록 물을 충분히 줍니다.

개념 ② 배추흰나비의 한살이

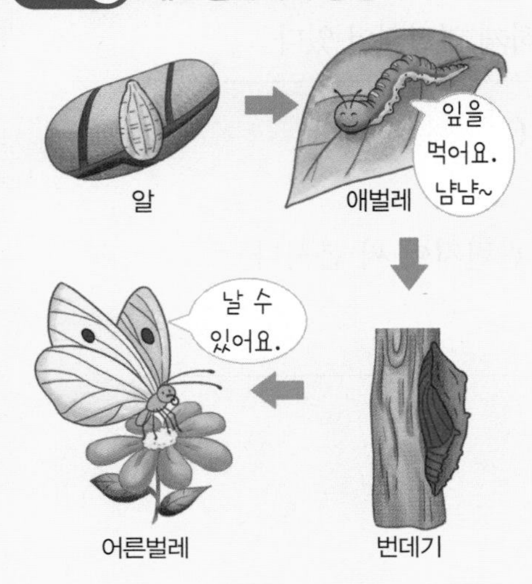

2 배추흰나비의 한살이

단계	특징
❷ [　　]	• 노란색이고, 옥수수 모양입니다. • 움직이지 않고, 크기가 변하지 않습니다.
애벌레	• 초록색이고, 긴 원통 모양입니다. • 기어다니며 잎을 먹고, ❸ [　　]을 벗으며 몸의 크기가 커집니다.
번데기	• 몸 색깔이 주변과 비슷합니다. • 한곳에 붙어서 움직이지 않고, 크기가 변하지 않습니다.
어른벌레	• 몸이 머리, 가슴, 배로 구분됩니다. • 날개 두 쌍, 다리 세 쌍이 있습니다. • 날개로 날아다닙니다.

개념 ③ 여러 가지 동물의 한살이

3 여러 가지 동물의 한살이

① **닭과 개의 한살이**

구분	닭	개
한살이 과정	알 → 병아리 → 큰 병아리 → 다 자란 닭	갓 태어난 강아지 → 큰 강아지 → 다 자란 개

② **여러 가지 동물의 한살이 비교**

구분	❹ [　　]을 낳는 동물	❺ [　　]를 낳는 동물
공통점	다 자라면 짝짓기를 하여 암컷이 알이나 새끼를 낳아 자손을 남깁니다.	
차이점	• 알을 낳습니다. • 새끼와 어미의 모습이 비슷하지 않습니다.	• 새끼를 낳습니다. • 새끼와 어미의 모습이 비슷합니다.

➔ 동물에 따라 한살이 유형이 다양합니다.

4 씨가 싹 트는 데 필요한 조건

❻ ______ 이 미치는 영향		❼ ______ 가 미치는 영향	
물을 주지 않은 것	물을 준 것	냉장고에 넣은 것	따뜻한 곳에 둔 것
싹이 트지 않습니다.	싹이 틉니다.	싹이 트지 않습니다.	싹이 틉니다.

➔ 씨가 싹 트려면 적당한 양의 물과 알맞은 온도가 필요합니다.

5 식물이 자라는 데 필요한 조건

❽ ______ 이 미치는 영향		❾ ______ 이 미치는 영향	
물을 주지 않은 것	물을 준 것	어둠상자를 씌우지 않은 것	어둠상자를 씌운 것
잘 자라지 않습니다.	잘 자랍니다.	잘 자랍니다.	잘 자라지 않습니다.

➔ 식물이 자라려면 적당한 양의 물과 햇빛이 필요합니다.

6 여러 가지 식물의 한살이

① **식물의 한살이**: 식물의 씨에서 싹이 트고 자라서 꽃이 피고 열매를 맺어 다시 씨를 만드는 과정

② **한해살이식물과 여러해살이식물**

구분	한해살이식물	여러해살이식물
의미	한 해 안에 한살이를 마치고 죽는 식물	여러 해 동안 살면서 한살이의 일부를 반복하는 식물
공통점	❿ ______ 가 싹 터서 자라 꽃이 피고 열매를 맺어 씨를 만듭니다.	
차이점	한 해 안에 한살이를 마칩니다.	해마다 한살이의 일부를 반복합니다.

개념 ④ 씨가 싹 트는 데 필요한 조건

개념 ⑤ 식물이 자라는 데 필요한 조건

적당한 양의 물이 필요해요.
적당한 양의 햇빛도 받아야 해요.

개념 ⑥ 여러 가지 식물의 한살이

쪽지 시험 4. 생물의 한살이

이름 | 맞은 개수

1 동물의 한살이를 관찰하려면 한살이 기간이 (긴, 짧은) 동물이 알맞습니다.

2 배추흰나비 (애벌레, 번데기)는 허물을 벗으며 몸의 크기가 커집니다.

3 배추흰나비 어른벌레는 몸이 머리, (   ), 배의 세 부분으로 구분됩니다.

4 (병아리, 다 자란 닭)은/는 몸이 솜털로 덮여 있습니다.

5 개, 소, 고양이는 (   )을/를 낳는 동물입니다.

6 씨가 싹 트는 데 꼭 필요한 것은 적당한 양의 (빛, 물)입니다.

7 물을 주고 어둠상자를 (씌운, 씌우지 않은) 강낭콩은 잎의 색깔이 진하고 줄기가 굵게 잘 자랍니다.

8 식물의 씨에서 싹이 트고 자라서 꽃이 피고 열매를 맺어 다시 씨를 만드는 과정을 식물의 (   )(이)라고 합니다.

9 한 해 안에 한살이를 마치는 식물을 무엇이라고 합니까?

10 (벼, 민들레)는 여러해살이식물입니다.

단원 평가 4. 생물의 한살이

이름 | 맞은 개수

1 사육 상자를 꾸며 배추흰나비를 기르는 방법으로 옳지 않은 것은 어느 것입니까? (　　　)

① 케일 같은 먹이가 되는 식물을 넣는다.
② 먹이가 되는 식물에 물을 주지 않는다.
③ 배추흰나비 알을 손으로 만지지 않는다.
④ 사육 상자 주변에 살충제를 뿌리지 않는다.
⑤ 배추흰나비 애벌레나 어른벌레를 보호하기 위해 방충망을 씌운다.

2~3 다음은 배추흰나비의 한살이 과정을 순서에 관계없이 나타낸 것입니다.

㉠

㉡

㉢

㉣
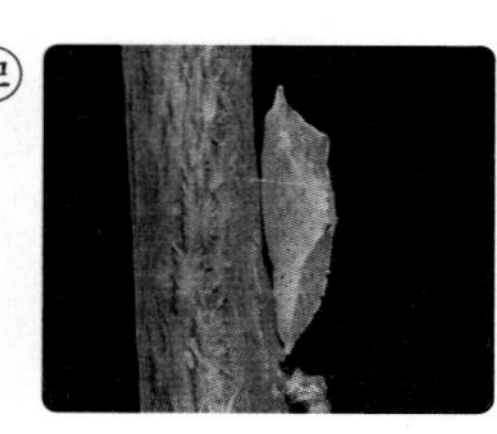

중요
2 배추흰나비의 한살이에 대한 설명으로 옳지 않은 것은 어느 것입니까? (　　　)

① ㉣은 기어다닌다.
② ㉠은 잎을 갉아 먹는다.
③ ㉡은 크기가 변하지 않는다.
④ ㉢은 몸이 머리, 가슴, 배로 구분된다.
⑤ ㉡ → ㉠ → ㉣ → ㉢의 한살이를 거친다.

서술형
3 위 ㉠과 ㉣ 단계의 크기 변화를 비교해 써 봅시다.

4 닭의 한살이에서 각 단계의 특징을 찾아 선으로 연결해 봅시다.

(1) 알	• •	㉠ 몸이 깃털로 덮여 있다.
(2) 병아리	• •	㉡ 몸이 솜털로 덮여 있다.
(3) 다 자란 닭	• •	㉢ 껍데기에 싸여 있다.

서술형
5 다음 고양이와 소는 공통적으로 어떤 방법으로 자손을 남기는지 써 봅시다.

▲ 고양이

▲ 소

6 씨가 싹 트는 데 물이 미치는 영향을 알아보는 실험에서 같게 할 조건이 아닌 것은 어느 것입니까? (　　　)

① 공기　② 온도
③ 빛의 양　④ 물의 양
⑤ 씨의 종류

7 다음은 강낭콩이 싹 트는 데 온도가 미치는 영향을 알아보는 실험 결과입니다. 따뜻한 곳에 둔 강낭콩을 골라 기호를 써 봅시다.

㉠ 

㉡ 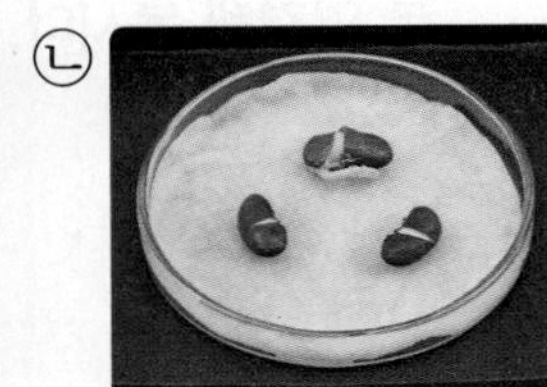

(　　　　　　　)

서술형

8 다음과 같이 비슷한 크기로 자란 강낭콩 화분 두 개를 햇빛이 잘 드는 창가에 놓고, 한 화분에만 물을 주면서 일주일 동안 강낭콩의 변화를 관찰하였습니다. 실험 결과, 일주일 뒤 강낭콩 ㉠과 ㉡의 변화를 써 봅시다.

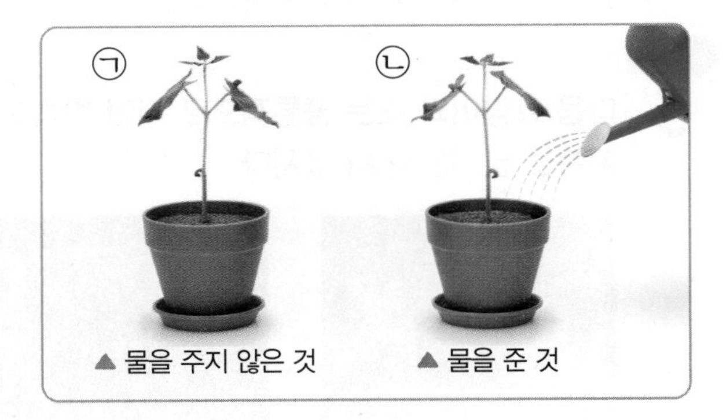

▲ 물을 주지 않은 것　▲ 물을 준 것

____

____

중요

9 가장 잘 자랄 수 있는 식물을 보기 에서 골라 기호를 써 봅시다.

보기
- ㉠ 물을 주고 햇빛을 받은 식물
- ㉡ 물을 주고 햇빛을 받지 못한 식물
- ㉢ 물을 주지 않고 햇빛을 받은 식물
- ㉣ 물을 주지 않고 햇빛을 받지 못한 식물

(　　　　　　　)

10 벼에 대해 옳게 말한 사람의 이름을 써 봅시다.

- 지수: 여러해살이식물이야.
- 소현: 한 해 안에 한살이를 마쳐.
- 도윤: 겨울에도 죽지 않고 살아남아.

(　　　　　　　)

중요

11 여러 해 동안 살면서 해마다 꽃이 피고 열매를 맺는 식물은 어느 것입니까? (　　　)

① 
▲ 봉숭아

② 
▲ 고추

③ 
▲ 사과나무

④ 
▲ 옥수수

12 여러 가지 식물의 공통점으로 옳은 것은 어느 것입니까? (　　　)

① 한살이 과정이 같다.
② 한살이 기간이 같다.
③ 열매를 맺고 씨를 만든 뒤 시들어 죽는다.
④ 한살이를 거치며 씨를 만들어 자손을 남긴다.
⑤ 여러 해 동안 살면서 한살이의 일부를 반복한다.

서술형 평가 4. 생물의 한살이

이름 | 맞은 개수

1 다음은 배추흰나비의 한살이 중 한 단계의 모습입니다.

(1) 배추흰나비의 한살이 중 어느 단계인지 써 봅시다.

( )

(2) 위 (1)번에서 답한 한살이 단계에서 볼 수 있는 곤충의 특징을 써 봅시다.

2 다음 메뚜기와 장수풍뎅이의 한살이에서 공통점을 한 가지 써 봅시다.

▲ 메뚜기

▲ 장수풍뎅이

3 다음은 강낭콩이 자라는 데 햇빛이 미치는 영향을 알아보는 실험 결과입니다.

▲ 어둠상자를 씌운 것은 잘 자라지 않습니다.

▲ 어둠상자를 씌우지 않은 것은 잘 자랍니다.

(1) 위 실험에서 다르게 한 조건을 써 봅시다.

( )

(2) 위 실험 결과로 알 수 있는 식물이 자라는 데 필요한 조건을 써 봅시다.

4 다음 벼와 감나무의 한살이 기간을 비교해 차이점을 써 봅시다.

▲ 벼

▲ 감나무

수행 평가 4. 생물의 한살이

이름 | 맞은 개수

평가 요소 여러 가지 동물의 한살이 비교하기

1 다음은 여러 가지 동물의 모습입니다.

▲ 개

▲ 개구리

▲ 고래

(1) 위 동물들을 알을 낳는 동물과 새끼를 낳는 동물로 분류해 봅시다.

(2) 위 동물들의 공통점을 써 봅시다.

평가 요소 씨가 싹 트는 데 필요한 조건 알아보기

2 다음은 씨가 싹 트는 데 필요한 조건을 알아보는 실험입니다.

❶ 페트리접시 두 개에 탈지면을 깔고 강낭콩을 세 개씩 올려놓습니다.
❷ 한 페트리접시에는 물을 주지 않고 다른 페트리접시에는 물을 충분히 주면서 일주일 동안 강낭콩의 변화를 관찰합니다.

㉠

▲ 물을 주지 않은 것

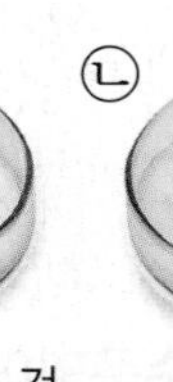
㉡
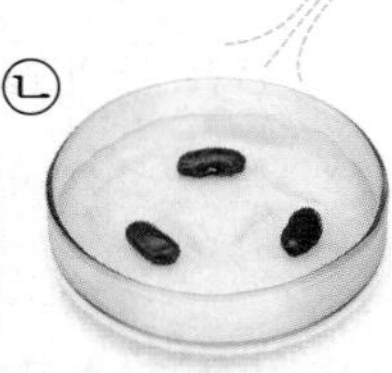
▲ 물을 준 것

(1) 일주일 뒤 강낭콩 ㉠과 ㉡의 변화를 써 봅시다.

(2) 위 실험 결과로 알 수 있는 점을 써 봅시다.